L'environnement,
question sociale

Ouvrage collectif

Coordonné au CRÉDOC par Michel BOYER,
Guy HERZLICH et Bruno MARESCA

Bernard GUIBERT, Martine BERLAN-DARQUÉ
Responsables du projet au ministère
de l'Aménagement du territoire et de l'Environnement

L'environnement, question sociale

Dix ans de recherches pour
le ministère de l'Environnement

Avant-propos de Dominique VOYNET
Préface de Robert ROCHEFORT

© ÉDITIONS ODILE JACOB, OCTOBRE 2001
15, RUE SOUFFLOT, 75005 PARIS
www.odilejacob.fr

ISBN 978-2-7381-1048-0

FLORILÈGE

Dominique Voynet
Ministre de l'Aménagement du territoire
et de l'Environnement

L'environnement est maintenant reconnu. Sur le plan institutionnel, une administration pour l'environnement, comme il en existe pour l'enseignement, la culture ou la santé, se met en place et se professionnalise, et des lois permettent de le protéger. Leur champ d'action est extrêmement vaste et les interventions publiques en ce domaine font l'objet de fréquents débats et controverses, tant au plan local que national. La préoccupation environnementale a trouvé par ailleurs un nouveau souffle dans la notion et le souci du développement durable.

Il s'agit là de phénomènes complexes qui sont étudiés par les sciences sociales dont les travaux éclairent la place de l'environnement dans la conscience collective ainsi que la façon dont il y est entré. Les études et recherches effectuées au cours des dernières années à la demande du ministère de l'Environnement permettent d'en dresser un large panorama et de mettre en valeur les traits les plus saillants des relations entre l'environnement et la société. Elles méritaient d'être portées à la connaissance du grand public.

Les trois grands thèmes de l'ouvrage mettent bien en évidence les questions et enjeux associés aux politiques environnementales.

Le premier concerne les représentations de l'environnement. Parce qu'elle amalgame des représentations hétérogènes, la notion d'environnement pose, en effet, la question des rapports entre nature et culture. Le terme même d'environnement, d'origine anglo-saxonne, a supplanté celui de milieu, longtemps préféré en France. En raison même de sa complexité, la notion d'environnement donne lieu à des représentations diverses dans l'opinion, et renvoie d'abord à des espaces naturels. Cependant, les relations à la nature sont dépendantes des positions sociales et les paysages sont le résultat d'une construction culturelle. De plus, l'environnement c'est aussi « l'urbain », aujourd'hui appréhendé comme un « milieu » cohérent.

Le second thème concerne les acteurs de l'environnement, à savoir les associations et les ONG. Celles-ci ont poussé à l'action élus et services de l'État et ont conduit à la transformation des procédures administratives, les inquiétudes concernant l'environnement s'exprimant, en effet, à l'occasion de grands projets d'infrastructures. De nouveaux modes de consultation des citoyens et de négociation entre usagers des ressources naturelles émergent donc.

Enfin, le troisième thème aborde les préoccupations touchant aux « risques majeurs », tels que le changement climatique ou les risques sanitaires nouveaux (nucléaire, prion). Ils font fi des frontières, que celles-ci soient géographiques, nationales ou scientifiques mais sont différemment appréhendés au « Nord » et au « Sud ». Conséquence de la mondialisation de la conscience environnementale, la notion de développement durable suscite donc des débats entre les experts et avec le public. À cette échelle aussi, l'opinion devient partie prenante essentielle.

Sur ces thèmes, c'est un florilège de pensées qui nous est proposé dans cet ouvrage. Poursuivant la métaphore florale, j'ajouterai aux pensées des soucis. Dans le langage des fleurs, le souci symbolise le chagrin. Cette peine, la plupart d'entre nous la ressentent face aux dégâts que subit l'environnement naturel de nos sociétés. Mais il y a plus que la nature dans ce qui nous entoure. C'est un effet des idéologies modernes que de nous faire prendre notre environnement immédiat pour un milieu naturel, sorte de liquide amniotique plus ou moins oublieux des relations sociales. Cette illusion, qui nous fait « naturaliser » les conventions sociales, ne résiste pas au constat : les violences contre la nature symbolisent et dissimulent souvent les violences contre les hommes, et a fortiori contre les femmes.

Il faut donc déplorer la caricature destructrice de la célèbre formule de Descartes, « devenir maîtres et possesseurs de la nature », qui conduit à un mode de croissance cultivant l'agression vis-à-vis de la nature et la compétition entre les hommes. Bref, avec les mots de Bo Brundtland, je suis soucieuse d'un « développement durable », c'est-à-dire d'une croissance économique, d'une croissance du bien-être, qui soit douce pour la nature et douce pour les hommes, qui intègre harmonieusement l'économie, l'écologie et le social.

Le souci du social est d'abord celui de nos enfants et, à travers eux, des générations futures. C'est aussi le souci de nos contemporains, de ceux qui dans notre propre pays n'ont pas un accès équitable aux richesses et, en particulier, aux richesses naturelles, les « aménités environnementales » des économistes. De ceux aussi qui vivent dans les pays du tiers-monde, trop souvent en dessous du seuil de pauvreté, dans ces pays pour lesquels le développement durable passe par le développement tout court.

C'est donc une allégeance éthique à la responsabilité inconditionnelle de l'autre, au souci de l'autre, du visage de l'autre et des générations futures. Au moment où l'Europe adopte une charte des droits fondamentaux de l'homme et du citoyen, cet impératif éthique devient évident.

L'écologie est donc non seulement morale, mais également politique. Les 35 heures, les retraites et l'emploi font partie intégrante du développement durable. Nous ne devons pas devenir sourds à la voix des pauvres, que ce soit en France ou dans les pays du tiers-monde, ni à l'appel des générations futures qui nous disent : « Ne nous oubliez pas, comptez (au propre et au figuré) avec nous. » Ainsi le souci se nourrit de la mémoire. Si nous ne voulons pas nous laisser emporter par le désespoir devant tant de catastrophes annoncées, du changement climatique à la disparition des espèces, de la dégradation de la biodiversité à la désertification, à la bombe à retardement que sont les déchets nucléaires…, alors, comme disait Gramsci, « le pessimisme de la raison condamne à l'optimisme de la volonté ».

Ces recherches accumulées au fil du temps constituent un patrimoine exceptionnel de réflexions qui aide et aidera les différents acteurs du développement durable. Ces recherches doivent être permanentes car la noble tâche de penser n'est jamais achevée.

Les programmes de recherche en cours dans mon ministère, sur la prise en compte des paysages dans l'ensemble des politiques publiques et sur la façon dont les décisions sont négociées et intègrent les critères de l'environnement, sont destinés à éclairer et conseiller l'action publique et à apporter leur contribution aux débats citoyens. Dans leur fonctionnement même, ils témoignent des démarches qui sous-tendent l'action d'un État à l'écoute de la société : les priorités de recherche sont définies par les usagers eux-mêmes, l'exigence de qualité étant garantie par un collège scientifique indépendant.

Parmi les domaines qui appellent de nouvelles recherches, je mentionnerai quelques pistes. Il y a tout d'abord la dimension psychologique de la transformation des comportements et des consommations qu'appelle la prise au sérieux du développement durable. Il existe également la dimension symbolique des significations qui sont véhiculées par les problèmes de l'environnement. Il y a enfin les questions soulevées par la mise en œuvre des principes de précaution et de participation.

Les limites aux prétentions de la raison calculatrice et de la raison instrumentale, notamment dans le domaine économique, qui sont énoncées sous la forme du principe de précaution, ne peuvent, en effet, être dépassées que par la mise en œuvre du principe de participation dans lequel la responsabilité politique de tous les citoyens, y compris les plus démunis matériellement et intellectuellement, sont appelés de manière démocratique à assumer la responsabilité des choix en faveur des générations futures. Il faudra pour cela mieux comprendre comment nos contemporains négocient, les uns avec les autres à travers leurs représentations, leur médiation pour devenir de plus en plus responsables du développement durable.

Je remercie donc sincèrement les chercheurs pour leur contribution et les encourage à poursuivre dans cette voie si nécessaire, car si « panser » la nature c'est « penser » notre société, inversement, « penser » notre nature c'est aussi « panser » la société.

ENVIRONNEMENT, ÉCOLOGIE, DÉVELOPPEMENT DURABLE : DIX ANS DE TRAVAUX DE RECHERCHE POUR PRÉPARER L'AVENIR

Robert Rochefort
Directeur général du CRÉDOC

La préservation de l'environnement est, à n'en pas douter, l'une des toutes premières préoccupations collectives de ce nouveau siècle, considéré à tort comme s'ouvrant sur une absence de vision de l'avenir. Ses répercussions seront considérables dans tous les domaines de la vie politique et sociale : relations intergouvernementales, aménagement du territoire, recherche scientifique, innovation industrielle... Mais ce sont aussi nos pratiques de consommation qui en seront progressivement transformées. L'ère du tout jetable et du gaspillage laissera peut-être peu à peu la place à celle d'objets tangibles durables, adaptables ou au moins recyclables. Mais il est difficile de savoir si cette métamorphose — forcément assez lente — prendra deux, trois ou un plus grand nombre encore de décennies...

Aujourd'hui, le score des partis politiques qui se réclament de l'écologie peut être considéré comme modeste, au moins dans les pays du sud de l'Europe et inégal selon les consultations en France. Mais cela ne doit pas faire illusion. Dans les enquêtes du CRÉDOC, l'environnement est une préoccupation largement ressentie par la société française depuis la fin des années 1980. Certes son contenu évolue : on est passé d'un simple sentiment subjectif d'une « dégradation de l'environnement » à des préoccupations beaucoup plus explicites telles que la pollution de l'air, celle des mers, puis de l'eau douce, l'accumulation des déchets, les accidents industriels majeurs, la destruction de la couche d'ozone... Ce qui est apparu au départ comme un slogan assez flou rejoint désormais pour nos concitoyens tout un tas de soucis de la vie quotidienne : rhinites à répétition des jeunes enfants, troubles somatiques de leurs parents, nuisances sonores diverses...

Phénomène notable : peu à peu les écarts dans l'expression de cette préoccupation se sont réduits entre les différents groupes sociaux. Jadis l'apanage des catégories aisées et plus encore des personnes très diplômées, la préoccupation environnementale concerne aujourd'hui toutes les classes moyennes. L'intensité de ces « opinions » est pourtant victime d'une médiatisation croissante de nos sociétés et varie selon le flux et le reflux des événements. Quelques années sans « catastrophes » suffisent pour que l'on perçoive ce qui ressemble à un déclin. Mais celui-ci est temporaire car l'actualité se charge vite de fournir de quoi exacerber à nouveau les inquiétudes. À cet égard, comme s'il fallait marquer les esprits et prendre date pour l'avenir, le passage à l'an 2000 a fourni son cortège d'événements dramatiques : naufrage de l'*Erika* ; tempête de décembre 1999, derrière laquelle on pressent l'influence des modifications climatiques induites par le processus industriel ; crises alimentaires à répétition mettant en cause le modèle productiviste de l'agriculture et de l'élevage moderne...

Pour les citoyens, la protection de l'environnement est une responsabilité nouvelle des gouvernements. C'est un point sur lequel toutes les sensibilités politiques se rejoignent même si, dans les modalités, chacun évidemment a sa préférence. Pourtant s'agissant d'un thème nouveau, la recherche de modes de régulation adaptés peut bousculer les anciens clivages. L'apparition récente dans le débat public des « permis de polluer » négociables entre les pays ou les entreprises en a choqué plus d'un. Accepter cette idée d'inspiration très libérale, n'est-ce pas reconnaître et du même coup légitimer le droit de polluer ? Mais il n'est pas sûr que la solution alternative classique consistant à renforcer les taxes et les redevances, soit plus efficace ni même plus morale. L'État n'a-t-il pas la tentation à chaque fois qu'il lève un impôt nouveau, de le considérer d'abord comme une source de recettes destinée à remplir ses caisses en oubliant la motivation qui l'a inspirée et sans guère chercher à modifier les comportements des usagers industriels ou consommateurs ?

La préoccupation écologique recèle une inquiétude profonde qui dépasse le strict champ de l'environnement et s'élargit désormais à ce que l'on dénomme la « mondialisation ». Le mouvement de sympathie rencontré par l'action de José Bové et les manifestations au sommet de Seattle, en sont des exemples spectaculaires. À cet égard, la séparation usuelle entre les deux tendances classiques de l'idée environnementale, l'une partant de l'idéal de nature à laquelle l'action humaine doit se soumettre et l'autre partant au contraire d'une vision anthropocentrique, dans laquelle l'homme par sa culture façonne et maîtrise son milieu, ne sont-elles pas en train de se rejoindre ? Le refus des OGM semble bien ressortir de l'idée de nature et du refus de sa transgression, tout en étant pourtant le fer de lance de tous ceux qui la transforment chaque jour mais à partir de procédés traditionnels, supposés sans irréversibilité. Le maintien des traditions culturelles d'agriculture et d'élevage est un objectif tangible derrière lequel peuvent se retrouver, non sans ambiguïté, agriculteurs des pays occidentaux et petits paysans de l'hémisphère sud.

L'écologie, victime de son succès d'opinion, est menacée d'être banalisée et récupérée comme rhétorique au service facile de toutes les causes. Depuis l'effondrement du bloc soviétique, les missions spatiales deviennent intercontinentales. Américains et Russes rejoints par les Européens ne semblent plus guère concurrents, astronautes et cosmonautes travaillent de concert et les nouveaux programmes spatiaux se fondent sur la préservation de la planète et de son avenir. Le siège de CNN à Atlanta s'est ouvert, pendant plusieurs années, sur une effigie grandeur nature du Commandant Cousteau, personnalité française de loin la plus connue à travers la planète et censée incarner aux yeux du grand public, ces nouvelles valeurs !

Et à cet égard, le promoteur de la célèbre formule du « droit des générations futures » n'a-t-il pas contribué à cet autre risque lié à la diffusion de l'idéal écologiste, celui d'une dérive vers une rhétorique quasi religieuse ? Cette tentation idéologique n'est pas neuve. Le mouvement naturaliste du XVIIIe siècle et le romantisme du XIXe avaient déjà procédé à une quasi-divinisation de la nature. Toutes les religions traditionnelles vouent un culte à la mémoire des générations passées. Voici désormais que certains grands prêtres de l'écologie — dans une conception religieuse symétrique qui n'est plus déiste — célèbrent les générations futures ! Ce qui menace alors, est le passage — bien connu en sociologie religieuse — de l'intransigeance à l'intégrisme qui est un nouveau totalitarisme. Or celui-ci n'est-il pas en train de poindre dans certains slogans voulant interdire la chasse par tous les moyens ou hostiles à la voiture par exemple ? L'effort d'objectivisation des chercheurs en sciences humaines force à poser ces questions, au risque d'apparaître dérangeants.

Mais revenons à notre vie quotidienne. Nous sommes les premières générations qui prenons conscience de la dimension planétaire des défis qu'elles doivent affronter : cette évolution majeure est sans doute irréversible. Il y a trente ans, seules des élites en avaient conscience. Elles sont, depuis dix ans, de plus en plus nombreuses. Aujourd'hui, le jeune dirigeant d'une PME de l'Aveyron sait que le dynamisme de son entreprise tient à sa capacité de trouver des marchés extérieurs. L'écologie, lorsqu'elle se combine à l'économie pour faire émerger l'idée nouvelle de « développement durable », est à la fois la prise de conscience de cette mondialisation et la conviction que le salut de l'humanité ne peut qu'être collectif et planétaire. Sans refuser la compétition internationale que se livrent les très grands groupes industriels, le développement durable critique les excès d'une concurrence effrénée et non régulée qui risquerait tout autant de dégrader définitivement la planète que de faire imploser les équilibres sociaux de chacun des pays qui la composent. C'est ainsi que s'opère la rencontre tant attendue entre les sciences de la nature et celles de la société organisée des hommes.

Il n'y a pas encore de définition stabilisée au concept de développement durable. Mais il s'agit bien d'une nouvelle utopie, aux contours flous, mais foisonnante et à ce titre fructueuse. Elle peut être déclinée dans de nombreux domaines. Cela va de l'aspiration au bien-être dans les différents secteurs de la vie quotidienne à une philosophie de la nature dont le contenu varie en fonction des caractéristiques socioculturelles. Les urbanistes ont été parmi les premiers à s'en emparer, finissant ainsi de condamner les conceptions ravageuses de la Charte d'Athènes qui ont façonné notre espace urbain par l'éclatement fonctionnaliste du territoire entre des zones éloignées les unes des autres : lieux de travail, d'habitat, de commerce, de distraction... La ville à réhabiliter doit permettre de retrouver le goût de vivre ensemble, dans des espaces polyvalents et compacts, dans la diversité des groupes sociaux, et en réduisant les contraintes de transports quotidiens, tant pour limiter le gaspillage énergétique que pour favoriser la qualité de la vie.

Dans la foulée, il nous faudra vite réfléchir à l'application du développement durable dans les espaces non urbains dédiés aux loisirs et aux vacances. Le développement du temps libre, aspiration profonde encouragée par la réduction du temps de travail et par la progression démographique des retraités, accroît la fréquence des séjours de détente et multiplie les déplacements pour les réaliser. L'homme et la femme des villes aspirent à l'authenticité supposée des rivages et des paysages préservés et entretenus, favorisant ainsi l'éclosion de nouveaux métiers. Mais faudra-t-il, pour cela, laisser croître le flux de migrations alternantes des villes vers ces espaces naturels forcément générateurs de nouveaux inconforts et de forte consommation énergétique ?

Depuis plusieurs années déjà, on repère une sensibilité croissante des consommateurs à des thématiques d'intérêt collectif.

C'est ce que l'on dénomme au CRÉDOC la « consommation engagée ». C'est ainsi que les Français se déclarent persuadés de l'importance que prendra l'écologie dans la consommation. Un sur trois pense acheter dans les dix prochaines années plus de produits verts que maintenant et un sur deux autant. En achetant ces produits, 60 % pensent contribuer d'une façon importante à la protection de l'environnement, contre 36 % qui sont d'un avis contraire. Logiquement, ils estiment majoritairement que ce n'est pas une mode qui va passer. Si 58 % des sondés reconnaissent que le nombre des emballages inutiles a augmenté ces dernières années, seulement 32 % croient qu'il continuera à augmenter contre 38 % qu'il va diminuer et 21 % qu'il restera stable. Le marketing s'empare peu à peu de ces nouvelles aspirations.

L'expression de ces opinions peut apparaître bien optimiste eu égard aux taux beaucoup plus faibles de pratique effective et à la déconvenue de certains produits verts ces dernières années. La polémique entre industriels a laissé planer un doute dans l'esprit des consommateurs, voire suscité leur méfiance vis-à-vis des lessives sans phosphates. Chaque camp, celui des chimistes pro-phosphates et celui des chimistes anti-phosphates, a mobilisé ses travaux scientifiques pour expliquer que la composition de leur produit était en définitive moins polluante que celle de leurs concurrents. Qui croire ? Le consommateur n'a pas les moyens de départager les belligérants qui s'attaquent à grands coups de messages publicitaires. Pour être crédibles, les thèses doivent être argumentées, vérifiées scientifiquement. Or, on le sait bien, il est toujours assez facile d'opposer telle analyse de laboratoire effectuée dans des conditions expérimentales précises à telle autre réalisée dans d'autres conditions. Cette incertitude risque toujours d'entamer la crédibilité des arguments avancés.

Les enjeux économiques sont tellement importants que les concurrents — des grands groupes mondiaux — ont les moyens de financer directement de tels travaux ou au moins de les mettre en valeur lorsqu'ils servent leur cause. Le risque est très clair d'une instrumentalisation abusive de la recherche scientifique et, corrélativement, d'une déconvenue des consommateurs dans l'une de leurs aspirations poténtiellement les plus profondes pour l'avenir.

Mais posons franchement la question : les consommateurs sont-ils prêts à payer plus cher les produits qu'ils acquièrent tous les jours par souci de préservation de l'environnement ? Aujourd'hui la réponse est négative dans les faits, même si elle est beaucoup plus balancée dans les enquêtes d'opinion. Tout au plus peut-on dire qu'entre deux produits de qualité et de prix identiques, une proportion importante d'entre eux sont susceptibles de choisir le plus « propre ». Il y a bien là une différence fondamentale avec l'autre tendance qui envahit tous les marchés à la vitesse du cheval au galop : la protection de la santé. Il est bien clair que l'on attend aujourd'hui de tout aliment, mais aussi de bien d'autres produits — revêtements de murs, vêtements,... — qu'ils n'induisent pas de risque sanitaire, et même si possible, qu'ils aient une influence positive sur la santé. Dès lors, peut-on en conclure qu'il y aurait une opposition, typique d'une société individualiste, dans laquelle on accepte de payer plus cher des produits pour des qualités susceptibles d'avoir un effet immédiat pour soi-même — c'est-à-dire pour sa santé — tandis que l'on ne fait que regarder avec sympathie, mais sans accepter de payer plus cher les objets qui se parent de vertus écologiques et qui, à ce titre, servent l'intérêt collectif ? Évidemment, cette distinction est trop simpliste, car on a vu au cours des années récentes que bien souvent la santé et l'écologie vont de pair. N'est-ce pas ce qui semble ressortir des crises alimentaires les plus médiatisées ? C'est en tout cas en se plaçant à l'articulation de ces deux thématiques, qu'il y a le plus de chance d'intéresser nos concitoyens.

Quant aux entreprises, vont-elles adopter facilement des modes de production respectueux des équilibres sociaux et naturels, incitées en cela par la pression de leurs clients et se convainquant qu'il s'agit là de leur intérêt bien compris à long terme ? La naïveté ne peut être de mise. Certes, l'entreprise doit anticiper et prévoir, mais son objectif premier n'est pas de servir une cause, il est d'abord de gagner de l'argent et *pour cela* de tenir compte de ce que le marché peut attendre. C'est pourquoi l'encadrement par des régulations publiques, quelles que soient leurs formes, est indispensable.

S'intéresser à l'avenir de la thématique de l'environnement dans les comportements des hommes et des femmes au cœur de nos sociétés force donc à les étudier comme acteurs sous leurs différentes facettes : citoyens électeurs, agents de la production, consommateurs, adhérents ou militants d'associations, émetteurs d'opinions... et à espérer la mise en cohérence progressive entre ces différents rôles. Les recherches, les études présentées dans cet ouvrage, par ceux qui les ont eux-mêmes conduites et qui ont bénéficié pour cela du soutien financier des programmes incitatifs du ministère de l'Environnement, apportent autant d'éclairage sur les différents aspects de cette question. Ils sont ainsi complémentaires. Ils forment une mosaïque inachevée, dont chaque fragment est essentiel, mais qui en nécessite encore beaucoup d'autres. L'histoire n'est pas finie. Celle de la rencontre entre la nature et la société pour préparer l'avenir ne fait que commencer.

PRÉSENTATION DE L'OUVRAGE

De nombreuses recherches ont été effectuées à la demande du Service de la recherche du ministère de l'Environnement par des sociologues, des politologues, des juristes, des économistes, des philosophes. Loin de se limiter aux questions concrètes qui se posent à l'administration, elles ont permis d'explorer en profondeur la place qu'occupent les thématiques de l'environnement dans la conscience collective et la façon dont elles s'y approfondissent.

Une partie seulement des travaux suscités par le Service de la recherche du ministère de l'Environnement a donné lieu à des publications. C'est à partir de ceux qui n'ont pas encore été portés à la connaissance du public qu'a été constitué cet ouvrage, qui réunit trente et une contributions différentes. Le choix des sujets et la composition du livre ont répondu à une double préoccupation : présenter dans un volume accessible à un large public, un panorama de ces études et mettre en valeur les traits les plus saillants des relations entre environnement, société et politique. Ont été sélectionnés les travaux ayant une portée générale, permettant de baliser les phénomènes majeurs, de rendre compte des débats les plus actuels ou de mettre en évidence l'histoire de notions plus ou moins familières.

Un comité de rédaction, animé par Martine Berlan-Darqué et Bernard Guibert du ministère de l'Aménagement du territoire et de l'Environnement, a suivi l'élaboration de l'ouvrage. Guy Herzlich, Michel Boyer, tous deux journalistes, anciens rédacteurs en chef au *Monde*, et Bruno Maresca, directeur de recherche au CRÉDOC, en ont été les rédacteurs en chef. Pour ce faire, ils ont sélectionné parmi les travaux de recherche financés par le ministère de l'Environnement les contributions qui sont les plus intéressantes pour un large public. Ils ont établi l'enchaînement des thématiques qui constituent le plan de l'ouvrage et se sont assurés la collaboration des trente-cinq auteurs qui ont accepté d'élaborer un texte original présentant les résultats de leurs recherches.

Nos remerciements vont, en premier lieu, à ces auteurs : Dominique Allan Michaud, Pascal Amphoux, Tiphaine Barthélemy, Daniel Boy, Jean Brenot, Lionel Charles, Francis Chateauraynaud, René-Pierre Chibret, Geneviève Decrop, Christine Dourlens, Denis Duclos, Jean-Marc Dziedzicki, Cyria Emelianoff, Judith Epstein, Jean-Louis Fabiani, Philippe Fritsch, Olivier Godard, Marie-Hélène Guyonnet, Georges Hatchuel, Denise Jodelet, Pierre Lascoumes, Jean-Pierre Le Bourhis, Yann Laurans, Yves Luginbühl, Bruno Maresca, Marie-Hélène Massuelle, Laurent Mermet, André Micoud, Isabelle Monforte, Marc Mormont, Robert Rochefort, Olivier Soubeyran, Jean-Paul Thibaud, Pierre A. Vidal-Naquet, Jean-Luc Volatier.

Nous remercions également Martine Berlan-Darqué qui, au ministère de l'Aménagement du territoire et de l'Environnement, a été la cheville ouvrière de ce projet.

I

REPRÉSENTATIONS

Du milieu à l'environnement

LIONEL CHARLES

La situation de l'environnement en France est paradoxale. D'un côté, celui-ci a acquis, face à l'extension des enjeux et la diversification des risques (de la pollution atmosphérique urbaine au développement durable), une place reconnue dans l'univers collectif, à travers le développement scientifique et l'innovation technologique, la multiplication des dispositifs législatifs et réglementaires, l'intégration dans les cadres socio-économiques, techniques et politiques. En même temps, le caractère apparemment neutre, indifférencié du terme, sa dimension communicationnelle en favorisent des usages multi-formes, mais aussi souvent opportunistes de la part de nombreux acteurs (entreprises, communautés territoriales, instances politiques, médias...).

Les sciences sociales elles-mêmes, économie mise à part, se sont peu impliquées dans ce domaine, à travers des travaux souvent ponctuels ou limités. Autant l'environnement est reconnu comme objet de préoccupation générale, autant les mises en œuvre concrètes à son sujet, sa prise en charge à échelle fine et la dimension subjective qui en est constitutive restent largement sous-estimées et mal appréhendées. Perçu sous l'angle de la réalité institutionnelle qu'il recouvre, l'environnement se réduit aux yeux de certains à un champ normatif contestable. Pour en éclairer le statut et la prégnance, il est utile d'analyser les arrière-plans, la construction épistémique de la notion d'*environnement* et pour cela, de faire retour à son contexte d'origine anglo-saxonne, pour la rapprocher du terme français, milieu dont elle a pris la suite.

Si *environnement* est en général considéré comme un terme d'origine anglo-saxonne, notons cependant que le terme existait en ancien français et a disparu de la langue au XVIe siècle. Il possédait un sens très précis et restreint de trajectoire circulaire (« le tournoyement et environnement perpétuel du soleil ») ainsi que celui de mettre autour, ceindre. Il ne réapparaît en français qu'à partir de 1921, repris de l'anglais *environment* par Vidal de la Blache dans ses *Principes de géographie humaine*. L'usage en reste cependant très limité jusqu'au début des années 1960. Son introduction dans le *Petit Larousse* en 1963 corrobore l'amorce d'une diffusion plus importante. Importé de l'anglais, *environnement* s'est juxtaposé, puis largement substitué, dans un univers en pleine transformation, aux termes utilisés jusque-là pour désigner les divers aspects du monde naturel ou humain auquel il renvoie comme milieu, nature, paysage, intégrant l'impact du monde industriel, pollutions et déchets. Beaucoup plus qu'à l'effet de l'impérialisme de l'anglais sur notre langue, le succès du terme en français tient au fait qu'il vient combler un manque en introduisant une perspective sans équivalent jusque-là dans la culture française, quand l'allemand a su forger *Umwelt* et l'italien *ambiante*.

L'histoire du terme en anglais s'inscrit dans une longue continuité. Selon le *Oxford Standard Dictionary*, si le terme *environment* n'apparaît qu'en 1603, et ne devient courant qu'à partir du début du XIXe siècle, il est précédé par le verbe *to environ*, lui-même venu du français environ, identifié dès la première moitié du XIVe siècle, dont le participe présent *environing*, utilisé comme substantif, anticipe en fait l'apparition d'*environment*. Dès l'origine, *environ* et *environing* ont le sens d'encercler, entourer ou entourer de tous côtés. *Environing* traduit le fait de baigner dans un fluide comme l'atmosphère ou la lumière, suggérant l'idée d'immersion, ou encore de parcourir en tous sens. Il est volontiers utilisé en référence à la mer. Est envisagé à travers ce terme un rapport global, indéfini et non pas limité et étroitement circonscrit comme le propose *environnement* en ancien français. Au XIXe siècle, quand l'usage commence à se répandre, *environment* possède une double signification, d'une part spatiale, géographique, mais aussi, au sens figuré, conditionnelle, en termes de relations et d'influences. *Environment* renvoie donc autant à un monde objectif qu'à un jeu de relations, et donc implicitement à un contexte.

Ce n'est véritablement que dans le dernier quart du XIXe siècle que le terme *environment* pénètre le discours scientifique, en biologie, en géographie et en psychologie. L'idée, alors dominante chez les géographes américains, comme dans la géographie allemande avec l'anthropogéographie sur laquelle s'appuiera l'idée de *lebensraum*, mais aussi en écologie végétale, est celle de déterminisme environnemental, en termes physico-chimiques. À l'université de Chicago fondée en 1892, cette idée est remise en question de plusieurs points de vue. Le philosophe Dewey qui y commence sa carrière avec des travaux en psychologie sur l'arc réflexe (1896), défend d'emblée la nécessaire complémentarité entre les idées d'organisme et d'environnement : l'organisme ne peut être conçu indépendamment de l'environnement, entendu donc dans un sens très large. Pour Dewey, organisme et environnement s'influencent réciproquement : ils sont en interaction. Cette idée, que George Herbert Mead développe dans le domaine de la psychologie sociale, a un profond retentissement. Shelford, de son côté, donne à l'écologie animale, dont il établit les bases, une assise indépendante du déterminisme environnemental adopté par Cowles. Il montre (1913) que le facteur principal dans le remplacement d'espèces de poissons — la succession — est l'impact des changements environnementaux sur les conditions et les comportements de reproduction. L'environnement n'intervient pas directement sur la physiologie des organismes. En géographie, l'idée d'interaction avec l'environnement est reprise par Barrows, dès les années 1920.

L'idée contemporaine d'environnement s'inscrit dans le prolongement de ces développements. Elle émerge au carrefour de la psychologie, de l'écologie, en particulier dans sa version ingéniérale, inspirée de la cybernétique, de la prise de conscience extra-scientifique de l'impact croissant des activités humaines sur le monde naturel dans le contexte du développement économique et industriel qui suit la Seconde Guerre mondiale et du développement de la recherche urbaine. Dans les années 1970, le questionnement environnemental s'étend à la problématique du langage et du sens avec la réfutation par Hilary Putnam[1] du fonctionnalisme, dont il était lui-même à l'origine : pour Putnam, commentateur particulièrement attentif des pragmatistes, le contexte, l'environnement joue un rôle central dans la signification.

Plus récemment, les neurosciences, prolongeant certains aspects de la phénoménologie, donnent une assise précise à l'idée d'environnement comme élaboration praxéo-cognitive d'un individu en relation. L'idée d'environnement est également féconde

---

1. H. Putnam, *Représentation et réalité*, Gallimard, 1990.

en robotique, avec la conception de machines livrées à l'apprentissage. L'élargissement de la perspective environnementale se traduit, dans le monde anglo-saxon, par de vastes synthèses qui abordent l'histoire de l'humanité sous l'angle des modifications croissantes introduites par l'homme dans le monde naturel à travers le développement technique, du feu au système informationnel contemporain[1]. Celles-ci renouvellent en profondeur les orientations de disciplines comme la géographie ou l'histoire et jouent également un rôle important en anthropologie, dont on n'a en France que les échos tardifs et affaiblis.

Cette extension progressive de l'heuristique de l'environnement dans le monde anglo-saxon a son origine dans l'émergence de la théorie darwinienne. Mais celle-ci à son tour, et avec elle l'environnement, ne peuvent se comprendre qu'en relation avec certains des traits majeurs de la culture anglo-saxonne que l'on peut rattacher aux courants de l'empirisme et du pragmatisme. Dewey lui-même est le créateur, après Peirce et James, d'une forme du pragmatisme, « une nouvelle théorie de la pensée en action », à laquelle il donne le nom d'instrumentalisme. Un des aspects essentiels de ces courants, tant sur le plan politique que philosophique, est la prévalence de l'idée d'un individu sentant, pensant et agissant autonome et responsable dans un univers en transformation, c'est-à-dire l'absence, dans les représentations du monde physique ou social, d'entités qui par principe s'imposent à l'individu et une intervention volontaire, dans la réalité, pour empêcher l'émergence d'instances de ce genre, en quoi il faut probablement voir, pour une part, l'héritage du protestantisme.

Cette idée est évidemment centrale dans l'établissement de la démocratie moderne. Il faut y associer l'importance accordée par l'empirisme à la probabilité, au cœur de la démarche populationnelle développée par Darwin[2]. La notion d'environnement répond précisément à cette indépendance, désignant un univers avec lequel l'individu est dans une relation ouverte, indéterminée, non conditionnelle mais précisément constitutive en ce qu'elle est réflexive, à quoi fait aujourd'hui écho la sociologie d'Antony Giddens : *environnement* est un opérateur de réflexivité pour un individu-acteur fondamentalement en relation. Cette notion ne vaut évidemment pas seulement pour l'homme,

---

1. I. G. Simmons, *Changing the Face of the Earth. Culture, Environment, History*, Blackwell, 1989.
2. E. Mayr, *Darwin et la pensée moderne de l'évolution*, Odile Jacob, 1993.

mais bien évidemment pour l'ensemble du vivant et permet de tisser des liens entre sciences sociales, éthologie et biologie.

De son côté, la notion française de milieu s'inscrit dans une perspective ancienne, héritée de la philosophie grecque. Chez Aristote[1] par exemple, la notion de milieu est indissociable de celle de juste milieu, utilisée comme argument pour démontrer la supériorité de la Grèce sur les autres régions connues. L'élaboration de la notion moderne de milieu a été magistralement passée en revue par Georges Canguilhem dans un cycle de conférences « Le vivant en son milieu », de 1946-1947[2]. Cette notion de milieu est un produit de la physique classique et apparaît chez Descartes (1639) « comme l'élément physique dans lequel un corps est placé », qu'il définit comme « ce qui est interposé entre plusieurs corps et transmet une action physique de l'un à l'autre ». L'acception est courante dans le langage scientifique du XVIIIe siècle. Pour Newton, l'éther est le fluide véhicule d'action à distance permettant d'expliquer l'attraction, le milieu qui rend possible la relation entre centres de force. Mais souligne Canguilhem, en considérant « séparément le corps sur lequel s'exerce l'action transmise par le moyen du milieu, on oublie du milieu qu'il est un entre-deux centres pour n'en retenir que sa fonction de transmission centripète [...]. Ainsi le milieu tend à perdre sa signification relative et à prendre celle d'un absolu et d'une réalité en soi ». Newton est aussi le premier à transposer l'usage du terme milieu de la physique à la biologie. L'éther, « en continuité dans l'air, dans l'œil, dans les nerfs et jusque dans les muscles » assure donc « la liaison de dépendance entre l'éclat de la source lumineuse perçue et le mouvement des muscles par lesquels l'homme réagit à cette sensation ».

Buffon reprend la notion de Newton en y adjoignant un deuxième aspect, dérivé de l'anthropogéographie hippocratique, d'influence du milieu sur le comportement des individus, et la transmet à Lamarck. Celui-ci désigne par circonstances les actions qui s'exercent du dehors sur le vivant et réserve milieu à la désignation de fluides comme l'eau, l'air, la lumière. Auguste Comte, en proposant, dans la quarantième leçon de son cours de philosophie positive, une théorie biologique générale du milieu, donne précisément au terme le sens d'« ensemble total des circonstances extérieures nécessaires à l'existence de

---

1. J.-F. Staszak, *La géographie d'avant la géographie. Le climat chez Aristote et Hippocrate*, L'Harmattan, 1995.
2. G. Canguilhem, « Le vivant et son milieu », *La connaissance de la vie*, Vrin, 2e éd. 1980.

chaque organisme » et donc le détache d'une perspective exclusivement physique. Ce remaniement s'accompagne d'un glissement de sens : « Circonstances et ambiance [...] conservent encore une valeur symbolique, mais milieu renonce à évoquer toute autre relation que celle d'une position niée par l'extériorité indéfiniment [...]. Le milieu est vraiment un pur système de rapports sans support. » Le prestige de la notion de milieu tient donc à ce qu'il « devient un instrument universel de dissolution des synthèses organiques individualisées dans l'anonymat des éléments et des mouvements universels ». Ce point de vue atteint son extrême chez les néo-Lamarckiens qui « ne retiennent des caractères morphologiques et des fonctions du vivant que leur formation par le conditionnement extérieur », avec des formulations telles que : « Les poissons ne mènent pas leur vie d'eux-mêmes, c'est la rivière qui la leur fait mener, ils sont des personnes sans personnalité. » On a là, selon Canguilhem, l'exemple de « ce à quoi peut aboutir un usage strictement mécaniste de la notion de milieu. Nous sommes revenus à la thèse des animaux machines ».

À ces approches, Canguilhem oppose la conception du milieu chez Darwin : « Le rapport biologique fondamental, aux yeux de Darwin, est un rapport de vivant à d'autres vivants ; il prime le rapport entre le vivant et le milieu, conçu comme ensemble de forces physiques. Le premier milieu dans lequel vit un organisme c'est un entourage de vivants qui sont pour lui des ennemis ou des alliés, des proies ou des prédateurs. Entre les vivants s'établissent des relations d'utilisation, de destruction, de défense. Dans ce concours de forces, des variations accidentelles d'ordre morphologique jouent comme avantage ou désavantage. »

En faisant apparaître les soubassements épistémologiques de la notion de milieu dans la tradition française, l'analyse de Canguilhem permet ainsi d'en appréhender les faiblesses : l'endiguement dans une vision générale, d'inspiration aristotélicienne, déterministe, reposant sur un ordre de la connaissance fondé sur la science, dominé par la physique, avec précisément pour visée de dissoudre la spécificité de l'individu vivant au profit de rapports généraux à travers une organisation globale qui l'englobe et le dépasse. D'où les hésitations et les difficultés des géographes français avec la notion de milieu[1]. La notion de milieu, en

---

1. M.-C. Robic (dir.), *Du milieu à l'environnement. Pratiques et représentations du rapport homme/nature depuis la Renaissance*, Economica, 1992. Lire aussi plus loin Olivier Soubeyran, « Peut-il exister une écologie urbaine ? », sur le milieu dans l'urbanisme et la géographie urbaine.

tant que construction du rapport au monde, recoupe étroitement certains des traits majeurs de l'univers sociopolitique français, analysés par Foucault et Bourdieu : l'effacement de l'individu derrière le collectif, les régulations externes, l'État, la Loi, recouvrant une réalité pesamment normative et lourde de conflictualité potentielle ou avérée dans la mesure où elle n'envisage le changement qu'en termes d'ordre collectif.

C'est une tout autre dynamique, ancrée dans une puissante tradition philosophique et politique de l'individu, appréhendé de façon indirecte, seconde mais également empathique et globale dans l'ensemble de sa réalité émotionnelle, active, cognitive, esthétique et éthique que promeut la notion d'environnement. La coupure entre individu et environnement, congruente à la division centrale en biologie entre soi et non-soi, essentielle à la validité de l'un comme de l'autre, exprime l'autonomie qui donne consistance à l'idée d'environnement. La notion d'environnement est réflexive et ne dissocie jamais la réalité du monde des acteurs qui la portent, dont la caractérisation n'est cependant jamais aussi importante que le rapport à cette réalité. L'idée d'interaction nourrit une vision fondamentalement mobile, dynamique, ouverte sur la multiplicité, la transformation et le devenir. Celle-ci est indissociable de processus interindividuels d'ajustement eux-mêmes objets d'une évolution permanente correspondant aux perspectives d'une société ouverte que semble seule porter la démocratie.

Le succès du terme tient donc à son caractère extrêmement général mais parfaitement circonstancié : il échappe à toute structuration savante *a priori* pour renvoyer à une réalité expérientielle première qui possède en définitive son ancrage dans chaque individu singulier, manifestant un renversement dans le rapport au monde et le passage de la vassalité à une emprise affirmée bien que relative. D'où sa portée pour désigner la problématique générale du rapport de l'homme au monde dans le contexte contemporain des sociétés techniquement avancées : rapport global, collectif, actif, profondément instrumental, reposant sur une base toujours individuelle, ancrée dans la subjectivité, liée au biologique comme l'a exprimé le premier Darwin et l'a éclairé Freud, dans sa mise à jour de la dynamique affective, intentionnelle et de ses liens à la sexualité.

Cette réflexion permet de mieux mesurer la pertinence et l'intérêt de la notion d'environnement, mais aussi de saisir les raisons de son entrée encore partielle dans le champ culturel français. Elle témoigne de la rencontre problématique entre deux univers sémantiques, deux traditions culturelles, sociales et politiques qui se sont construites très tôt, dès le XVIIe siècle, l'une à partir de la critique de l'autre : l'empirisme constitue déjà une réponse au cartésianisme. À l'évidence, la dimension générale, collective de l'environnement a été bien acceptée en France, par contre la dimension subjective, sensible et sa dynamique individuelle ont beaucoup plus de difficulté à être reçues par une culture qui tend à en limiter la réalité et à l'évacuer d'une sphère publique soumise à des impératifs catégoriels et formels très contraignants.

Cette observation nous permet également réflexivement de situer une limite, un bord essentiel concernant les sciences sociales : le risque d'inféodation à un modèle cognitif hérité de la physique, congruent à un modèle sociopolitique qui tend à minimiser la part de l'individu et de sa subjectivité et à le soumettre à l'ordre collectif. Face à l'orientation vers la démocratie directe et les procédures de consultation et de participation accrue de la société civile que suscite l'environnement et que l'on voit se mettre en place un peu partout, face aux perspectives d'internationalisation, mais aussi à l'extension de l'incertitude et à la dissémination des risques, on mesure mieux les difficultés qu'éprouve la société française avec son organisation traditionnellement hiérarchique et verticale, son attachement à la représentativité politique et au rôle de l'État, à prendre sa place dans le nouveau jeu mondial multipolaire, ouvert et démocratique, dont l'environnement constitue l'une des clés.

BIBLIOGRAPHIE

ABÉLÈS M., CHARLES L., JEUDY H.-P. et KALAORA B. (dir.), *L'environnement en perspective. Contextes et représentations de l'environnement*, L'Harmattan, 2000.

DELÉAGE J.-P., *Histoire de l'écologie. Une science de l'homme et de la nature*, La Découverte, 1991.

ELIAS N., *La société des individus*, Fayard, 1991.

LIGHT A. et KATZ E. (eds), *Environmental Pragmatism*, Routledge, 1996.

LIVINGSTONE D., *The Geographical Tradition*, Blackwell, 1992.

STAGNER R., *A History of Psychological Theories*, Macmillan publishing Company, 1988.

Dans l'opinion, une préoccupation généralisée depuis dix ans

GEORGES HATCHUEL

Qui, aujourd'hui, oserait affirmer que les dix dernières années ne se sont pas caractérisées, dans notre pays, par une montée de la sensibilité des Français à l'environnement ? Qu'il n'y a pas eu accroissement, dans la période, de la prise de conscience que la planète est confrontée à de véritables enjeux écologiques, plus ou moins préoccupants pour les populations qui l'habitent ? Cette idée, que l'on dira préconçue, de montée des préoccupations liées à l'environnement, tient, bien sûr, à la convergence de plusieurs phénomènes récents, profondément médiatisés, parmi lesquels il faut citer aussi bien la multiplication des enquêtes d'opinions sur le sujet, que la survenance de quelques catastrophes écologiques comme celle de la centrale nucléaire de Tchernobyl en 1986 ou les marées noires de l'*Amoco Cadiz* en 1978, ou que la diffusion, par à-coups, du « vote vert » (les résultats des dernières élections européennes sont là pour en témoigner).

Mais, quand l'observateur coutumier des sondages tente d'obtenir confirmation, par des résultats d'enquêtes, de la réalité de cette « montée de la sensibilité écologique », il se trouve confronté à un certain doute, celui qui prévaut quand on cherche à vérifier par des données dites « objectives », mais que l'on n'arrive pas à trouver, un phénomène pourtant considéré comme « indiscutable ».

Est-ce à dire que cette montée de la sensibilité environnementale ne s'est pas produite ? Ou n'est-ce pas plutôt qu'il faut s'interroger sur la façon que l'on a de mesurer cette sensibilité et sur ce qu'elle signifie[1] ? Aussi avons-nous choisi de présenter les lignes de force de ce que nous paraissent être aujourd'hui les opinions des Français en matière d'environnement, en les mettant en parallèle avec la question qui nous anime : est-ce la sensibilité des Français à l'environnement qui s'est accrue ou n'est-ce pas la notion même d'environnement — et de ses enjeux — qui a évolué dans l'esprit des populations ?

Une faible sensibilité, mais une vraie interrogation

Premier constat frappant : située au sein d'une série de sujets de préoccupations sociétales, tels que le « chômage », la « pauvreté » ou la « violence », la « dégradation de l'environnement » est loin d'arriver en tête des questions que se posent prioritairement les Français ; dans l'enquête « Conditions de vie et aspirations des Français » menée par le CRÉDOC, le thème occupe, au début 1999, la huitième place du palmarès, avec au total 8 % seulement des citations, contre 44 % pour le chômage (première place), 33 % pour la violence et l'insécurité et 30 % pour les maladies graves.

Mais tout aussi frappante est *l'absence d'évolution intervenue sur ce thème* : alors que la question est suivie, strictement à l'identique, depuis le début 1991, « la dégradation de l'environnement » a toujours occupé les huitième ou neuvième places ; et alors qu'elle était citée par 12 % des Français au début 1991, elle l'est maintenant par 8 %[2].

Cette absence d'évolution significative à la hausse est d'autant plus marquante que cette enquête a bien enregistré, depuis huit ans, des inflexions sensibles sur d'autres sujets : montée rapide des préoccupations du « chômage » entre 1991 et 1993 ; recul de « la drogue » entre 1991 et 1995 ; montée de « la violence, l'insécurité » de la cinquième place à la deuxième entre 1996 et 1999 ou progression de « la pauvreté en France » entre 1992 et 1995...

---

1. Voir notamment M. Dobré, « L'opinion publique et l'environnement », IFEN, *Les Dossiers de l'environnement*, n° 1, avril 1995.
2. Les pourcentages évoqués sont relatifs au total des préoccupations citées en première ou en deuxième réponse (autrement dit, 8 % des Français considèrent la dégradation de l'environnement comme l'une de leurs deux principales préoccupations actuelles).

Autrement dit, seulement environ un douzième de la population classe aujourd'hui, en termes relatifs, la dégradation de l'environnement au sein de ses premiers sujets de préoccupation ; et cette proportion ne s'est pas accrue dans les dix dernières années.

D'autres éléments vont dans le même sens. 3 % seulement des Français déclarent, au début 1999, faire partie d'une association de défense de l'environnement. Ce pourcentage est resté identique (de 2 à 3 %) depuis vingt ans alors qu'au cours de cette période la proportion d'individus participant aux activités d'une association quelle qu'elle soit, s'est accrue (elle est passée de 37 à 43 %). L'indicateur synthétique de « réceptivité à l'environnement », que le CRÉDOC a pu constituer confirme l'observation. Cet indicateur considère comme réceptives à ce sujet, soit les personnes faisant partie d'une association de défense de l'environnement, soit celles à la fois d'accord pour payer une « taxe environnementale » et préoccupées (première ou deuxième réponse) par la dégradation de l'environnement. Au début 1991, cet indicateur évaluait à 8 % la part de la population « réceptive » à l'environnement ; celle-ci est passée à 6 % au début 1995, 6 % au début 1997 et 7 % au début 1999. Là encore, peu d'évolutions significatives sont apparues.

La faiblesse relative de ces chiffres — comparée à l'importance du discours qui les accompagne — est à mettre en rapport avec ceux qui apparaissent quand on interroge nos concitoyens, cette fois dans l'absolu, sur le côté « préoccupant » (i.e. inquiétant) des problèmes liés à l'environnement : les taux atteignent alors toujours au moins les 70 à 80 % d'« inquiets », parfois plus. Un exemple récent : en octobre 1998, 73 % de la population se déclaraient, dans l'absolu, beaucoup ou assez préoccupés par « la dégradation de l'environnement[1] ». Le niveau de préoccupation est alors tel que tous les sujets pris un à un apparaissent quasiment d'égale importance. Par exemple, en 1995, 85 % des Français se disaient « préoccupés » par la pollution de l'air, 85 % par la pollution des mers, 85 % par la pollution de l'eau douce, 84 % par l'accumulation des déchets, 83 % par les accidents industriels majeurs (y compris nucléaires), 81 % par la destruction de la couche d'ozone, 79 % par la disparition des forêts équatoriales, 78 % par la détérioration du cadre de vie... Seul le

---

1. Enquête « Consommation » du CRÉDOC. Voir *Le consommateur français en 1998*, Cahiers de Recherche du CRÉDOC, n° 130, juin 1999.

« bruit » échappait à ce raz de marée de préoccupations élevées, même si encore 62 % de nos compatriotes s'en inquiétaient[1].

Mais là encore, on peut faire un constat d'importance : si l'on prend la même question, le taux de « préoccupations » global est passé de 82 % en 1992, à 73 % en 1998. La tendance est donc, encore une fois, à la stabilité, voire à la baisse, plutôt qu'à l'accroissement.

En tout état de cause, on observe que, selon la façon dont le sujet est appréhendé — ou compris —, les taux de « sensibilité » peuvent varier de un à huit. L'hypothèse que nous formulons est que, justement, les notions d'« environnement » ou, encore plus précisément, de « dégradation de l'environnement », ne sont pas comprises de la même façon par les différents groupes sociaux et que l'absence d'inflexions que l'on constate au niveau global depuis dix ans tient aussi dans les variations croisées qui ont pu apparaître, depuis une décennie, dans la conception que chacun a de ces notions.

La dégradation de l'environnement différemment perçue

On sait que la notion d'environnement comporte un dualisme, « une superposition de deux visions, l'une anthropocentrique qui constitue le milieu dans lequel l'homme évolue ; l'autre, biocentrique, qui situe l'homme parmi les éléments d'une création plus vaste[2] ».

Et c'est ce dualisme, ce mélange entre, d'une part, une conception « localiste » de l'espace, se référant au quotidien proche, à l'espace de vie, aux alentours et au voisinage et d'autre part, une conception plus globale, planétaire, du système naturel, que la notion d'« environnement » tend à confondre. Une enquête de l'Institut national d'études démographiques a mis ainsi en évidence que la représentation la plus immédiate de l'environnement était, en 1991, celle qui se référait à l'espace de résidence (le milieu, le lieu de vie, le voisinage…). Mais qu'une autre perspective, reposant sur l'idée écologique que l'environnement est

---

1. Enquête BVA pour *L'Environnement Magazine*, n° 1543, décembre 1995.
2. B. Maresca et P. Hébel, *L'Environnement. Ce qu'en disent les Français*, ministère de l'Aménagement du territoire et de l'Environnement, La Documentation française, 1999.

un problème de société, national et planétaire, apparaissait dans certains groupes de la population caractérisés notamment par leur âge (les jeunes) et par un niveau socioculturel élevé[1]...

Il est dommage que la même question n'ait pas été posée, à nouveau, depuis. De même, on peut supposer que tout questionnement se référant non plus à « l'environnement », mais cette fois à la « dégradation de l'environnement », mettrait également en évidence des réponses opposant « le local et le planétaire », mais avec une part accrue de référence à la conception « mondialiste » du sujet. Or, c'est cette évolution relative qui n'apparaît pas dans les enquêtes : celles-ci se réfèrent la plupart du temps, sans plus de précisions, à la notion floue, et confuse, d'environnement ; chacun comprend donc le mot à l'aune de la conception culturelle qu'il en a — et de l'information qu'il reçoit. De fait, les évolutions globales mesurées dans les enquêtes masquent les inflexions relatives, intra-catégorielles, qui ont pu intervenir ces dernières années.

Or, des inflexions de ce type n'ont pu manquer de se produire. En témoignent, par exemple, les modifications qui ont affecté les demandes formulées sur ces thèmes dans l'enquête « Aspirations » du CRÉDOC. Instrument contractuel, celui-ci enregistre chaque année les attentes des différentes administrations ou entreprises qui cherchent à mieux connaître les attitudes de l'opinion sur les sujets qui les intéressent. Or, on observe que de 1978, date de création de l'enquête, jusqu'en 1983-1984, le ministère de l'Environnement ne cherchait à recueillir que les jugements formulés par la population sur son strict cadre de vie : satisfaction à l'égard du logement, aspect du voisinage, dégradations possibles de « ce qui entoure le logement », principales qualités et défauts du logement habité, gênes éventuelles (vues sur l'extérieur à partir de son logement, bruits, odeurs...). Les années 1983-1988 favorisaient l'émergence de questions sur le bruit, sur les services administratifs aptes à enregistrer des plaintes localisées et sur l'engagement individuel dans des actions locales de « préservation » de l'environnement, voire sur les pollutions industrielles.

Ce n'est qu'à partir de 1988, et surtout de 1990 (avec la participation de l'Institut français de l'environnement : IFEN), que l'approche plus sociétale émerge délibérément dans les questions posées : degré d'information sur certains risques (pollu-

---

1. « Les Français et l'environnement » par P. Collomb et F. Guérin-Pace, *Travaux et documents*, n° 141, INED, PUF, 1998.

tions industrielles ou chimiques, protection des animaux...), modification des comportements pour lutter contre les pollutions, classement des préoccupations environnementales, sensibilité à l'environnement, action des pouvoirs publics... Enfin, les années 1995 accentuaient les interrogations sur certaines pratiques de tri ou de non-recours à la voiture (avec l'IFEN, l'Agence de l'environnement et de la maîtrise de l'énergie ou EDF), tandis que les questions sur le logement et son voisinage avaient quasiment disparu. On est ainsi passé, en vingt ans, *du local au sociétal,* mais aussi *du constat, aux actions à mener.*

Or, comment imaginer que cette évolution des préoccupations ne s'est pas accompagnée de modifications de la part relative que chaque groupe social accorde à chacune des deux conceptions, localiste ou planétaire, de l'environnement ?

Force est de constater que, chez les Français, le degré de préoccupation environnementale n'est pas du tout le même selon le « niveau géographique » auquel on se réfère. Schématiquement, *les jugements sur l'état de l'environnement sont d'autant plus critiques que la zone géographique concernée est vaste, et éloignée, de celle où réside l'enquêté* : ainsi, seulement 10 % de la population considèrent aujourd'hui « mauvais » l'état de l'environnement *dans leur région* alors que 48 % jugent « mauvais » l'état de l'environnement *dans le monde.* Aussi, on comprendra que les résultats de toute enquête menée sur le sujet varieront en fonction du cadre géographique auquel chaque enquêté « croit » qu'on lui demande de se référer ; « croit », car souvent, ce cadre n'est pas précisé.

Une réduction des écarts intercatégoriels

En tout état de cause, quelques évolutions méritent, d'être évoquées : alors que sur les sept dernières années, la critique générale de l'état de l'environnement s'est plutôt confortée dans les catégories de niveau socioculturel faible ou moyen — qui étaient « en retard » —, elle a nettement reculé dans les catégories aisées et diplômées, jusque-là les plus sensibles au sujet et les plus axées sur le niveau « planétaire » du concept.

Par exemple, en 1992-1993, 22 % des cadres supérieurs et 18 % des diplômés du supérieur jugeaient « mauvais » l'état de l'environnement dans leur région, contre 14 % des ouvriers et 11 % des non-diplômés.

En 1997-1999, ces taux sont restés les mêmes chez les ouvriers et les non-diplômés, mais ils ont reculé de six points chez les cadres et de cinq chez les diplômés, signe d'un début d'uniformisation des opinions.

De même, un peu moins nombreux sont aujourd'hui les Français qui jugent « mauvais » l'état de l'environnement dans le monde : 51 % ont cette opinion en 1997-1999, contre 59 % en 1992-1993. Mais ce recul s'est bien davantage opéré dans les catégories aisées : en 1997-1999, 49 % des cadres supérieurs (– 20 points en six ans) et 53 % des diplômés (– 14 points) portent cette critique, contre 56 % des ouvriers et 47 % des non-diplômés (recul de seulement 4 à 5 points dans la période). Les écarts catégoriels se sont donc ici sensiblement réduits.

En un mot, les milieux favorisés sont toujours aujourd'hui un peu plus soucieux que les autres de l'état de l'environnement, mais les jugements qu'ils portent sur ces sujets sont de moins en moins critiques. D'un autre côté, on voit l'émergence, dans les groupes peu aisés, de préoccupations « nouvelles » à l'égard de l'état de l'environnement dans le monde, pour lequel les jugements sont maintenant aussi sévères que dans les autres catégories. Cette prise de conscience « sociétale » se retrouve d'ailleurs dans la diffusion, chez les titulaires de bas revenus, de l'idée que les conséquences les plus importantes des problèmes d'environnement concernent les générations futures (50 % d'entre eux le pensent aujourd'hui, contre 39 % il y a six ans). En revanche, le taux n'a pas varié chez les hauts revenus (50 % en 1992-1993, 49 % aujourd'hui).

Il n'y a donc pas vraiment eu, ces dernières années, montée de la sensibilité générale de la population à l'environnement, mais plutôt une prise de conscience accrue de l'importance planétaire de ce sujet dans les catégories populaires ou moyennes, et un recul de la sévérité des jugements dans les catégories aisées, très « en avance » au début des années 1990.

Montée des préoccupations liées aux ressources naturelles

Certes, cette réduction des écarts intercatégoriels ne s'est pas produite sur tous les sujets. En particulier, les non-diplômés restent bien plus inquiets, et bien moins informés, pour tout ce qui concerne le nucléaire. Mais cette réduction des écarts tient, pour beaucoup, à la prise de conscience *des risques sanitaires*, que la dégradation de l'environnement pourrait entraîner, non seulement au niveau de la planète, mais, par ricochet, près de chez soi ou pour sa propre santé. D'où la montée des préoccupations liées à la préservation des ressources naturelles (air et eau[1]).

Ainsi, les actions de l'État que les Français jugent prioritaires en matière de protection de l'environnement sont, dans l'ordre, au début 1999 :

— La réduction de la pollution de l'air et de l'atmosphère (36 % des réponses chez les diplômés, 30 % chez les non-diplômés).

— La lutte contre la pollution de l'eau, des rivières et des lacs (16 % des réponses chez les diplômés, 20 % chez les non-diplômés).

— La préservation du patrimoine écologique primaire (51 % des réponses) passe donc avant les attentes concernant la prévention des risques technologiques : développement de nouvelles technologies respectueuses de l'environnement (10 %), lutte contre les risques du nucléaire (9 %), élimination et tri des déchets (8 %). Il s'agit d'actions pour contrecarrer les méfaits de l'activité industrielle auxquelles, globalement, les diplômés sont bien plus sensibles que les non-diplômés (34 % des premiers, contre 21 % des seconds).

Mais, parallèlement, si l'opinion attend un effort *collectif* pour préserver le patrimoine écologique, elle paraît prête à s'engager dans des actions *individuelles* qui paraissent à sa portée, essentiellement en matière d'élimination et de tri de déchets. En vérité, on ne dispose pas de possibilités de comparaisons avec la situation d'il y a dix ans, mais 72 % des personnes interrogées déclarent aujourd'hui trier régulièrement le verre usagé ; 53 % déclarent trier les journaux et vieux papiers ; 48 % rapportent leurs médicaments non utilisés à la pharmacie ; 39 % trient régulièrement les piles, 40 % les plastiques et 22 % rapportent l'huile de vidange de leur voiture dans une déchetterie. Au total, 43 % des Français disent aujourd'hui pratiquer régulièrement le tri d'au moins trois des types de déchets suivants : verre, papiers et journaux, piles, plastiques (contre 33 % un an auparavant). Cette diffusion des pratiques touche encore plus, là aussi, les catégories jusqu'alors moins attachées

---

1. Sur des alertes sur la pollution de l'eau par le plomb, par exemple, lire plus loin dans la troisième partie, Francis Chateauraynaud, « Lanceurs d'alertes : dioxine, plomb, benzène ».

à ce type d'engagement (les titulaires de bas revenus notamment).

Dans le même ordre d'idées, 87 % des automobilistes se déclarent aujourd'hui prêts à renoncer à leur voiture les jours de très haut niveau de pollution atmosphérique en ville (contre 83 % il y a trois ans). Ce taux est maintenant tout aussi élevé dans les catégories du bas de l'échelle que dans les couches moyennes ou favorisées.

Ainsi, on ne peut pas dire que c'est la sensibilité globale des Français à « l'environnement » — sans plus de précisions — qui s'est accrue ces dernières années, c'est plutôt la prise de conscience du danger que la dégradation de l'environnement fait peser sur la planète. Cette prise de conscience, déjà forte il y a quelques années dans les catégories culturelles favorisées, semble avoir commencé à se diffuser dans les autres groupes sociaux, maintenant davantage sensibles à l'existence d'une menace qui, leur paraissant lointaine hier, leur semblait en même temps étrangère à leurs soucis quotidiens. C'est cette « proximité » avec des préoccupations géographiquement lointaines qui a commencé à être perçue différemment. Gageons que les catastrophes écologiques qui ont touché notre pays à la fin de l'année 1999 — la pollution des côtes entraînée par le naufrage du pétrolier *Erika*, ou les tempêtes de la fin décembre — accentueront encore, dans l'opinion, l'idée que « les dangers pour la planète » sont aujourd'hui « des dangers pour soi et pour son propre environnement ».

SOURCES ET BIBLIOGRAPHIE

Les données chiffrées présentées ici, et non référencées, sont extraites de l'enquête « Conditions de vie et aspirations des Français » du CRÉDOC. Réalisée chaque année depuis 1978, elle porte, à chaque vague, sur un échantillon de 2 000 personnes, représentatif de la population de 18 ans et plus. Une bonne partie des informations présentées ont été recueillies pour le compte de l'ADEME, d'EDF ou de l'IFEN. On peut lire par exemple : « L'opinion publique sur l'environnement et l'aménagement du territoire en 1998 », étude du CRÉDOC pour l'IFEN et EDF, *Études et travaux*, n° 22, avril 1999, IFEN. *Les Français et l'environnement : attitudes et comportements*, ADEME, 1997. « Pratiques environnementales des ménages et modes de vie », *Les Données de l'environnement*, n° 41, novembre-décembre 1998, IFEN. « Les Français mieux disposés à agir pour l'environnement », *Les Données de l'environnement*, n° 30, juin-juillet 1997, IFEN.

ENVIRONNEMENT ET GROUPES SOCIAUX

L'amour de la nature

Jean-Louis Fabiani

L'impératif de protection de l'environnement a acquis une telle évidence qu'il s'impose aujourd'hui sans discussion dans les pays développés : même les activités sociales dont la finalité est explicitement prédatrice, comme la chasse, en viennent à être justifiées au nom de la fonction régulatrice qu'elles sont susceptibles d'exercer au sein des équilibres naturels. L'affirmation d'un point de vue anti-environnementaliste est devenue socialement très improbable. La reconnaissance universelle, et quasi instantanée, de notions comme celles de développement durable ou de biodiversité constitue le meilleur indicateur de la constitution rapide d'un consensus à propos de l'environnement, désormais considéré comme problème public majeur.

Doit-on pour autant en conclure qu'un tel accord rend sans objet l'investigation des différences sociales qui peuvent se faire jour à propos des formes d'appropriation, de représentation et de pratique de la nature ? Une telle attitude est fréquente : elle exprime une sorte de défiance à l'égard du pouvoir explicatif de l'analyse sociologique, particulièrement lorsque celle-ci s'attache à mettre au jour des « cultures de classe ». Il faut dire que les responsables des mouvements environnementalistes ont très souvent occulté la question de leur origine et de leur localisation sociales, et qu'ils ont très fortement contribué à faire assimiler toute recherche d'information sur les caractéristiques sociodémographiques des militants à une opération de police, voire à une tentative de disqualification idéologique.

De nombreuses analyses de sciences sociales ont conforté, plus ou moins explicitement, ce point de vue : la théorie des nouveaux mouvements sociaux, apparue dans les années 1970 et aujourd'hui obsolète, aussi bien que celle du changement culturel post-matérialiste ont proposé des interprétations de la montée des préoccupations environnementales qui s'épargnaient tout recours à des notions de stratification ou de différenciation sociale.

Il est incontestable que l'étude de mobilisations autour de questions relatives à des pollutions ou à des aménagements a souvent illustré le caractère « interclassiste » de ces nouvelles formes d'action collective : plutôt qu'en référence à l'identité d'un groupe social, c'est à la dynamique spécifique des ressorts territoriaux ou à la constitution de réseaux d'un type nouveau qu'on se réfère pour rendre compte de l'engagement associatif ou de mobilisations ponctuelles.

En outre, plusieurs enquêtes locales font état des limites du pouvoir explicatif du niveau de diplôme ou de revenu pour certains comportements environnementalistes. Les groupes sociaux qu'on caractérise comme acteurs principaux de ces mouvements sont définis de manière très diverse et quelquefois contradictoire. La référence très largement utilisée aux « nouvelles classes moyennes » ou à la petite bourgeoisie nouvelle, outre le fait qu'elle mériterait une meilleure assise empirique, n'est souvent que le masque d'une sorte de paresse intellectuelle.

Des travaux récents mettent d'ailleurs en question la relation mécanique entre l'appartenance aux classes moyennes et la préoccupation environnementaliste. On pense en particulier aux enquêtes suédoises en cours sur les pratiques quotidiennes de l'environnement : « le revenu et les autres caractéristiques socioéconomiques ne semblent pas avoir d'effet déterminant sur la propension à innover dans le domaine des styles de vie environnementaux[1] ». Une enquête menée par Thomas Regazzola en Auvergne fournit un éclairage complémentaire : « la non-homogénéité de ce milieu s'est imposée, avec sa fragmentation, ses stratifications internes et surtout avec la présence d'acteurs qui, tout en se réclamant du même paradigme de la nature et du patrimoine naturel, abordent le problème de l'environnement par des approches non conventionnelles

---

1. M. Martenson, R. Peterson et A. Wakesdog.

et peuvent même poursuivre des stratégies de nature contradictoire[1] ».

Pourtant rien ne serait pire que l'abandon de toute référence à la composition sociale du mouvement associatif au motif que son analyse en termes morphologiques ne donne pas lieu à des conclusions univoques. S'il est vrai qu'une analyse qui fait de l'environnementalisme l'expression pure et simple d'intérêts de classe ou de fractions de classe est à la fois inexacte et intellectuellement peu productive, on aboutirait à jeter le bébé avec l'eau du bain si l'on disqualifiait la question des caractéristiques sociodémographiques du recrutement. Mais il est vrai que ce type d'information est très souvent difficile à collecter, et que l'oubli de la référence aux caractéristiques sociales des militants enlève à bon compte une épine du pied aux chercheurs.

Il est en effet possible de distinguer des formes de relation pratique à la nature et des modes de représentation de la valeur écologique qui diffèrent significativement si l'on prend en considération des appartenances sociales ou générationnelles. La nature est à la fois un terrain de luttes et un espace d'affirmation pour les identités collectives. S'il est absurde de vouloir traduire directement des appartenances ou des origines de classe dans l'expression ou l'action à propos de la nature (et faire de cellesci quelque chose comme l'expression d'une idéologie de classe), il est aussi vain d'évacuer la question au motif qu'une sensibilité « post-matérialiste » constitue aujourd'hui le fonds commun de la culture occidentale.

Il convient ici de faire un détour par l'histoire pour rappeler que la genèse sociale de l'amour de la nature est un processus qui s'inscrit dans la longue durée. Pour rendre compte de la précocité d'une sensibilité à l'égard de la nature et des animaux dans l'Angleterre du XVIIIe siècle, Keith Thomas évoque le poids des transformations globales qui affectent la société anglaise bien avant les autres pays d'Europe (*Dans le jardin de la nature*, Gallimard, 1985). L'industrialisation et l'urbanisation donnent naissance à une nouvelle bourgeoisie qui tient rapidement à manifester sa distance culturelle, à la fois par rapport aux classes populaires (paysannerie et premiers ouvriers de l'industrie) et à l'aristocratie. Cette distance s'exprime par le double refus

---

1. *Le dispositif environnemental formé par les groupes locaux en Allier, Haute-Loire, Puy-de-Dôme*, rapport pour le ministère de l'Environnement, 1994. Sur les militants des associations, lire plus loin Philippe Fritsch, « Animaux sauvages : de la crainte à la préservation » et dans la deuxième partie, Tiphaine Barthélemy, « La Bretagne, un militantisme pluriel ».

de la violence prédatrice des classes populaires, voire de leur cruauté (qui s'exprime dans les combats de coq) et de la relation dominatrice et guerrière que l'aristocratie entretient à l'égard des territoires naturels (qui trouve sa meilleure illustration dans la pratique de la chasse à courre).

Dans cette hypothèse, la montée de préoccupations de protection à l'égard de la faune et de la flore est la conséquence de transformations sociales qui ont affecté conjointement la composition et la distribution des groupes sociaux et l'organisation des usages de l'espace. Il est évident que la tendresse qui se développe à l'égard des animaux dans l'Angleterre moderne est indissociable du fait qu'ils sont de moins en moins perçus dans leur relation à un monde de production. L'amour anglais pour la nature associe de manière complexe des valeurs de classe, des références religieuses et une relation sensible aux mondes naturels : c'est la première mise en forme d'un rapport paradoxal à la pureté de la nature dont la condition d'émergence est précisément l'accroissement des capacités humaines à s'assurer la maîtrise des formes naturelles, par l'usage de plus en plus intensif des ressources qu'elle offre ou par l'affranchissement progressif à l'égard des contraintes qu'elle implique. Nous n'aimons vraiment la nature que lorsque nous sommes assez puissants pour la maîtriser et pour l'artificialiser. Keith Thomas fait ainsi remarquer que ce n'est que lorsque les animaux ont cessé d'être un vrai danger pour l'homme que celui-ci se met à les chérir et à les protéger.

Les différences nationales concernant la relation à la nature renvoient le plus souvent aux disparités des modes d'industrialisation et d'urbanisation, et aussi aux rapports sociaux spécifiques qui en découlent. Jean-Claude Chamboredon a ainsi pu montrer pour le cas de la France comment l'avènement contemporain de la nature comme « pure nature » est l'aboutissement d'un long processus indissociable de l'histoire économique et sociale de la campagne ainsi que de l'histoire des relations entre mondes rural et urbain[1]. Dans cette hypothèse, le développement d'une préoccupation pour la protection de l'environnement est contemporain de la constitution d'un espace naturel non productif susceptible d'une jouissance désintéressée. C'est ainsi que l'extension de zones urbanisées périphériques et le fort développement de la demande d'espaces de loisirs vont de pair

---

1. A. Cadoret (éd.), *Protection de la nature. Histoire et idéologie*, L'Harmattan, 1985.

avec la transformation des formes de l'exploitation agricole depuis l'après-guerre (intensification, remembrement, etc.) et avec la forte diminution de la part de la population active employée dans l'agriculture. Tous ces facteurs ont contribué à distinguer nettement entre une nature productive, celle de l'agriculture modernisée, et une nature récréative, simple support de loisir ou paysage. Ce clivage est aujourd'hui objectivé par toute une série de marqueurs spatiaux : pour nombre de citadins, aujourd'hui, l'espace naturel apparaît comme un lieu quasiment de fiction, libéré de toute contrainte productive, mais sans doute aussi de toute contrainte sociale.

C'est la raison pour laquelle l'histoire des loisirs est essentielle si l'on veut comprendre le statut de la nature et son appropriation différenciée par les groupes sociaux. Ce que nous nommons aujourd'hui « loisirs de nature » n'est autre que la généralisation, par sa diffusion dans l'ensemble des groupes sociaux et par la recomposition de ses éléments, d'une définition du temps libre qui accorde une valeur centrale à la relation physique avec la nature. La villégiature, le jardin ou la station thermale n'ont de sens au XIXe siècle que par rapport à l'expérience bourgeoise qui consiste pour une bonne part, comme le remarque André Rauch, à « revisiter la nature » et à éprouver dans un contact effectif toute une nouvelle gamme de sensations, associées au développement de formes complexes de sociabilités festives[1].

Quant aux activités de type sportif qui s'exercent à partir d'une relation étroite avec la nature (l'alpinisme constitue ici le meilleur exemple), elles sont fondées sur une éthique du respect du monde sauvage et du refus de la prédation qui renvoie à une étiquette sociale explicite. Il existe ainsi au tournant du XXe siècle une véritable stratification sociale de la randonnée en montagne : « Selon une symbolique de la verticalité, le parcours de la ville au sommet crée des distinctions : elles font émerger les vrais fidèles. Tout en haut, les joies de la grande montagne, joies relativement rares et réservées à une élite. Au-dessous, à la crête des massifs ou au flanc des coteaux, les sections de randonneurs. » Les règlements du Club alpin français sont d'ailleurs calqués sur ceux des cercles bourgeois. Toutes les formes de démocratisation de l'accès à la nature, lesquelles sont aussi au principe du prosélytisme des sociétés et des clubs de loisir, suscitent de nouvelles formes de distinction : c'est toujours plus haut qu'il faut

---

1. *In* A. Corbin (dir.), *L'Avènement des loisirs, 1850-1960*, Paris, Aubier, 1995.

aller chercher la relation primitive à la nature, toujours plus loin des foules incultes qu'engendre inévitablement le tourisme de masse.

On retrouve la stratification sociale de la relation à la nature dans les enquêtes que Bernard Kalaora a menées il y a une vingtaine d'années sur le massif forestier de Fontainebleau, haut lieu du tourisme distingué tel que le XIXe siècle bourgeois l'a constitué. L'auteur du *Musée Vert* (L'Harmattan, 1993) distingue en effet trois types de consommation de la nature.

La première, caractéristique des classes supérieures, et en particulier de leurs fractions intellectuelles, suppose la maîtrise symbolique de l'espace naturel, considéré comme lieu d'authenticité, de ressourcement et de plénitude toujours menacé par la surfréquentation et la perte irrémédiable de ses propriétés distinctives. L'ignorance des usagers ordinaires y est régulièrement stigmatisée. Le savoir écologique et la compétence esthétique sont indissociables dans cette représentation de la nature qui implique toujours la condamnation de ses usages vulgaires. C'est au sein des classes moyennes qu'on trouve le plus fréquemment une image de la forêt comme lieu de détente et de confort où l'on ne retrouve pas les contraintes du jardin public. La forêt périurbaine est un lieu chaleureux et convivial : on peut décrire cette relation à la nature comme instrumentale. Enfin, il semble que les classes populaires ne considèrent pas la forêt comme un espace de loisir possible. Les ouvriers sont ainsi très rares à Fontainebleau.

En montrant que les usagers réguliers des forêts périurbaines de la région parisienne avaient les mêmes caractéristiques sociales que les consommateurs des biens culturels « nobles », le sociologue peut conclure que les formes de consommation de la nature sont socialement stratifiées. Il est évident ici que l'affrontement social principal porte sur la relation entre l'élite (essentiellement les fractions intellectuelles de strates supérieures) et les couches moyennes (entendues ici comme employés, techniciens, petits commerçants). Cette élite, précise Kalaora, prend pour cible le comportement de ces couches sociales, et le condamne pour sa vulgarité et son incompréhension à l'égard des beautés naturelles.

On peut établir qu'il existe plusieurs cultures de la nature, d'ancienneté et de style différents. On pourrait, tout en mettant en garde le lecteur contre les usages réducteurs de cette typologie, distinguer trois formes principales de relation à la nature, si on les saisit à partir de la notion de « mode de consommation ».

Le modèle aristocratique, recomposé conformément à l'*ethos* bourgeois, est centré autour de l'art de vivre du gentilhomme campagnard : il s'agit d'exhiber à la fois les traces de l'ancienneté — réelle ou inventée — de cette relation et l'inscription dans un territoire dont on a la maîtrise, foncière aussi bien que symbolique. Une telle appropriation n'est pas marquée par le désintéressement ou par la perception de la nature comme espace à préserver au moyen de ressources savantes. La chasse de type aristocratique, symbole de puissance sociale et instrument de munificence, est le meilleur exemple de ce rapport à la nature. Le prélèvement ostentatoire aussi bien que le parcours qui laisse des marques dans l'espace jouent un rôle central dans ce type d'affirmation culturelle affranchie de toute timidité à l'égard des ressources naturelles. À l'autre pôle de l'espace social, on identifie des pratiques « populaires » caractérisées par ce que Jean-Claude Chamboredon nomme le « pragmatisme de la fréquentation prédatrice » où apparaît une relation instrumentale à la nature.

Entre ces deux pôles, s'est constituée progressivement une relation plus ascétique à la nature, reposant sur la reconnaissance de formes de loisirs non prédateurs fondée sur la contemplation informée à l'aide de critères à la fois esthétiques et écologiques. Cette relation est socialement portée par ce qu'on a appelé au cours du dernier quart de siècle les « nouvelles couches moyennes », caractérisées par la possession de ressources intellectuelles relativement supérieures à leurs ressources économiques. Il est clair que ces catégories n'ont rien de commun avec les « classes moyennes » qu'évoquait Bernard Kalaora dans son enquête sur la forêt.

Au cours des années 1980, on a tenté, pas toujours de manière efficace, de mettre en rapport l'émergence de ces couches moyennes sur la scène sociale et le développement de revendications environnementalistes. Il est clair que toute relation mécanique entre les deux phénomènes est absurde, et que la prise de conscience des limites des ressources naturelles et des menaces qui pèsent sur la biosphère n'est pas réductible à une idéologie de classe. On ne peut pas non plus superposer l'analyse de la stratification sociale des loisirs de nature et la composition sociale des mouvements environnementalistes.

Néanmoins la relation aujourd'hui dominante à la nature est inséparable du développement de nouvelles représentations orientées par des valeurs qui ne sont pas entièrement étrangères à un *ethos* de classe. La sensibilité à l'égard des questions environnementales peut être mise en rapport avec le développement d'une culture esthétique et politique caractéristique de groupes sociaux urbains dont les activités ressortissent le plus souvent à la médiation sociale et culturelle. L'incertitude fréquente de ces groupes à propos de leur identité sociale, la coexistence de représentations optimistes (l'impression d'être à l'avant-garde sociale, de créer de nouveaux styles de vie, la certitude d'être dans le bon combat éthique, comme en témoigne l'arrogance quelquefois naïve des opposants à la chasse) et de représentations apocalyptiques de l'avenir (précarité de la situation, épuisement des ressources, etc.) contribuent à expliquer les oscillations idéologiques et les fluctuations permanentes de la mobilisation.

Si les hypothèses pour rendre compte des fluctuations ou des intermittences de l'engagement environnementaliste qui lient les variations à la position des protagonistes dans la structure de classe sont aujourd'hui insuffisantes, on peut les enrichir en s'appuyant sur l'analyse des formes émergentes de l'engagement dans la cité. Les enquêtes récentes, particulièrement celles qu'a menées Jacques Ion font apparaître quelques traits caractéristiques : le déclin des groupements polyvalents au profit de la croissance de groupements de plus en plus sectorisés, ainsi que la perte d'influence des grands réseaux à structuration idéologique, le « primat de l'investissement à la base », et surtout l'effacement des formes anciennement établies de sociabilité liées aux engagements collectifs[1]. C'est une forme de plus en plus contractualisée et localisée de l'investissement militant qui apparaît ici. L'émergence de l'environnement comme objet des politiques publiques, ou comme nouvelle dimension de l'espace public, suscite des formes inédites de participation et de représentation, largement fondées sur la reconnaissance d'un domaine de compétence propre au monde associatif et sur l'émergence de modes de partenariat entre les mouvements de citoyens et les pouvoirs publics, qui ont un intérêt commun à la constitution de nouveaux domaines de légitimité, comme l'a montré particulièrement Pierre Lascoumes dans *L'Éco-pouvoir* (La Découverte, 1994).

À la pluralité des mondes naturels à laquelle conduisent l'application des nouvelles technologies de production du sauvage ou du primitif aussi bien que l'émergence de nouveaux cadres correspond la multiplicité des scènes sociales sur lesquelles sont exprimées les revendications ou les anxiétés concernant

---

1. P. Perrineau (éd.), *L'Engagement politique*, Presses de la FNSP, 1995.

la nature, qu'elle soit entendue comme ensemble de ressources, bien patrimonial ou réserve symbolique. La référence à la notion d'environnement introduit inévitablement à la redéfinition d'un bien commun situé au-delà des particularismes : il revient à la sociologie de rendre compte des modes de constitution de ce nouveau type de bien commun (donnant lieu à ce que Claudette Lafaye et Laurent Thévenot nomment, dans le lexique de la sociologie de la justification, une « grandeur verte[1] »). C'est bien la tension entre la tendance à la multiplication des modèles de la nature et la référence à une norme unique qui constitue désormais le fil conducteur de l'analyse.

---

1. « Une justification écologique ? Conflits dans l'aménagement de la nature », *Revue française de sociologie*, 1993, XXXIV.

Paysage modèle et modèles de paysage

Yves Luginbühl

Nul doute que le changement social, l'accroissement de la mobilité, la diffusion des images du monde entier, les aspirations « écologiques » ne peuvent pas être sans effet sur les représentations du paysage dans la population. Au cours des années 1980 et avant, le paysage préféré des Français était essentiellement un paysage de campagne soigneusement cultivé, reflétant l'importance de la société paysanne dans l'espace national mais traduisant surtout, à travers une harmonie paysagère, le désir d'une harmonie sociale[1]. Selon des travaux réalisés plus récemment, les représentations sociales du paysage se structurent autour de modèles hérités de l'histoire artistique qui se sont diffusés lentement[2] ; mais d'autres références, liées davantage à l'histoire locale, viennent perturber ou se surimposer aux modèles académiques qui permettent de qualifier un paysage et d'affirmer : « ce paysage est pittoresque, bucolique ou sublime ».

Les analyses faites par enquêtes au milieu des années 1990 révèlent un changement de ces représentations, mais elles reposent sur une assise culturelle qui reste incontestablement stable,

---

1. Y. Luginbühl, « Sauvage-Cultivé : l'ordre social de l'harmonie des paysages », *Du rural à l'environnement, la question de la nature aujourd'hui*, ARF/L'Harmattan, 1989.
2. N. Cadiou et Y. Luginbühl, « Modèles paysagers et représentations du paysage en Normandie-Maine », *Paysage au pluriel*, pour une approche ethnologique des paysages, coll. « Ethnologie de la France, Mission du patrimoine ethnologique », Cahier n° 9, éd. de la Maison des Sciences de l'homme, 1995.

même si elles varient selon les groupes sociaux[1]. Cette évolution ne fait qu'enregistrer et superposer aux modèles précédents de nouvelles références issues de nouvelles formes de production de « cultures de la nature ». Elle traduit aussi un trouble profond de la société devant le changement social et un doute sur ses capacités à assurer la reproduction pérenne du paysage. Derrière les qualifications, positives ou négatives du paysage français (ou d'ailleurs), se cachent des appréciations des pratiques sociales et des techniques de gestion de la nature, qui renvoient en fait à la société contemporaine changeante.

Le paysage est toujours beau

C'est peut-être dans l'appréciation *a priori* positive d'un paysage toujours beau que réside cette assise culturelle commune et qui semble subsister, immuable depuis les premières peintures du XVe siècle. Pour l'ensemble des catégories sociales interrogées, en effet, le paysage recouvre d'abord et toujours, le désir d'une harmonie, qui ne renvoie d'ailleurs pas systématiquement à une appréciation esthétique, mais aussi à l'aboutissement réussi d'un projet social, d'une garantie de l'accord trouvé entre les hommes et la nature, ou entre les hommes eux-mêmes.

Les qualificatifs évoqués en première appréciation sont presque toujours liés à la beauté, la sérénité, le calme, le bien-être, la liberté, la joie de vivre, le rêve, le plaisir, la pureté, la magnificence, le fantastique, etc. Ces valeurs et la cohorte d'adjectifs qui sont associés au paysage renvoient aux modèles canoniques évoqués précédemment et révèlent parfois le caractère utopique qu'abrite le rassemblement de ces valeurs positives : pour certains jeunes en particulier, le paysage signifie à la fois « la liberté, le choix de vivre comme on veut, mais c'est impossible donc irréel » *(sic)*. Cette valeur utopique est d'ailleurs associée à une nécessité, celle du rêve d'harmonie dont tout humain est censé être porteur.

Si le paysage doit être toujours beau, quels sont les éléments qui doivent le composer : en premier lieu, et c'est là sans doute l'un des changements les plus profonds qui sont intervenus

---

1. Y. Luginbühl (collaboration de K. Sigg et X. Toutain), « Sensibilités paysagères, modèles paysagers », rapport de recherche pour le ministère de l'Environnement, STRATES/SEGESA, 1997.

depuis une décennie au moins, la nature. La nature, certes, mais quelle nature : la campagne, mais quelle campagne, elle peut être montagne ou mer — ici aussi, lesquelles ? — ou tout autre type de paysage qualifié de « naturel ». C'est l'examen des attributs de cette nature qui permet de préciser sa composition : présence d'eau, de relief ou de végétation « naturelle » ; impression d'immensité, recul de l'observateur pour une vue dégagée, présence du ciel.

Il n'est fait que peu allusion aux signes de l'inscription territoriale de l'activité agricole, aux bâtiments agricoles, aux haies séparatrices des champs, du moins dans la population interrogée des non-agriculteurs. Il est encore moins question des signes de l'urbanité, des infrastructures ou des équipements. Lorsque la présence de l'homme est évoquée, c'est sous la forme d'éléments qui rassurent ou qui renvoient à une vision mythifiée du paysage, comme un village ou un parc. Dans cette première approximation, globale sur l'ensemble de la population interrogée, la ville n'est pas paysage, elle est classée au dernier rang des grands types reconnus comme paysages.

Même si cette appréciation semble commune à l'ensemble des groupes sociaux, il reste que ce beau paysage ne recouvre pas toujours une représentation identique selon que l'on est agriculteur, employé, cadre supérieur, élu local, étudiant, selon que l'on est jeune ou que l'on est du « troisième âge ». Pour l'agriculteur en particulier, le beau paysage est d'abord celui qui renvoie à la productivité du sol, mais qui est en même temps le reflet d'un travail soigné : il l'associe en première lecture à un territoire bien tenu, où les parcelles sont exploitées jusque dans les coins, que l'on trace méticuleusement avec les socs de la charrue en se retournant souvent du haut du tracteur pour éviter que les sillons ne révèlent un moment d'inattention dans la rupture de la ligne droite. Mais cette vision n'est pas exclusive. Ce même agriculteur qui prend garde à guider la trajectoire de son tracteur de manière à exposer sa technicité au regard de ses voisins peut également être ému au spectacle d'un rivage marin sauvage et de l'étendue immense de la mer ou d'un sommet enneigé surmontant une vallée verdoyante des Alpes.

À l'inverse, donc, pour les non-agriculteurs, le paysage signifie d'abord une nature considérée comme naturelle, faite d'éléments qui relèvent du biophysique plutôt que de l'anthropique, eau, relief ou forêt. Mais cette dernière catégorie met en exergue la profonde ambiguïté que révèlent ces appréciations, dans la mesure où l'on sait qu'il n'y a plus de forêt naturelle : c'est la présence du végétal qui donne ce caractère naturel à la forêt, comme le végétal est pratiquement le seul élément de nature reconnu dans la ville.

Cependant, à ce stade de l'identification des éléments qui font paysage, la diversité des positions commence à apparaître entre les jeunes et les adultes, les premiers plaçant en tête des éléments qualifiant le paysage l'eau et les rivières, alors que les seconds y mettent à égalité les habitants, les agriculteurs, les animaux de ferme et la faune. Les jeunes placent largement en tête des paysages de montagne ou de mer, paysages de grande nature, où la notion d'immensité et d'ampleur du territoire embrassé est présente, les « adultes » accordent une place importante à la nature, et donnent à la campagne (même si elle est considérée comme naturelle) et surtout au territoire proche, une valeur que les jeunes ne lui reconnaissent pas. Pour les jeunes en effet, le jardin (potager ou ornemental), un bout de champ ou un secteur visuel réduit sur la campagne ne sont pas en général considérés comme paysage. À l'inverse, les adultes attribuent d'abord à la campagne, puis au jardin, au coin de terre proche où l'on vit, le sens d'un paysage.

Il est possible d'interpréter ce partage comme l'effet d'une pratique plus fréquente d'appropriation matérielle du territoire et de sédentarité plus importante chez les adultes, alors que les jeunes n'ont pas encore eu l'occasion de bâtir ce paysage-là. Les adultes ont cette approche du paysage parce que la parcelle ou le quartier qu'ils ont investis sont chargés de leur propre histoire, de rapports affectifs ou symboliques plus ancrés dans le déroulement de leur vie. Mais il y a sans doute des raisons qui touchent à une appréciation esthétique différente : chez les jeunes, la recherche d'un horizon paysager plus vaste renvoie à la découverte du monde, à l'élaboration d'une identité individuelle qui peuvent constituer autant de moments où le regard cherche dans les vastes horizons les repères de la construction d'une esthétique encore mal définie. Il est certain que la part d'idéalisation du monde et la quête d'évasion sont aussi beaucoup plus développées chez les jeunes que chez les adultes et qu'ainsi la « grande nature », souvent lointaine, regardée comme un moment qui permet d'échapper à la présence des contraintes sociales s'impose davantage.

Cette différenciation signifierait-elle que les représentations que se construisent ces différents groupes sont évolutives selon l'âge que l'on a et qu'un même individu porte un regard sur le paysage qui change avec le temps, c'est-à-dire avec l'évolution de sa place dans la société, ou bien que cette distinction constitue l'amorce d'un véritable changement du regard que portent les sociétés sur le paysage ? Sans doute les deux : il est certain que la manière dont un individu se bâtit son regard sur le paysage varie au cours de sa propre vie, mais qu'en même temps, comme on le sait, ce regard évolue avec le changement social et l'influence de nombreux facteurs, comme la diffusion de l'image, la montée des idéologies naturalistes, etc.

Mais si un paysage est laid, il révèle des problèmes sociaux et d'environnement

Lorsque la laideur d'un paysage est évoquée, cette laideur ne renvoie pas majoritairement à un problème esthétique. Ce n'est pas parce qu'il est disgracieux, esthétiquement dysharmonieux, mais parce que cette disgrâce, cette dysharmonie évoquent immédiatement des problèmes sociaux ou des risques d'environnement auxquels les sociétés contemporaines sont confrontées. Un paysage urbain de cité est gris et sale, parce qu'il est synonyme de chômage, de délinquance des jeunes, de pratique de la drogue. Un paysage considéré comme naturel est dégradé parce que c'est la nature qui est atteinte par l'inconséquence des hommes ou la recherche du profit.

Trois motifs principaux étayent cette vision du paysage dégradé. Les signes visibles se manifestent par la progression de végétation spontanée ou par l'abandon de l'habitat ou des bâtiments industriels. Ces signes de dégradation évoquent alors l'abandon par la société et surtout par les processus socio-économiques qui sous-tendent son changement : la vallée de montagne envahie par un développement des boisements ou par des broussailles est la manifestation de l'abandon, par l'ensemble de la société, de la société locale, d'un oubli que là des hommes ont vécu et que l'économie, et en particulier la recherche de productivité dans des espaces à faible contrainte naturelle, entraîne la diminution du nombre des agriculteurs dans les espaces les plus isolés.

Ce n'est pas tant la nature qui est abandonnée, mais les hommes qui l'entretenaient et lui donnaient le sens d'un paysage maîtrisé. Cette représentation du paysage abandonné n'est cependant pas généralisable à l'ensemble des groupes sociaux : elle est très marquée chez les agriculteurs, et bien évidemment chez ceux qui vivent précisément dans des régions isolées ou de montagne : pour eux, c'est la nation qui les abandonne, c'est l'État qui favorise l'agriculture des régions productives, alors qu'eux-mêmes sont les laissés-pour-compte de la logique économique.

Cette représentation est beaucoup moins manifeste chez les jeunes, pour lesquels, assez souvent, la renaturalisation du paysage, son ensauvagement, ne sont pas ressentis comme un processus négatif, mais au contraire comme le signe d'une régénération de la nature consécutive à une trop forte pression sociale. Mais cette appréciation dépend apparemment du niveau d'études atteint : les jeunes issus d'un milieu favorisé, qui ont des références culturelles paysagères plus étendues, qui évoquent souvent les œuvres des peintres impressionnistes comme des modèles, soulignent la nécessité d'une présence humaine pour entretenir les paysages et éviter les risques que l'ensauvagement pourrait entraîner.

Le second motif de qualification d'un paysage dégradé est, à l'opposé, la trop forte pression de l'urbanisation. Mais ici, la multiplication des maisons ou la croissance des immeubles, ne sont pas seulement jugées en termes esthétiques : ce ne sont ni la reproduction de pavillons standardisés ni la grisaille des façades des tours de la cité qui font que le paysage se dégrade. Elles sont d'une part, la manifestation de la trop grande densité de population et des conflits de voisinage, c'est-à-dire de la promiscuité, des problèmes rencontrés par la proximité de voisins bruyants ou malodorants, qui envahissent l'espace de son propre jardin par les odeurs du barbecue ; d'autre part, elles renvoient à la crise urbaine, à l'incapacité de la société moderne à offrir du travail pour tous, à maîtriser les dérives d'une jeunesse en proie à l'oisiveté. En somme, ce second motif révèle le sentiment que la société contemporaine est incapable de produire un paysage « ordinaire » ou « populaire », se distinguant du paysage des riches quartiers ou des banlieues de population favorisée.

Le troisième motif de dégradation du paysage est lié au risque pesant sur l'environnement : la pollution en tête. Un paysage est jugé dégradé parce qu'il révèle des signes de la difficulté de la société à assurer la pureté de la nature. On comprend alors pourquoi la campagne s'efface peu à peu derrière la grande nature : la grande nature est celle qui n'a pas, dans les représentations que ces groupes sociaux s'en font, subi l'action de l'homme, alors que la campagne est aujourd'hui produite par une agriculture incapable d'assurer la reproduction de la nature. La campagne que l'on aimerait voir resurgir serait celle des paysans, et non celle d'agriculteurs « performants », liés au marché par des techniques non respectueuses de l'environnement : c'est avant tout l'avis des adultes non agriculteurs et le plus souvent non élus locaux. Ils développent une conception relativement nostalgique du paysage, qui se réfère davantage à un tableau, à un spectacle alors que les jeunes assimilent davantage le paysage au cadre de vie.

Bien évidemment, cette appréciation n'est pas partagée par les agriculteurs (du moins la majorité d'entre eux) qui restent très attachés à une représentation du paysage liée à leur activité. Pour eux, le paysage dégradé est bien évidemment avant tout la ville ou la banlieue, et non la campagne. Rares sont ceux d'entre eux qui rejoignent les avis des autres groupes, qui n'ont plus confiance dans l'agriculture contemporaine cherchant à assurer les plus grands profits.

Le regard que les sociétés portent sur la nature

Longtemps, le beau paysage a été considéré par la majorité des Français comme la campagne bucolique produite par des paysans censés respecter la nature. Cette représentation est aujourd'hui remise en cause par la prise de conscience de plus en plus partagée des problèmes d'environnement et par les discours diffusés par les médias : le beau paysage est de plus en plus assimilé à la nature indemne de l'activité de l'homme. Évidemment, cette représentation recèle une contradiction interne : si la plupart des personnes interrogées, et en particulier les jeunes, adhèrent à cette conception d'un paysage naturel, elles n'en sont pas moins désireuses que l'accès à ce paysage de nature soit assuré par des équipements appropriés. Mais cette contradiction ne semble pas les gêner : même si les équipements sont susceptibles de détruire le caractère naturel des lieux que l'on souhaite fréquenter, l'essentiel est d'avoir l'impression d'être dans la nature intacte, différente de celle qui est apparemment absente des villes et des lieux de résidence les plus habituels des Français. En tout cas, il est hors de question d'envisager de vivre dans ces paysages de nature, ce qui renforce la contradiction interne à cette représentation du paysage : la plupart des personnes interrogées souhaitent avoir à leur disposition des paysages qui sont assimilés à la nature, mais vivre en ville, près des lieux de service et de confort.

Plus les populations sont jeunes, plus elles assimilent le beau paysage à la grande nature, souvent lointaine, comme le Grand Nord, la forêt d'Amazonie ou la savane africaine. Dans cette évolution des représentations du paysage, les médias jouent un rôle évident : les plus beaux paysages cités par ces populations jeunes sont des paysages qui ont été mémorisés dans le spectacle des émissions de télévision comme *Ushuaïa*, *Faut pas rêver*, *Thalassa* ou celles du commandant Cousteau. Mais ces images de référence sont surtout présentes chez les jeunes de milieux sociaux peu aisés ou vivant dans des banlieues.

La beauté de ces paysages est surtout motivée par l'absence des traces de l'homme, qui détruit *a priori*, par ses techniques, les paysages et la nature : là-bas, les animaux et les plantes ne sont ni traqués ni dégradés par l'homme. Les paysages emblématiques de l'Ouest américain semblent s'effacer des représentations de ces jeunes, alors qu'ils sont encore présents chez la plupart des adultes. D'autres jeunes, enfants de familles plus favorisées ont davantage pour modèles paysagers les peintures de Monet, Cézanne ou Pissaro.

À l'inverse, plus les populations sont âgées, plus le beau paysage est celui qui révèle les signes du confort et du progrès pour tous, comme les pavillons ou chalets de vacances dans un paysage de littoral ou de montagne. Pour les populations les plus âgées, l'urbanisation n'est pas forcément un signe de dégradation du paysage, mais un signe de développement social. Elles adhèrent encore à l'idéologie de la croissance des trente glorieuses, le souvenir de l'amélioration de leurs conditions de vie étant resté fortement ancré.

Par ailleurs, la ville apparaît aujourd'hui sous un éclairage nouveau : alors qu'elle était considérée comme l'anti-paysage, elle peut renverser cette image si elle offre la vision d'une animation sociale témoignant de sociabilité. Le quartier où l'on vit, où l'on a ses repères peut être considéré comme un paysage, comme le centre-ville ou comme le centre commercial que l'on fréquente en famille ou en bandes, pour les jeunes en particulier. Le changement social accompagne évidemment cette évolution des représentations sociales des paysages.

Ce qui paraît être le plus significatif dans cette évolution, c'est le relatif effacement de la campagne par rapport à la grande nature. Même si elle ne s'efface pas complètement, elle change de statut, elle n'est plus considérée comme une production de l'agriculture lorsqu'elle est belle, mais comme une production naturelle : les paysages de prairies sont ainsi assimilés à la nature, même si le bétail y est présent. Cette évolution traduit ainsi une conscience plus évidente de l'incapacité des sociétés modernes à gérer la nature : il faut alors aller loin, dans des contrées indemnes de l'action de l'homme pour y rencontrer les plus beaux paysages. Mais elle révèle également le poids des discours des milieux naturalistes et des médias.

La chasse aux petits oiseaux
et la dialectique Nord/Sud

Marie-Hélène Guyonnet

Dès le début du XIXe siècle, l'idée tend à s'imposer au sein de l'élite éclairée que les oiseaux insectivores, en détruisant les insectes et leurs larves, sont « les plus précieux auxiliaires de l'agriculture ». Deux savants éminents, l'historien Jules Michelet et le naturaliste Geoffroy Saint-Hilaire, jouent un rôle essentiel à cet égard. Dans un livre publié en 1856, *L'Oiseau*, qui deviendra une référence pour les défenseurs de la cause des oiseaux, Michelet écrit : « L'homme n'eût pas vécu sans l'oiseau, qui seul a pu le sauver de l'insecte et du reptile. » Geoffroy Saint-Hilaire consacre tout un chapitre d'un ouvrage publié en 1861, *Acclimatation et domestication des animaux utiles*, à la question de la « conservation » des oiseaux insectivores. Il y dénonce la chasse aux oiseaux de passage, dont l'arrivée est « chaque année un bienfait pour l'agriculture ».

L'argument de la protection des cultures est la pierre angulaire des campagnes menées par des agronomes et des ornithologues de différents pays jusque dans les années 1960. Ces efforts débouchent sur la convention internationale de 1902 relative à la protection des oiseaux utiles à l'agriculture, à laquelle la France adhère en 1903. Pourtant, avec le développement des connaissances en ornithologie et la montée de l'écologisme, l'argument de l'utilité pour l'agriculture va laisser la place à celui de la conservation du patrimoine faunistique sauvage qui conduira à l'adoption, le 2 avril 1979, de la directive européenne sur la conservation des oiseaux sauvages.

Le mouvement pour la sauvegarde des oiseaux existe depuis bientôt deux siècles. Il est aujourd'hui sous les feux de l'actualité avec les actions des mouvements écologistes et des opposants à la chasse à la tourterelle dans le Sud-Ouest de la France. Devant l'incontestable victoire des amis des oiseaux, on doit se demander pourquoi les oiseaux ont été, en France et ailleurs, les premières espèces sauvages à bénéficier d'actions systématiques de défense. L'engouement pour la thèse du rôle des oiseaux insectivores dans la protection des cultures doit être considéré à la lumière de l'ample mouvement d'idées amorcé dans le courant du XVIIIᵉ siècle, qui amène un bouleversement des représentations du monde naturel.

À la suite de la révolution newtonienne, l'idée générale d'un univers stable dont les lois de fonctionnement tendent vers un équilibre s'était imposée au sein même des sciences naturelles, notamment chez les deux plus influents naturalistes du XVIIIᵉ siècle, Linné et Buffon. Dans *L'Équilibre de la Nature*, publié en 1744, Linné souligne ainsi la fragilité des équilibres : « Si, dans nos terres, les Moineaux périssaient tous, nos plantations seraient la proie des Grillons et d'autres insectes. [...] les Rats feraient du tort aux maisons et aux biens, si la famille des Chats disparaissait tout à fait. » Pour Buffon, dont l'*Histoire naturelle* connut un extraordinaire succès, la nature est un système animé de forces antagonistes : « Il est dans l'ordre que la mort serve à la vie, que la reproduction naisse de la destruction. » La thèse du rôle des oiseaux insectivores dans la protection des cultures apparaît ainsi comme une expression concrète de la foi en une harmonie préétablie du monde naturel : dans le cadre de la relation « naturelle » proie-prédateur entre oiseaux insectivores et insectes, ces deux populations tendent à s'équilibrer de manière à limiter les effets destructeurs des insectes sur les récoltes.

La condamnation de la chasse aux oiseaux insectivores met en cause l'action et la place de l'homme dans l'univers. Maître et possesseur de la nature avec Descartes, il n'est plus, avec les théories transformistes et l'évolutionnisme, qu'un élément parmi d'autres du vaste et complexe système du monde naturel. À ce titre il participe, à travers ses relations avec les espèces animales et végétales, à l'équilibre général. Pour certains, même, la défense des oiseaux insectivores devient le symbole du combat pour la propagation des lumières et le progrès de la civilisation. Mais l'engouement pour la faune ailée procède aussi des transformations de la sensibilité à l'égard de la nature, qui mettent au premier plan compassion envers les animaux et valorisation esthétique et symbolique de la nature sauvage. Ainsi est-il révélateur que, dans les années 1860, les actions en faveur de la protection des oiseaux, jusque-là emmenées par les sociétés d'agriculture, sont fermement prises en charge par la Société protectrice des animaux.

La passion pour l'observation naturaliste propre au XVIII\ :math:`^e` siècle, qui se combinera au romantisme du XIX\ :math:`^e` siècle, conduit à élever le « monde des oiseaux » au rang de modèle d'harmonie sociale : les courants préromantiques, qui se manifestent en Allemagne et en Angleterre à cette époque, contribuent largement à diffuser une image sentimentale et lyrique de la nature. L'article « Oiseau » de l'*Encyclopédie* cite un long extrait (trois pages) d'un texte du poète écossais James Thomson qui célèbre les « aimables habitants des bois ». Mêlant le détail savant à la transposition poétique, l'auteur peint un monde où l'amour est porté à sa plus haute expression : inspirateur de « l'artifice merveilleux » avec lequel l'oiseau élabore son nid, il s'exprime dans le dévouement sans réserve du mâle, et surtout de la femelle, à l'égard des oisillons...

L'*Histoire naturelle* de Buffon est fondamentale en ce qui concerne les « mœurs » des oiseaux : l'auteur y verse dans la pure sentimentalité, soulignant la qualité des rapports « conjugaux » et le dévouement dans les soins aux oisillons : « Les oiseaux nous représentent donc tout ce qui se passe dans un ménage honnête ; de l'amour suivi d'un attachement sans partage, et qui ne se répand ensuite que sur la famille. » Les oiseaux suscitent enchantement et attendrissement bien avant la manifestation d'un courant d'opinion en faveur de leur protection. Or l'*Encyclopédie* et l'*Histoire naturelle* connaissent une très large diffusion auprès du public cultivé. Les traits qui, aux yeux du poète ou du naturaliste, caractérisent le monde des oiseaux seront largement repris pour devenir les topiques incontournables de la littérature des amis des petits oiseaux.

L'oiseau apparaît ainsi comme une créature qui, à bien des égards, notamment par sa vie « sociale » et « conjugale », s'apparente à l'homme. L'affinité est renforcée par la faculté du chant, considérée dans sa ressemblance au langage articulé de l'homme et dans sa valeur esthétique. Pour Michelet, le chant des oiseaux est langage. « Avec le chant, écrit-il, l'oiseau a beaucoup d'autres langages. Comme l'homme, il jase, prononce, dialogue. L'homme et l'oiseau sont le verbe du monde. » Le monde des oiseaux s'est donc prêté très tôt au jeu des analogies avec la société humaine. Il est « une société humaine métaphorique », note en 1962 Claude Lévi-Strauss, pour qui les oiseaux sont comparables à l'homme par ce qui les rapproche de lui — nous l'avons vu —, mais aussi par ce qui les en éloigne radicalement :

« Ils sont disjoints de la société humaine par l'élément où ils ont le privilège de se mouvoir. Ils forment, de ce fait, une communauté indépendante de la nôtre, mais qui, en raison de cette indépendance même, nous apparaît comme une société autre, et homologue de celle où nous vivons. »

Plus fondamentalement, la sublimation du monde des oiseaux participe du phénomène plus large de divinisation de la nature, dont l'œuvre naturaliste de Michelet offre une illustration saisissante, celle d'une vision du monde sous-tendue par la thématique de la Terre-Mère, de l'*Alma Mater*. Dans *L'Oiseau*, l'évocation de « cette mère aimée », à travers la description de la campagne nantaise, est constamment associée à l'image d'une végétation verdoyante, foisonnante, vivace. À l'opposé de cette symbolique du triomphe de la vie, Michelet découvre dans le paysage méditerranéen l'image même de la stérilité et de la mort : « La vie animée y était infiniment rare. Peu ou point de petits oiseaux[1]. »

Dans cet univers du sacré, le symbolisme des petits oiseaux s'apparente à celui de la végétation : il manifeste le mystère de la vie inépuisable et de la régénération. Créature d'essence divine, l'oiseau est dans l'œuvre de Michelet la manifestation suprême du caractère sacré de la nature. Ce sentiment religieux de la nature sera présent dans la plupart des écrits des amis des oiseaux, notamment parmi les collaborateurs de la *Revue française d'ornithologie* : la protection des oiseaux insectivores ne semble prendre son sens qu'au regard du culte de la Terre-Mère, de la « matrice qui procrée sans se lasser ». Sans l'oiseau, la Terre-Mère serait la proie de l'insecte, c'est-à-dire des forces de la mort.

L'antagonisme Nord-Sud

Un aspect remarquable, depuis ses débuts, du combat en faveur de l'espèce chantante est d'être essentiellement dirigé contre les chasseurs du Midi de la France. Ainsi Michelet illustre-t-il les conséquences néfastes de la chasse de certaines espèces d'oiseaux insectivores à partir des exemples de la « Provence » et de « bien d'autres pays du Midi [qui] sont ras, déserts,

---

1. Souligné par nous.

inhabités de toutes tribus vivantes ; et d'autant la nature végétale est appauvrie. On ne rompt pas impunément les harmonies naturelles ». Geoffroy Saint-Hilaire cite de même « un savant chimiste et agriculteur » qui, à propos de la raréfaction des petits oiseaux, écrit : « Presque tous les départements du Centre et du Nord les protègent ; il faut donc chercher ailleurs la cause de leur disparition. Nous n'hésitons pas à la trouver dans la chasse acharnée que leur font les habitants des départements méridionaux. »

La *Revue française d'ornithologie,* créée vers la fin du XIXe siècle dans la section d'ornithologie du Muséum d'histoire naturelle, se fera longuement la tribune des attaques contre les chasses méridionales. Dans le numéro de février 1916, un de ses collaborateurs y conduit une charge outrageuse contre les Méridionaux : « Depuis longtemps [ceux-ci] ont anéanti leurs espèces sédentaires ; ils exterminent désormais nos migrateurs [...]. » La rubrique « Notes et faits divers », sorte de courrier des lecteurs, réunit ainsi toutes sortes de témoignages sur les excès de la chasse aux petits oiseaux dans le Midi de la France. Quelques voix, pourtant, s'élèvent qui mettent en cause la validité scientifique des études réalisées et des arguments avancés par les amis des oiseaux. En outre, la chasse aux petits oiseaux et aux oiseaux de passage est aussi pratiquée dans des départements plus septentrionaux — Champagne, Vosges, Meurthe-et-Moselle. En vérité, la concentration des attaques contre les chasses méridionales est corrélée, d'une part avec certains stéréotypes relatifs aux mœurs des populations du Midi de la France, d'autre part avec la naissance, dans l'imaginaire français, d'une Provence mythique.

Les ethnotypes du Méridional reflètent les idées assez largement répandues au sein de l'élite intellectuelle et politique du Nord, qui se réfèrent au lien postulé entre climat d'un lieu et tempérament des populations qui l'habitent. Dans *L'Esprit des lois,* on le sait, Montesquieu évoquait ce rapport en ces termes : « Vous trouverez dans les climats du Nord des peuples qui ont peu de vices, assez de vertu, beaucoup de sincérité et de franchise. Approchez du Midi, vous croirez vous éloigner de la morale même ; des passions plus vives multiplieront les crimes. » Pour l'élite éclairée, le Midi, c'est l'obscurantisme et la barbarie. Michelet voit dans la population de la France du Sud une « populace, mobile et barbare, une race métisse et trouble, celto-grecque-arabe, avec un mélange italien. Nulle n'est plus inquiète, plus bruyante, plus turbulente ». À partir du XIXe siècle, le Midi tend à être identifié à la Provence et le type ethnique du

Provençal à représenter, pour le Nord, le Méridional. Dans la seconde moitié du siècle, l'image du Provençal qui s'impose est celle d'un personnage hâbleur, fainéant et possédant un goût prononcé pour la « galéjade ».

Ce stéréotype doit beaucoup à certains héros d'œuvres littéraires dont les auteurs sont de culture française mais aussi, surtout au XIXe siècle, de culture occitane. La dialectique Nord/Sud prend alors son véritable sens. L'hégémonie culturelle et économique du Nord sur le Midi amène l'élite occitane à adopter les normes culturelles du Nord et, lorsqu'il s'agit d'écrivains, à renchérir éventuellement sur l'image caricaturale du Méridional. À cet égard les œuvres de Joseph Méry, d'Alphonse Daudet ou encore de Marcel Pagnol tiennent une place capitale. En particulier elles rendent familière la silhouette du Méridional passionné de chasse aux oiseaux.

Joseph Méry, écrivain d'origine marseillaise, qui écrit en français et publie à Paris, s'attache ainsi à fixer les traits du chasseur provençal, fou de chasse aux oiseaux mais surtout chasseur chimérique. Dans *La Chasse au chastre* (1853), il raconte les mésaventures d'un chasseur marseillais qui poursuit sans répit un chastre (merle à plastron) et arrive ainsi... jusqu'à Rome ! Le même auteur consacre un autre texte, *Marseille et les Marseillais* (1860), à cette figure du chasseur marseillais, « être phénoménal qui mérite une mention spéciale ». Le ton reste celui de l'ironie : « Au mois d'octobre, une grive indépendante se montre parfois aux environs de Marseille, et cinquante mille chasseurs se lèvent comme un seul homme pour la manquer. » Les Provençaux vont dès lors situer la défense de la chasse aux oiseaux dans le registre de la bouffonnerie : pour s'allier, par le rire, leurs adversaires du Nord, ils vont délibérément tourner en ridicule le chasseur provençal.

À partir de la deuxième moitié du XIXe siècle, sous la double influence de la Renaissance littéraire occitane (avec l'œuvre de Frédéric Mistral, qui reçoit le prix Nobel de littérature en 1904) et de la découverte de la Côte d'Azur par une élite parisienne, l'image de la Provence s'adoucit. Avec *Mireille*, Mistral offre une œuvre romantique qui enthousiasme les Parisiens. La Provence est à la mode ; mais c'est une Provence mythique et pittoresque. Bientôt le climat, les paysages, les couleurs du Midi vont attirer les voyageurs. À ce que Robert Lafont appelle le « racisme intérieur » du Nord à l'encontre du Sud, se superpose alors une image exotique et attirante du Midi. Michelet lui-même, qui sait aussi se laisser charmer par la terre de Provence, s'inscrit dans cette contradiction : « Voilà, note-t-il, le génie de la basse Provence, violent, bruyant, barbare, mais non sans grâce. » Progressivement, dans l'imaginaire des gens du Nord, la Provence en vient à incarner l'Arcadie, mais une Arcadie entachée... par la passion criminelle pour la chasse aux oiseaux !

Stigmatiser la chasse aux petits oiseaux et, à travers elle, le Midi de la France, c'est aussi mettre en valeur les pays ayant adopté, avant la France, des mesures de protection des oiseaux. Un rapport de la Commission des oiseaux de la Société protectrice des animaux datant de 1874 donne, en annexe, la liste des pays précurseurs en ce domaine. La Suisse, dès 1841, interdit la destruction des nids et des œufs d'oiseaux. L'Allemagne protège, dès 1850, les oiseaux chanteurs et insectivores. L'Autriche, en 1857 et 1868, prend des mesures en faveur des oiseaux qui se nourrissent « de souris et d'autres animaux nuisibles aux cultures ». La Grande-Bretagne adopte, en 1869 et en 1872, des lois pour la protection des oiseaux de mer et des oiseaux sauvages. Les États-Unis prennent des mesures dès 1870 ; l'État du Delaware, en 1871, protège dix-neuf espèces de petits oiseaux, dont la grive. Enfin la Belgique, en 1873, adopte une loi de protection des oiseaux insectivores.

Les pays les plus sensibles à la protection de la faune ailée sont — à l'exception de l'Autriche — de religion protestante ou à dominante protestante. Les pays latins comme l'Espagne et l'Italie sont absents de la liste : constatation qui rejoint l'hypothèse d'une relation entre protestantisme et développement du sentiment de la nature[1]. Et il est particulièrement révélateur que, afin de faire découvrir l'univers enchanteur des oiseaux, les éditeurs de l'*Encyclopédie* aient retenu le texte d'un poète écossais. Jacques Roger souligne à cet égard que les hommes d'Église anglicans furent les premiers à chercher l'« évidence sensible » de l'existence de Dieu dans la nature. « À la fin du XVIIe siècle, note-t-il en 1989, beaucoup de naturalistes éminents sont des hommes d'Église. » Ainsi le Dieu tout-puissant et transcendant de la religion catholique, qui devient avec la religion réformée un Dieu immanent au monde, se rapproche-t-il de l'homme. Une telle évolution ne préparait-elle pas l'effacement du Dieu céleste au profit de la Terre-Mère ?

L'antagonisme entre le Nord et le Midi de la France dans le rapport à la nature apparaît donc comme l'expression particulière d'un affrontement plus large, qui oppose la sphère des pays

---

1. J. Viard, « Protestante la nature », *in* A. Cadoret, *Protection de la nature, histoire et idéologies*, L'Harmattan, 1985.

de culture anglo-saxonne et de religion protestante à celle des pays de culture latine et de religion catholique. Hier comme aujourd'hui, les amis des oiseaux ne s'y trompent pas qui jettent volontiers l'anathème sur l'Espagne et sur l'Italie, confondant dans une même réprobation Midi de la France et pays latins du sud de l'Europe. Un agronome, ardent défenseur des oiseaux, Séverin Baudouy, note ainsi en 1912 dans *Grâce pour les oiseaux* : « Le Midi de la France et l'Italie ont acquis, au prix d'hécatombes annuelles de centaines de milliers d'oiseaux [...] le premier rang de ce sport destructif. » Il y a peu, Théodore Monod, président du Rassemblement des opposants à la chasse (ROC), soulignait encore que le problème des *excès* de la chasse possède un caractère régional et qu'il concerne « les pays latins et méditerranéens[1] ».

À partir de 1960-1970, qui voit la montée de l'écologie militante, la sensibilité anti-chasse se développe et s'étend à l'ensemble de la faune sauvage. La théorie des écosystèmes et les avancées de l'écologie scientifique — qui privilégie l'étude des rapports entre organismes et milieux — renouvellent l'ancien paradigme de l'équilibre de la nature, en offrant un fondement d'allure scientifique aux actions de sauvegarde de la faune et de la flore sauvages. La diffusion culturelle de la notion d'écosystème confère au thème de l'équilibre intrinsèque du monde naturel, qui est au cœur de la vulgate écologiste, une portée accrue. En Provence, les associations d'ornithologie et de protection des oiseaux se trouvent au premier rang de cette évolution : le credo écologiste y trouve un terrain favorable à la propagation de ses idées. Les amis des oiseaux, déjà sensibilisés, bien que sous une forme rudimentaire, aux questions d'interaction entre les espèces, vont alors élargir leur action de défense à l'ensemble de la faune et de la flore sauvages.

La montée en puissance, à l'aube du XIXe siècle, d'un mouvement de protection des oiseaux sauvages s'inscrit dans des transformations culturelles profondes marquées par la résurgence de mythes et d'attitudes parmi les plus archaïques dans le rapport humain à la nature : obsession de la Terre-Mère, féconde mais fragile ; mythe de l'harmonie préétablie du monde naturel ; sacralisation de la nature sauvage. La virulence actuelle des associations de protection de la nature, dont certaines, comme le ROC, visent à éradiquer la pratique de la chasse,

---

1. Préface à « Diana e Minerva. Una critica scientifica della caccia », Carlo Consiglio, 1990, cité dans *L'Écho du Roc*, février 1990.

trouve toutefois sa principale raison dans la concurrence sur les espaces sauvages qui oppose les chasseurs aux autres amateurs de nature. La diffusion de la sensibilité écologique s'est en effet traduite par la floraison de nouveaux usages de la nature (randonnées, pratiques d'observation de la faune et de la flore, etc.) ainsi que par un engouement général pour la vie à la campagne.

Le sud de la France, regardé traditionnellement comme un échantillon préservé d'une nature encore proche de ses origines (thème popularisé aussi bien par Mistral et Daudet que, plus récemment, par Giono), est devenu une terre convoitée, qu'il convient tout à la fois de conquérir et de protéger. Or ces nouveaux occupants des espaces sauvages vont chercher à imposer aux chasseurs, premiers occupants, leur définition des rapports « légitimes » à la nature, et en particulier à substituer au plaisir réputé cruel et inconséquent de la chasse (voire, mais à un moindre degré, de la cueillette), les plaisirs que procurent la connaissance de la nature et la découverte de sa beauté.

BIBLIOGRAPHIE

D'ALEMBERT, DIDEROT, *Encyclopédie ou Dictionnaire raisonné des sciences des arts et des métiers*, 1751-1772.

BUFFON, « L'oiseau », *Œuvres complètes*, t. XVII, 1826.

CADORET A. (textes réunis par), *Protection de la nature : histoire et idéologie*, L'Harmattan, 1985.

CHAMBOREDON J.-C., « La diffusion de la chasse et la transformation des usages sociaux de l'espace rural », *Études rurales*, juillet-décembre 1982.

FABIANI J.-L., « L'opposition à la chasse et l'affrontement des représentations de la nature », *Actes de la recherche en sciences sociales*, n° 54, septembre 1984.

GEOFFROY SAINT-HILAIRE I., *Acclimatation et domestication des animaux utiles*, 1861.

GUYONNET M.-H., « Le Midi "barbare et obscurantiste". La chasse aux petits oiseaux en Provence », *Le Monde alpin et rhodanien*, 1er-2e trimestres 1993.

LAFONT R. (sous la dir.), *Le Sud et le Nord ; dialectique de la France*, Privat, 1971.

LÉVI-STRAUSS C., *La Pensée sauvage*, Plon, 1962.

MICHELET J., « L'oiseau », *Œuvres complètes*, t. XVII, Flammarion, 1986.

ROGER J., *Buffon*, Fayard, 1989.

Animaux sauvages :
de la crainte à la préservation

PHILIPPE FRITSCH

Ce jour-là, un homme avait trouvé un oiseau gisant sur le bord d'une route où lui-même circulait en voiture. Ne sachant que faire de sa trouvaille, il avait fini par téléphoner au « centre de soins pour oiseaux sauvages » et par accepter de l'y amener, non sans avoir préalablement envisagé que quelqu'un vienne s'en charger. Interrogé sur ce qui avait pu se produire, il estima que l'oiseau attiré par une charogne écrasée en bordure de chaussée avait dû être heurté par un véhicule. Enthousiaste et quelque peu excité quand il apprit que « son » oiseau était un faucon crécerelle et que ce rapace n'était guère farouche, il s'exclama que, s'il avait su, il l'aurait gardé pour ses filles. L'en dissuader exigea d'être persuasif : il fallut insister non seulement sur l'intérêt écologique de relâcher l'animal après des soins qui impliqueraient sans doute un long séjour dans le centre, mais encore sur l'interdiction légale de détenir chez soi un spécimen d'une espèce protégée.

Ce n'est pas pour sa représentativité, toute relative, que l'anecdote (observation du 6 mars 1999) valait d'être contée, mais pour l'information qu'elle fournit et pour l'équivoque qu'elle révèle. Comme dans cette histoire, des hommes, des femmes, parfois des enfants, découvrent des animaux blessés ou paraissant en danger, et se demandent comment réagir, que faire et qu'en faire, éventuellement qu'en penser et qu'en dire. Il arrive, comme dans le cas rapporté, qu'ils trouvent réponse à leurs questions en s'adressant à une de ces organisations généralement appelées « centres de sauvegarde de la faune sauvage ». Or l'existence de ces centres et leur histoire témoignent on ne peut mieux de la transformation actuelle du rapport de l'homme à l'animal, à laquelle ils contribuent largement. L'animal sauvage dont, voici peu, il importait essentiellement de se protéger, est aujourd'hui à sauvegarder[1].

C'est donc cette histoire qu'il s'agit d'abord d'esquisser, en se focalisant sur les pratiques non seulement des initiateurs de ces centres mais encore des gens ordinaires qui n'étant ni naturalistes ni militants de la protection animale ou de la protection de la nature, n'en recueillent pas moins les animaux qu'ils découvrent blessés ou en péril. Ce comportement — vieux comme le monde, diront certains et en un sens ils n'auront pas tort — semble devenir plus fréquent et surtout il prend une tout autre signification que celles qu'il pouvait avoir : il ne s'agit plus d'une bonne aubaine ni d'une occasion de jeu avec un jeune sauvage qui se laisse apprivoiser, mais de soins appropriés afin de relâcher l'animal dans de bonnes conditions de survie autonome.

Pratiques et normes

Dans les années 1950, la destruction des rapaces était encore encouragée sur le territoire français. Selon Jean-François Terrasse, « en France, à l'époque, il y avait plus de cent mille rapaces abattus officiellement par an » (entretien en 1990). La disparition de ces espèces, en particulier celle du faucon pèlerin, paraissait d'autant plus inéluctable qu'à cette éradication systématique s'ajoutaient les « désairages » (c'est-à-dire la capture de jeunes rapaces encore nourris sur l'aire) effectués pour des trafiquants et surtout les effets de la contamination chimique organochlorée sur des oiseaux dont les proies étaient déjà elles-mêmes contaminées[2]. Dès cette période mais surtout dans les deux décennies qui ont suivi, des initiatives individuelles ou collectives se sont multipliées. Pour n'en citer qu'une, l'hebdomadaire *Paris-Match* du 29 mai 1965 fit tout un reportage photographique sur la « chaîne de solidarité franco-sué-

---

1. P. Fritsch, « Sauvage. À sauvegarder », *Études rurales*, n°s 129-130, janvier-juin 1993.
2. R.-J. Monneret, « Gestion de populations animales », *Les Entretiens de Bourgelat*, École nationale vétérinaire de Lyon, Fondation M. Mérieux, tome X, 1990.

doise » entre « un paysan, deux savants et la ligue française pour la protection des oiseaux » afin de sauver un pygargue originaire des pays nordiques : un cultivateur l'avait trouvé en piteux état après qu'il eût été blessé par un chasseur.

Ce « coup médiatique » et d'autres manifestations de cet ordre ne furent sans doute pas sans incidence sur les mentalités, de même que les protestations de fauconniers et protecteurs soucieux de faire cesser la destruction des rapaces. Cette période a également vu naître les premiers parcs nationaux (notamment la Vanoise en 1963, les Écrins en 1973 et le Mercantour en 1979) et nombre de groupements ornithologiques, d'associations, fédérations ou fondations de protection de la nature[1].

Cette dynamique, d'ailleurs d'envergure internationale (Journée de la Terre en 1970, conférence des Nations unies sur l'environnement à Stockholm en 1972, Convention de Washington en 1973), se traduisit, dans les médias, par des films animaliers et séries télévisées dès 1968 et, en politique, par des prises de position et des décisions telles que les « Cent mesures pour l'environnement » en 1970, la création d'un ministère de la Protection de la nature et de l'Environnement en 1971, l'arrêté 24. 01 sur la protection des rapaces en 1972 et la loi sur la protection de la nature en 1976. Mais, dans le même temps, les catastrophes écologiques comme celles du *Torrey Canyon* en 1967 ou de l'*Amoco Cadiz* en 1978 n'ont pas été pour rien dans le développement d'une certaine sensibilité écologique.

Émergeant au cours de cette période, la pratique de sauvegarde des animaux sauvages, principalement de l'avifaune et plus particulièrement des rapaces, a pris place dans l'espace public sous forme d'organisations bientôt soumises à des normes techniques, juridiques et éthiques. D'échanges en discussions par courriers et circulaires, mais surtout au gré des rencontres formelles ou informelles dans les assemblées générales, les colloques ou les stages, se sont peu à peu normalisées les manières de faire et les solutions aux problèmes à la fois matériels et pratiques (manières de s'y prendre pour soigner, transporter, nourrir, réapprendre à voler, etc., dimensions et matériaux des volières et

---

1. Cependant la Ligue de protection des oiseaux (LPO) date du début du siècle et on peut faire remonter le mouvement de protection animale aux alentours de 1850, notamment à la Société protectrice des animaux et à la Société zoologique d'acclimatation (P. Fritsch, « Le devoir de sauvegarde de la faune sauvage » *in* Philippe Fritsch (dir.), *L'Activité sociale normative. Esquisses sociologiques sur la production sociale des normes*, CNRS, 1992.

autres installations), mais aussi les procédures réglementaires et les orientations éthiques.

Ce qui n'était que conduite singulière, aux deux sens du terme, a pris forme d'action commune à tous les signataires d'une charte, regroupés à partir de 1983 dans une « Union nationale des centres de sauvegarde de la faune sauvage » (UNCS). Tolérées, voire reconnues par les pouvoirs publics, ces structures ont dû attendre 1992 pour qu'un arrêté du ministère de l'Environnement leur accorde un statut officiel d'« établissements de transit ou d'élevage qui pratiquent des soins sur les animaux de la faune sauvage[1] ». Tout au long de ces années, un patient travail relationnel et normatif portant à la fois sur les conduites et les représentations a été effectué par l'UNCS tant auprès des pouvoirs publics et des militants d'associations environnementales que de la population.

Sens et croyances

Cette pratique qui, aux yeux de certains, passe pour « une aimable fantaisie » est aujourd'hui institutionnalisée : l'exercer implique « certificat de capacité » et « autorisation d'ouverture ». C'est dire que les pouvoirs publics y attachent une certaine importance. Quant à ceux qui l'exercent, ils s'accordent sur une formule qui donne sens à leur pratique commune : « sauver des individus pour protéger des espèces ». L'acte de sauvegarde ainsi finalisé ne se réduit pas à une réaction affective et il s'inscrit dans un cadre d'action rationnelle ou plutôt dans un ensemble de croyances fondamentales concernant le rapport à « la nature » ou à « l'environnement ». Certes, ce principe essentiel du discours sur la pratique ne permet pas de répondre à toutes les situations critiques — que faire, par exemple, d'un animal qui ne peut être relâché ? — et celles-ci révèlent une certaine pluralité dans l'évaluation de ce qui fait problème, comme dans les solutions adoptées. Mais il correspond à un renversement des perspectives dans la définition du rapport de l'homme à l'animal sauvage : le protéger au lieu de s'en protéger. Quel que soit le sens accordé au recueil d'un animal blessé — geste de pitié pour un être qui souffre, préservation d'une espèce menacée ou contribution à la

---

1. Arrêté du 11 septembre 1992, article 1er ; *cf.* article L. 213-3 du Code rural (*JO*, 20 septembre 1992).

protection de la nature —, les croyances et représentations sont inversées : à la sauvagerie animale qu'il fallait combattre ou contenir, sinon réduire à néant, se substitue la figure d'une sauvagerie fragile qu'il importe de sauvegarder de l'activité humaine.

Dans cette optique, les pratiques de sauvegarde relèvent d'une conversion et produisent un double renversement des valeurs. Selon une première inversion, le concurrent ou le rival, sinon le « nuisible », à abattre ou à rendre inoffensif, est dorénavant à recueillir et à soigner comme s'il s'agissait d'un bien propre — et c'est ce que dit la lettre de la loi : sauvegarder le « patrimoine naturel ». Selon une seconde inversion, après soins et remise en forme comme s'il s'agissait d'un proche, l'animal n'est pas pour autant assimilé comme peut l'être l'animal apprivoisé, ni élevé au statut d'animal de compagnie, ni réduit au rôle d'auxiliaire (fauconnerie), il est de nouveau mis à distance et réhabilité dans son état de sauvagerie, présumé naturel.

Cependant, le sens que les uns ou les autres donnent à leur acte n'est pas toujours sans ambiguïté. Le rapport de l'homme à l'animal n'étant pas des plus clairs, s'il l'a jamais été, l'animal peut être simultanément adulé ou honni et, selon des critères qui ne se résument pas aux catégories de l'utile ou du nuisible, certaines espèces sont particulièrement valorisées — ce qui peut d'ailleurs leur être fatal ou les menacer fortement —, tandis que d'autres n'ont de valeur que négative. Quant à la frontière entre le sauvage et le domestique, elle est elle-même variable, comme en témoigne la vogue actuelle des « nouveaux animaux de compagnie ». Enfin, comme dans le récit mis en exergue, le geste qui sauve peut être simultanément tentative d'appropriation qui maintient l'animal « au bon vouloir de l'homme », selon le titre d'un ouvrage de Georges Chapouthier (Denoël, 1990).

Dans ce cas, les regrets exprimés disent clairement le caractère équivoque du rapport à l'animal, qui ailleurs n'apparaît que dans les modalités de la conduite : par exemple, garder l'animal pour tenter vainement de le soigner soi-même et ne se résoudre à l'apporter dans un centre de sauvegarde qu'en toute dernière extrémité. Cependant la *libido dominandi* peut aussi prendre des formes respectables et rationnelles : sans prétendre interpréter généralement ce qui relève de la singularité personnelle, il est permis de penser que la sauvegarde de la faune sauvage, en tant que forme d'activité socialement reconnue, offre un investissement libidinal légitime et constitue, sans doute pour beaucoup, une façon raisonnable de « vivre sa passion » (celle des rapaces, celle du jeu avec un animal ou celle de la manipulation du vivant, ou encore, pour beaucoup, la passion de soigner, etc.).

Dispositions et conditions

L'explication des conduites humaines ne se résume pas aux motifs que les agents se reconnaissent, et l'analyse sociologique cherche à connaître, au-delà des mobiles singuliers, ce qui caractérise communément les agents d'une pratique. Or, plus encore que des idéaux communs, c'est une passion partagée qui semble d'abord réunir les responsables des centres de sauvegarde de la faune sauvage. Divers par l'âge, la profession, le niveau d'instruction et nombre d'autres caractéristiques, ils présentent des parcours biographiques semblablement faits d'enchantements initiaux et de rencontres initiatiques, mais aussi de conversions dont l'une a précisément rendu possible l'exercice raisonné et socialement accepté de leur passion primordiale. Mais, pour fréquente qu'elle soit, l'invocation de la passion comme raison ultime d'un acte ou d'une pratique n'est jamais qu'une manière d'identifier une source comportementale irrésistible tout en (s') interdisant de rechercher les conditions sociales de son émergence.

Pourtant celles-ci apparaissent nettement si l'analyse passe cette frontière et si, en ce qui concerne le rapport à l'animal, elle est étendue à l'ensemble des personnes qui découvrent des animaux en difficulté et les apportent plus ou moins vite dans un centre de sauvegarde. Si ces « découvreurs » se recrutent dans « tous les milieux », la part des professions intermédiaires, des professions intellectuelles et des cadres y est nettement plus importante qu'elle n'est dans la population française. Quant aux conditions de la découverte, aux manières de faire et de donner sens à l'action, elles ne se distribuent pas au hasard. Pour ne prendre qu'un exemple, ceux qui découvrent des rapaces blessés sont relativement plus souvent des hommes que des femmes, des ruraux plutôt que des citadins, et ils expliquent plus volontiers leur démarche par le souci de préserver des espèces en voie de disparition, tandis que ce sont plutôt des femmes d'habitat péri-urbain qui apportent dans les centres de sauvegarde des passereaux qu'elles ont souvent tenté de soigner, et qui expriment leur pitié à l'égard d'un être qui souffre[1]. Sur la base des

---

1. P. Fritsch, « Qui découvre des animaux en péril ? », *Regards sociologiques*, n° 14, 1997.

différences de conditions d'existence se constituent des systèmes de dispositions qui rendent plus ou moins sensible à la souffrance animale et capable d'y compatir, mais de cette compassion qui pousse à agir et à soigner[1]. À l'occasion de circonstances opportunes, ce fonds socialement constitué peut s'investir dans les choix d'objet et les apprentissages pertinents qui rendent possibles et même probables ces pratiques de sauvegarde.

L'histoire des centres de sauvegarde de la faune sauvage est contemporaine d'événements décisifs dans la transformation de notre vision du monde. Catastrophes écologiques majeures, conférences mondiales sur la protection de l'environnement, etc., ont imposé l'idée de la fragilité de la nature — ce que vient encore de rappeler le tout récent naufrage de l'*Erika* sur zone d'hivernage de nombreuses espèces d'oiseaux de mer. Cependant, l'explication par la prise de conscience n'est jamais suffisante et c'est en amont qu'il importe de porter le regard. En effet, ce qui pourrait s'appeler l'invention de la sauvegarde de la faune sauvage, s'enracine dans la construction sociale du rapport à l'animal. Prendre pour objet d'étude la transformation de ce rapport c'est s'engager dans l'analyse des enjeux proprement sociaux de sa définition : ceux qui sont de quelque manière intéressés par l'animal et sa sauvagerie, rivalisent et luttent, au moins symboliquement, pour faire valoir leurs conceptions.

À ce niveau ou plus exactement dans ce « champ » (au sens que Pierre Bourdieu donne à ce concept), les enjeux sont ceux qui simultanément font le jeu entre différents usages sociaux de l'animal, entre divers prétendants au titre de protecteurs de la nature et du patrimoine naturel, entre détenteurs du monopole des soins aux animaux et nouveaux entrants qui sont capables de soigner mais n'ont ni le statut ni le titre requis, etc. C'est dire que sont essentiellement en cause les normes sociales, leur respect et leur transformation, sans pour autant d'ailleurs que cette activité normative soit posée comme telle. Ce qui, pour certains, n'est que sensiblerie ou dévoiement de l'altruisme constitue, pour d'autres, un profond mouvement de libération et fondamentalement un gain d'humanité, pour d'autres encore une nécessité vitale (biodiversité).

Bien comprendre à la fois ces interprétations qui sont autant de prises de position dans les luttes symboliques pour

---

1. F. Burgat, *Animal, mon prochain*, Odile Jacob, 1997.

dire quel est le rapport légitime à l'animal, et ces prises de position tacites que sont les actes ordinaires, implique de les rapporter aux positions des agents dans le champ social et aux luttes de classement qui les opposent. Ainsi la sauvegarde de la faune sauvage recrute surtout dans les fractions de classes sociales occupant une position relativement basse sur l'échelle des revenus au regard de leur niveau culturel élevé : d'une part cette discordance entre indicateurs de statut les distingue à la fois des classes populaires et des catégories qui cumulent les diverses espèces de capital (économique, culturel, social) ou se situent en haut de l'échelle des revenus sans disposer d'un niveau culturel élevé ; d'autre part leur formation les rend sensibles à la fois aux argumentations fondées sur une science synthétisante comme l'écologie et aux actions normatives à visée universelle, alors même qu'ils sont en position de « penser globalement » et d'« agir localement ».

Peut-il exister une écologie urbaine ?

OLIVIER SOUBEYRAN

L'écologie urbaine fait probablement partie de ces notions qui sont tout à la fois symptôme et produit d'une situation de rupture et de mouvance. Nous sommes de plus en plus désarmés devant la croissance des villes et les menaces qu'elle fait peser sur les sociétés et sur l'environnement au Sud comme au Nord (même si elles sont de nature différente). Nous ne savons plus par quel bout prendre la ville, la comprendre. L'écologie urbaine exprime ce désarroi et de façon incantatoire propose une réponse, comme si nous pouvions saisir la ville comme un tout, avec ses multiples boucles, ses interrelations complexes, ses exceptions, son métabolisme. Elle suggère qu'il est possible de tenir ensemble des dimensions perçues jusque-là comme difficilement compatibles : le biologique et le social, la nature et l'urbain, la protection et le développement.

Ce renversement spectaculaire est une réponse à des situations de crise, où l'on constate un fossé de plus en plus profond entre l'émergence de problèmes urgents et nos manières classiques de s'y attaquer, tant du point de vue social que scientifique. Comme si les solutions à venir passaient par le fait de saisir comme principe organisateur ce que nous avons précisément évacué pendant des décennies.

Les défis posés à l'écologie urbaine sont à la hauteur de son ambition. L'un des tout premiers est que l'écologie se constitue en tant que discipline scientifique. Elle est, comme l'on dit, en émergence. Mais sur quelles conceptions de la science, de l'action et du milieu peut-elle se construire si celles issues de la modernité sont fragilisées ? Ces questions sont fondamentales et les réponses urgentes, sont difficiles.

Pour l'instant, il y a plus de tâtonnement que de certitude. Mais l'histoire des idées, en particulier celles qui concernent l'origine et la philosophie de l'écologie urbaine pourrait peut-être nous aider. La portée stratégique d'une recherche sur les fondements historiques d'une discipline est de lui fournir des éléments cruciaux de son identité et de sa légitimité. Non seulement il s'agit de lui construire une niche parmi les disciplines existantes mais aussi de fournir aux professionnels qui l'incarnent une source de sens et une légitimation de leur métier.

On peut partir d'une première hypothèse, celle de la permanence des préoccupations de l'écologie urbaine, y compris chez les urbanistes modernes, portés par les Congrès internationaux d'architecture moderne (CIAM) de l'entre-deux-guerres que condamne aujourd'hui l'écologie urbaine, en se présentant même, naïvement, comme une alternative radicale à ces conceptions. L'histoire de l'urbanisme donne ainsi des leçons de modestie. Elle montre souvent la récurrence des problèmes à résoudre, des rhétoriques employées et le mouvement de balancier dans le temps des solutions préconisées.

Ainsi, aux sources de l'urbanisme moderne, on identifie dès le XVIIIe siècle l'action des médecins hygiénistes et leurs topographies médicales des villes. L'hygiénisme, selon lequel le milieu agit sur la santé des hommes et sur leurs possibilités de développement mental et physique, imprégnera aussi tout le XIXe siècle. Il sera conforté par la perspective néo-lamarckienne de l'évolution, qui domine très largement chez les biologistes et les naturalistes de la seconde moitié du XIXe siècle[1]. Cette conviction que l'amélioration des êtres vivants passe par celle du milieu soutient aussi bien la création de cercles de gymnastique de la Ville de Paris en 1881 que certaines utopies du progrès du XVIIIe siècle.

Elle rejoint aussi tout un mouvement associant théories médicales, milieu et urbanisme : le climatisme ou « climatothérapie » de la fin du XIXe siècle. Celui-ci s'appuyait sur des théories médicales qui associaient aux climats des risques de morbidité mais aussi des vertus curatives. Nous conservons un

---

1. Sur la notion de milieu chez Lamarck et Darwin, et ses relations avec la société française, lire plus haut Lionel Charles, « Du milieu à l'environnement » ; voir également l'article « Lamarck, Darwin et Vidal » de Vincent Berdoulay et Olivier Soubeyran (1991). Sur de nouvelles approches, voir plus loin Cyria Emelianoff, « Vers un nouveau modèle urbain ».

souvenir un peu suranné des villes de cure et du thermalisme, même si aujourd'hui, on constate un certain retour en vogue. Mais cela ne donne qu'une faible idée de l'importance, à cette époque, d'un tourisme international lié au climatisme, avec des conséquences importantes sur le développement et l'aménagement des villes d'accueil (Biarritz, Pau, Nice, etc.).

Ces thèmes s'enracinent dans une même conception du milieu comme élément de diagnostic mais aussi comme modalité de solution et vecteur de l'action. Le milieu est pensé comme une réalité complexe, formant un tout difficilement décomposable. Or c'est cette façon de situer sa place et son rôle dans une science de l'action qui fait précisément problème aujourd'hui. Nous avons dû mal prendre au sérieux une conception qui le dote d'une multiplicité de causalités circulaires, aux échelles de temps et d'espace différentes (en particulier entre les phénomènes naturels et les phénomènes sociaux), formée d'éléments en interaction, à l'équilibre fragile. Nous charrions une conception de l'action qui implique une vision plutôt simplifiée pour que la causalité linéaire soit efficace, que le « si... alors » de l'aménageur ait des chances de se réaliser. Nous trouvons la version extrême de cette conception de l'action dans l'urbanisme de Le Corbusier, où l'on plaque un plan sur un milieu réduit, dans la tête ou dans les faits, à une *tabula rasa*.

On peut ainsi retrouver dans ces mouvements du passé des éléments de réflexion, en remontant notamment au moment où les théories climatiques sont tombées en désuétude, et en se demandant comment s'est nouée alors la configuration entre science, milieu et action dont nous sommes les héritiers. Une telle interrogation n'est évidemment intéressante que si nous ne prenons plus pour acquises les évidences de la modernité « triomphante » : il faudrait, au-delà d'une histoire officielle sanctifiant le cadre défini par la théorie pastorienne, revenir sur la façon dont ont été évacuées les théories néo-lamarckiennes qui liaient l'homme au milieu, et dont on a dévalorisé une conception que l'on dirait aujourd'hui « systémique » au profit d'une approche « analytique ».

Revenir de la même façon sur la naissance de l'urbanisme moderne amène à des découvertes tout aussi surprenantes. Aujourd'hui les préoccupations écologiques amènent à rejeter en bloc cet urbanisme, au nom de ses conséquences — l'urbanisme de barres et de tours des trente glorieuses. Mais si l'on s'attache aux motivations qui l'ont fait naître (clairement exposées dans la Charte d'Athènes qui constitue le manifeste des CIAM), on trouve les problèmes d'environnement au cœur de l'argumentation et du diagnostic global porté sur la ville. Ils sont notamment étudiés dans leurs relations avec la forme des villes, l'évolution des transports, les problèmes d'hygiène et de santé publique (alimentation en eau, évacuation des déchets). Justice sociale et « justice environnementale » ne sont pas séparées.

De façon un peu provocatrice, on pourrait dire que la Charte d'Athènes traduit encore certaines préoccupations de l'écologie urbaine. Sous l'inspiration de Le Corbusier, elle s'oppose en effet au mouvement des « cités jardins » lancé par Ebenezer Howard dans les dernières années du XIXe siècle, devenue ensuite une référence incontournable pour les premiers théoriciens et praticiens de l'urbanisme. Pour réagir à la croissance anarchique des métropoles, celui-ci proposait de créer à l'extérieur de petites unités (30 000 habitants au maximum) qui combineraient les éléments de la ville et de la campagne en évitant leurs inconvénients. Alors que ce mouvement propose de sortir de la ville pour traiter ses maux, la Charte d'Athènes entend les régler dans la ville même. Elle se veut en effet une sorte de déclaration universelle des droits de l'homme urbain, où l'environnement occupe une place centrale : il s'agit de garantir à chaque citoyen une qualité de vie et d'environnement : pureté de l'air, ensoleillement, espaces verts, accès aux équipements collectifs, sécurité (notamment par rapport à la circulation automobile).

Pourquoi cela n'a-t-il pas été compris ? Sans doute parce que l'urbanisme d'après-guerre n'a été qu'une pâle copie de l'original, parce que la situation sociale et économique avait changé. Mais aussi parce que, en dépit de ses motivations de départ, l'urbanisme de Le Corbusier veut s'affranchir des contraintes du milieu. Il entend éradiquer des lieux, des territoires jugés problématiques, comme les taudis et les quartiers vétustes, incompatibles avec la modernité en marche, pour y plaquer un « espace-projet ». D'autre part, Le Corbusier et la Charte se méfient du milieu politique (notables, élus), s'interrogent sur la capacité des citoyens à définir l'intérêt général et souhaitent réduire la complexité du milieu physique lui-même à quelques paramètres plus maniables (ensoleillement, circulation, par exemple).

Enfin, le modèle à partir duquel les urbanistes d'avant-guerre et d'après-guerre ont conçu la ville, le « zoning », c'est-à-dire la séparation spatiale des quatre fonctions urbaines — habiter, circuler, se détendre, travailler — se situe aux antipodes de la sensibilité écologique actuelle.

On voit là que les préoccupations de l'écologie urbaine ont toujours été présentes dans la pensée urbanistique et, en même temps, en ont toujours été évacuées. Cela aurait peut-être été évité si l'écologie urbaine avait réussi à devenir une discipline scientifique enseignée. Or, précisément elle a manqué le grand mouvement d'institutionnalisation des sciences sociales voisines (géographie, sociologie, urbanisme) au début du XXᵉ siècle. Pourquoi est-elle encore dans une large mesure un « non-lieu scientifique », selon l'expression de Bernard Duhem et Jean-Claude Lévy ? Pourquoi n'a-t-elle pas réussi à marier sciences sociales et sciences de la nature à propos de la ville ? Les obstacles rencontrés sont-ils encore d'actualité ?

On peut tenter de répondre en suivant l'évolution d'une discipline proche, la géographie humaine, qui a parfaitement réussi à s'institutionnaliser, avec la célèbre « école française de géographie » et son fondateur, Paul Vidal de la Blache. Elle se donnait explicitement comme objet l'étude des relations entre l'homme et le milieu, et, pour cela, croisait les perspectives des sciences naturelles et des sciences sociales. Elle se voulait fondamentalement, selon l'expression de Vidal de la Blache, une « géographie de la vie ». L'homme y était perçu comme un « agent biologique », mais doué d'initiative : par là, elle était plus qu'une simple extension de la géographie botanique ou animale. Vidal de la Blache a fait explicitement référence aux travaux de l'écologie végétale pour situer les rapports de la géographie humaine avec la géographie physique. Certains grands géographes comme Max Sorre, ont aussi employé les expressions « écologie humaine » ou « écologie de l'homme » parallèlement à celle de « géographie humaine ».

Cependant, et c'est tout à fait fascinant, l'école française de géographie n'a pas résisté vraiment avec le temps. Non sur le plan institutionnel : elle a régné sans partage jusqu'à la fin des années 1960. Mais tout se passe comme si cette permanence s'était payée par l'abandon du cap annoncé par Vidal de la Blache, que n'ont plus tenu que quelques individualités brillantes, comme Max Sorre ou Jean Brunhes.

D'autre part, dans cette tentative, la ville n'était pas le domaine de prédilection des géographes. Ceux-ci préféraient se consacrer à l'étude des « régions naturelles » et des espaces ruraux. Ils ressentaient un certain malaise, une certaine difficulté à appliquer leur cadre de référence à l'urbain. C'est que la ville, dans l'imaginaire social, qui traverse celui des disciplines, incarne la modernité et donc représente un lieu où l'homme s'affranchit de la nature et même la domine, où « rien ne compte devant l'intérêt collectif exprimé par une loi ou une règle imposée à tous », comme l'affirmait l'historien Pierre Lavedan au milieu des années 1930, dans un ouvrage curieusement intitulé *Géographie des villes*.

Les grandes monographies de géographie urbaine du début du siècle, comme celles de Raoul Blanchard sur Grenoble et Annecy, ou celle de Jean Levainville sur Rouen ont été présentées comme des modèles du genre. Mais on y saisit aussi le risque encouru par la géographie urbaine : voir sa tentative de construire un pont subtil entre ville et milieu dépréciée, mal comprise, donc facile à caricaturer et finalement n'arrivant pas à trouver les voies de son épanouissement.

Ce sont probablement les mêmes difficultés qu'a rencontrées une écologie urbaine naissante, tournée vers l'action. À la naissance de l'urbanisme, comme discipline universitaire au lendemain de la Première Guerre mondiale, se posaient, de façon incontournable, le problème de la reconstruction des cités dévastées par la guerre, celui de l'extension des banlieues, etc. Il fallait donc donner des fondements scientifiques à des savoir-faire et des pratiques d'urbanisme, destinés à mettre en place les « plans d'aménagement, d'embellissement et d'extension des villes », imposés par la loi Cornudet de 1919. Force est de constater que dans cette période d'émergence de l'urbanisme, l'écologie urbaine comme perspective cherchant à concilier une théorie du milieu avec la construction d'une science de l'action a finalement été évacuée. Mais pourquoi et comment ? La façon dont on a cadré jusqu'à récemment l'histoire de l'urbanisme ne nous aide pas à y répondre. C'est même l'inverse.

On le voit dans l'anthologie de l'urbanisme de Françoise Choay publiée au début des années 1960, *L'Urbanisme, utopies et réalités*. Elle date la naissance de l'urbanisme moderne des CIAM et de Le Corbusier, et du coup, renvoie aux oubliettes, sous l'épithète « culturaliste » tout un courant qui s'était attaqué à concilier milieu et action, illustré par des noms comme ceux de Léon Jaussely, Henri Prost, Donat Alfred Agache. Ces urbanistes, qui étaient tous liés au Musée social et en particulier à la section d'hygiène urbaine et rurale, sont à l'origine de la création de l'Institut d'urbanisme de Paris. Ce n'est que très progressivement, à partir des années 1980, que le voile s'est levé sur cette période, avec les travaux de Jean-Pierre Gaudin, puis avec la parution en 1991 de l'anthologie dirigée par Marcel Roncayolo et Thierry Paquot, *Villes et Civilisation urbaine*.

Depuis une quinzaine d'années, des politistes, des historiens de l'urbanisme, des sociologues travaillent au contraire sur cette

« école ». Une « anamnèse » parallèle à celle qui porte sur les « inventeurs oubliés de la sociologie » que furent Frédéric Le Play, mort en 1882 et ses continuateurs, qui ont précisément été à l'origine du Musée social. De même d'autres recherches en géographie et en urbanisme, levant le voile sur les relations entre modernité, expériences coloniales et aménagement, recréent l'« inter-histoire » de ces disciplines. Elles mettent en évidence le rôle majeur joué par les géographes dans la naissance de la « science des villes » : ils ont contribué à en construire les fondements scientifiques, avant d'en être évacués. En enrichissant la réflexion sur les sources de la pensée urbanistique, l'étude de cette période permettrait aussi de retrouver les sources de l'écologie urbaine et de confirmer la possibilité de l'instituer comme discipline scientifique.

BIBLIOGRAPHIE

BERDOULAY V. et SOUBEYRAN O., « Lamarck, Darwin et Vidal : aux fondements naturalistes ou la géographie humaine », *Annales de géographie*, n°s 561-562, 1991.

BLANCHARD R., *Grenoble, étude de géographie urbaine*, Armand Colin, 1912.

BLANCHARD R., « Annecy, esquisse de géographie urbaine », *Revue de géographie alpine*, n° 4.

BRUNHES J., *La Géographie humaine*, rééd. abrégée, PUF, 1965.

CHOAY F., *L'Urbanisme, utopies et réalités*, anthologie, Seuil, 1965.

GAUDIN J.-P., *L'Avenir en plan. Technique et politique dans la prévision urbaine*, 1900-1930, Champ Vallon, 1985.

RONCAYOLO M. et PAQUOT T. (sous la dir.), *Villes et civilisation urbaine, XVIIIe-XXe siècle*, Larousse, 1991.

SORRE M., *L'Homme et la Terre*, Hachette, 1961.

VIDAL DE LA BLACHE P., « La géographie humaine, ses rapports avec la géographie de la vie », *Revue de synthèse historique*, 7, 1903.

Des silences dans la ville

PASCAL AMPHOUX ET JEAN-PAUL THIBAUD

La complexité de l'environnement sonore urbain est aujourd'hui reconnue. L'évolution récente des recherches en la matière a montré qu'on ne peut désormais plus l'aborder d'un point de vue exclusivement acoustique : le problème consiste plutôt à articuler et croiser les données physiques avec les données sociologiques ou culturelles. De même, l'environnement sonore ne peut plus être réduit à une thématique de la nuisance : à la problématique de la gêne se substituent aujourd'hui des réflexions portant sur le confort sonore.

Du point de vue acoustique, l'évolution historique des bruits urbains a vu les intensités extrêmes diminuer au profit de *niveaux moyens*. D'un côté, il est certain qu'il y a beaucoup moins de bruit qu'à la fin du XIXe siècle, de l'autre, il est non moins certain qu'il y a également beaucoup moins de « silences ». Par exemple, la réduction des bruits industriels de très forte intensité (délocalisation, décroissance et réglementation du secteur secondaire) s'est accompagnée d'une diminution des zones ou des périodes de silence (étalement urbain, péri-urbanisation, métropolisation, développement des activités nocturnes).

Parallèlement, la discontinuité et la forte rythmicité des émissions sonores d'hier ont cédé la place à la *continuité* des émissions sonores d'aujourd'hui et à ce que Gillo Dorflès a bien nommé la « perte de l'intervalle[1] » qu'illustrent par exemple la prégnance des drônes urbains (c'est-à-dire les fonds graves et

---

1. G. Dorflès, *L'Intervalle perdu*, Librairie des Méridiens, 1984.

continus que génèrent notamment dans les villes la permanence du trafic routier, la persistance des déplacements ou des activités pendant la nuit, le fonctionnement ininterrompu des équipements électriques ou électroniques...). Que ce soit par la faible intensité ou par la discontinuité qu'il permet de réintroduire dans l'environnement sonore, le silence apparaît donc comme une question pertinente pour l'aménagement de l'espace sonore et du temps urbain, comme pour la reconnaissance des identités sonores de la ville.

On sait également que du point de vue socioculturel, l'accroissement récent de notre sensibilité au bruit est un phénomène important. Les raisons de cette évolution sont multiples : vulgarisation de l'écologie, individualisation de la société, accroissement des possibilités techniques de maîtrise de la production sonore. Elles doivent être rattachées à l'émergence d'un argument fort dans le développement des politiques environnementales : la lutte contre le bruit. Or, une tendance idéologique que nos travaux contribuent à démonter tend, implicitement ou explicitement, à associer la notion de silence à cet argument. En d'autres termes, on peut considérer que le « droit au silence », norme juridique latente qui est portée par les pouvoirs politiques ou associatifs au nom de la lutte contre le bruit, se mue peut-être progressivement en un « devoir du silence », norme alors sociale qui tendrait peu à peu à s'imposer insidieusement, à la faveur notamment de l'individualisation des habitudes et des modes de vie décrite par les sociologues. La menace totalitaire qui pèse sur ce type d'argumentation est évidente — elle repose d'ailleurs sur la confusion entre des notions floues que l'on tend à assimiler les unes aux autres : tranquillité publique, confort sonore et silence acoustique. Que ce soit par le biais des discours institutionnels ou par celui du comportement des usagers, la question du silence apparaît donc comme un point sensible dans la gestion sociale de l'environnement sonore urbain.

Enfin, d'un point de vue technique et technologique, on ne saurait sous-estimer l'enjeu économique et industriel que représente le marché de l'isolation acoustique : en témoignent l'apparition de nouveaux matériaux, appelés à tort ou à raison des « isolants », de nouveaux objets comme le double vitrage ou le mur antibruit et de nouvelles techniques comme celle de l'isolation acoustique active. En témoigne aussi d'une autre manière l'évolution des arguments de publicité dans les domaines les plus divers : il y a trente ans, la puissance d'un moteur était à la mesure de son rugissement (« Mettez un tigre dans votre moteur »), elle est aujourd'hui à la mesure de sa discrétion (« Mitsubishi, Silence, Puissance »). Or, ici encore, le silence, en tant qu'objectif virtuel du progrès technologique, apparaît comme un argument implicite sur lequel un consensus semble largement s'établir, alors même que ces développements sont susceptibles, dans leur prolifération et leur systématisation, de générer des effets pervers : ainsi la prolifération des murs anti-bruit le long des autoroutes ou de grandes infrastructures crée-t-elle dans de nombreux cas des coupures dommageables pour la vie sociale et urbaine comme pour le paysage à l'échelle euro-péenne. Que ce soit par le développement de nouvelles techno-logies ou par la multiplication de certains dispositifs spatiaux, la question du silence constitue donc un enjeu de taille pour la gestion économique et technique de l'environnement sonore urbain.

Ces différents aspects évolutifs font du silence un thème d'actualité et un objet de recherche complexe, dont on comprend qu'il ne peut être traité de manière simpliste, mono-disciplinaire ou dualiste. De fait, l'appréciation de l'environne-ment sonore urbain passe aujourd'hui le plus souvent par une représentation duale, qui tend à opposer le silence au bruit et qui définit implicitement le premier comme l'absence du second. Autrement dit, le silence est conçu négativement et par défaut. Et s'il cristallise les représentations de l'environnement sonore « idéal », il le fait de manière monovalente (le silence n'est désigné que par rapport au bruit) et décontextualisée (le silence est envisagé « en soi » comme une donnée absolue). Or, un tel dualisme des représentations apparaît précisément comme un obstacle à la réalisation du silence : lutter *contre le bruit* n'est peut-être pas équivalent à lutter *pour le silence*.

Des « presque rien » sonores

Silence. La polysémie du mot, en français, permet de ren-voyer la notion à trois ordres de significations enchevêtrées.

Le silence désigne d'abord l'absence de bruit, *l'état d'un lieu dans lequel aucun son n'est perceptible*. Le silence de la ville, dans cette première acception, indiquerait que l'espace urbain tend vers une absence d'émission. La référence à un tel silence suppose en ce cas des situations extrêmes, qui peuvent être générées par la réglementation (c'est la « zone de silence » à proximité de l'hôpital), par le fantasme (c'est le « logement du silence » revendiqué par certains plaignants) ou par le rituel (c'est la minute de silence dédiée aux victimes d'une catastrophe). Il n'empêche qu'elle s'inscrit au moins en filigrane dans des situations plus ordinaires d'exigence de « calme » ou de « tranquillité ». Tout se passe comme si le silence était le garant de telles notions, voire comme s'il en était la condition de possibilité. Le « calme » de la ville alors ne serait qu'un euphémisme pour désigner le silence dans sa radicalité rêvée. Pour preuve, il suffit d'un manquement au calme, toujours subjectif, pour qu'immédiatement le silence soit invoqué. On ne parle guère du silence, on l'invoque !

Et pourtant, on s'aperçoit très vite, sitôt que l'on se met véritablement à l'écoute de la ville, que cette absence d'émission n'est jamais complètement vérifiée. « Le silence, comme la musique, est non existant. Il y a toujours des sons[1]. » Le silence désigne alors moins l'absence que la présence de « presque rien » sonores, *l'état d'un lieu dans lequel les sons les plus ténus parviennent à se faire entendre*. Remarquer ses propres pas, percevoir la rumeur d'une place à proximité ou discerner le tintement d'une cloche située dans un autre quartier permet de prendre la mesure de l'espace urbain. En donnant à entendre différentes sources sonores plus ou moins proches, les paysages silencieux révèlent le pouvoir territorialisant de l'environnement sonore.

Ce premier niveau sémantique est donc dominé par la connotation *spatiale* et par la dimension territoriale du silence. La problématique est celle de l'absence d'émission — productrice de sentiment d'insécurité ou de tranquillité publique. Et cette dimension peut *a priori* être rattachée à des principes *topologiques* d'organisation de l'espace urbain — l'isolation, l'écran, l'îlot, la mise en boîte... Mais cette absence d'émission est fondamentalement relative, de sorte que ces principes topologiques ne peuvent être tenus pour des recettes d'aménagement ou des solutions universelles : ils doivent être étudiés et conçus dans leur contexte spécifique en fonction de l'échelle sonore que constitue, dans la ville, le rapport entre le proche et le lointain, entre l'ici et l'ailleurs, entre le local et le global...

Le silence, c'est ensuite le fait de ne rien dire — *le fait de rester sans parole*. Le silence de la ville, en ce second sens, indiquerait que celle-ci a cessé de « nous parler » — qu'elle a perdu

---

1. J. Cage, *Silence*, Wesleyan University Press, 1961.

son identité ou ses « signatures sonores ». Le drône urbain avale les bruits, les vide de toute signification et les banalise, de même qu'il banalise les zones ou les moments de silence qui sont censés le compenser. Homogénéisation, standardisation, normalisation et continuité des émissions ; fonctionnalisation et médiatisation des modes de transmission ou de communication ; disqualification de l'écoute et de la réception. Ni bruyant ni silencieux, le milieu sonore devient muet.

Et pourtant, le silence en ce second sens n'est pas toujours synonyme d'absence d'expression. Très souvent, il permet au contraire de qualifier les situations sociales de la vie quotidienne. Selon les cas, il est le signe de la méfiance ou de la réserve, de la menace ou de la complicité, de la prudence ou de la connivence. Tout dépend comment le silence se fait, à quel moment et dans quelles conditions. Au « silence subi », résultant d'une injonction à se taire, se substitue le « silence agi », qui module les formes de relations à autrui. Le silence alors est *la manifestation d'une manière d'être ensemble.*

Ce deuxième niveau sémantique est dominé par la connotation *sociale* du silence. La problématique est cette fois celle du *mutisme.* Celle de la communication ou de l'absence de communication entre les hommes. On sait depuis les travaux de l'école de Palo Alto que le refus de communiquer est une forme de communication. « Même le silence est une réponse » (proverbe roumain), ou plus précisément celle des qualités de mutisme — ou des modalités de communication entre les hommes. Et cette dimension paraît d'emblée attachée à un principe de sociabilité (savoir taire ou faire taire) qui nécessite de prendre en compte la capacité des citadins à intervenir eux-mêmes sur la gestion du milieu sonore.

Le silence, c'est enfin, en un troisième sens, *l'intervalle de temps pendant lequel le son est interrompu,* suspendu, en attente. Le silence de la ville, cette fois, indiquerait que l'activité va reprendre, qu'il existe des pauses et que celles-ci peuvent être révélatrices de moments d'émission privilégiés. Il mettrait l'individu en situation d'hyperesthésie, au sens où dans le silence « posé », les impressions s'intensifient et sont perçues avec une acuité plus aiguë.

Et pourtant, une fois encore, l'analyse permet de montrer que le silence, en ce troisième sens, n'est pas seulement de l'ordre du présent et de l'instant. Il mobilise aussi une durée plus ou moins longue, qui fait intervenir une mémoire du passé et une anticipation du futur. La ville se lève le matin, le bruit de fond croît progressivement. Bien que déjà disparu, le calme de la nuit reste encore dans l'oreille et sert de référence au changement d'ambiance que l'on perçoit. Inversement, la disparition graduelle des sons de l'activité humaine en fin d'après-midi annonce un silence qui n'est pas encore là mais que déjà l'on peut pressentir. Le silence engage ainsi *un mouvement de prospection et de rétrospection* d'un état sonore de la ville.

Ce troisième niveau sémantique est alors dominé par la connotation *temporelle*. La problématique est celle de la pause et plus précisément de la *dynamique de la pause* — ce qui nous projette du côté de la perception et de l'esthétique sonores. Et cette dimension renverrait avant tout à des principes de composition et d'organisation temporelle du paysage sonore urbain — la permanence, le cycle, le discret...

De ce qui précède on peut tirer, en guise de conclusion, trois propriétés fondamentales de la notion de silence qui révèlent, de trois manières différentes, le rôle déterminant du contexte (spatial, social ou temporel) dans la représentation, la perception comme dans la conception du silence.

La notion de silence est relative et fictive à la fois. Relative parce qu'il n'existe pas de silence en soi, mais uniquement par rapport à un son, une action ou une perception de niveau ou de nature différente. Fictive parce qu'il n'existe pas de silence absolu (l'absence totale d'émission sonore externe ne permet pas d'éliminer les sons intropathiques de l'organisme) et parce que « le » silence apparaît du même coup comme un horizon inatteignable. Vladimir Jankélévitch parle ainsi des « coulisses du silence » : « Au fur et à mesure que le silence s'établit, des bruits infinitésimaux, endormis dans les coulisses du silence, se réveillent et montent de ce tréfonds obscur[1]. » D'une certaine manière, le silence renvoie l'individu à lui-même et par conséquent aiguise le rapport de l'habitant à son environnement sonore.

Il n'existe pas un *silence mais* des *silences.* Si les actions politiques ou institutionnelles de lutte contre le bruit tendent à faire du silence une valeur « à sens unique » réduite, en gros, à un idéal de niveau acoustique minimal, nous avons pu montrer que les usages, les pratiques ou les représentations du silence varient fortement suivant le contexte social, spatial et temporel dans lequel il est envisagé. À la réduction monosémique de la notion, il convient donc non seulement d'opposer sa polysémie, mais

---

1. V. Jankélévitch, *Quelque part dans l'inachevé*, Gallimard, 1978.

aussi, de manière plus concrète, de montrer la diversité des façons de vivre le silence dans la ville.

Par exemple, s'il existe un silence « vide », qui n'aurait d'autre sens que de « vider » le bruit d'autrui (celui des transports ou celui du voisin) c'est-à-dire de le maintenir à distance, hors de soi ou de son logement, il existe aussi des silences « pleins » — qui offrent au contraire une multiplicité de sens possibles et de qualités différentielles. Chaque silence a sa qualité propre, qu'il s'agit de nommer et de déceler. Le silence nocturne de la ville n'est pas le silence de la même ville, désertée pendant les vacances. S'il peut être recherché, il peut aussi être redouté. S'il peut jouer un rôle répulsif ou anxiogène, il peut aussi attirer, etc.

Le silence est un révélateur. Ou encore, *le principe du silence, c'est d'agir comme un révélateur d'identités sonores.* Ce qui fait le silence, ce n'est pas tant le niveau sonore ou l'absence de sonorité que le passage d'un niveau qualitatif à un autre (changement ou rupture d'intensité, de continuité ou de sens). En d'autres termes, il faut distinguer l'objet et le principe du silence. Le « silence-objet » comme on l'a vu, peut concerner un blanc dans la conversation (silence « communicationnel et social »), une absence d'émission (silence « spatial ») ou une discontinuité (silence « temporel ») suivant le registre d'analyse que l'on privilégie. Le « silence-principe », lui, réside dans le passage de l'un à l'autre. Exemples : le silence de la foule révèle les bruits de la ville, le silence de la ville révèle ceux du voisinage, etc. Ou encore, le « silence social » révèle le « silence spatial », lequel peut révéler le « silence temporel » — et inversement : la hiérarchie entre les différents ordres qualitatifs est enchevêtrée.

De ces trois propriétés fondamentales du silence, on peut alors tirer trois principes de conception de l'environnement sonore urbain : relativiser, « pluraliser », révéler. Mais aucun de ces principes ne saurait faire recette ou être traduit en termes de réglementation. La pertinence de leur mise en œuvre et du poids relatif qu'il convient de leur attribuer ne peut être établie qu'en fonction du contexte particulier dans lequel s'inscrit le projet. Le *principe de relativité* sous-entend que l'on différencie des espaces sonores de niveaux ou de qualités différents (à l'intérieur d'un logement, à l'échelle d'un quartier ou dans la conception d'un itinéraire urbain) mais il ne préjuge pas de la nature sonore de chacun d'entre eux.

De même, le *principe de pluralité* sous-entend que l'on agisse non seulement sur des configurations spatiales, mais aussi sur la nature des échanges sociaux ou sur le rythme des activités urbaines, mais il ne préjuge pas de la modalité de ces actions respectives : création d'espaces protégés, réintroduction de la typologie de la cour, réinterprétation des formes spatiales en « baïonnette », en « coude » ou en « entonnoir » dans le dessin de la voirie, mélange ou séparation des activités, interdiction temporaire de circuler, alternance de certaines activités urbaines, etc.

Quant au *principe de révélation*, il ne peut être mis en œuvre qu'à partir d'une analyse complexe et compétente des potentialités du contexte local, social et circonstanciel : couper une rue peut générer des interactions sociales nouvelles, agir sur la fréquentation peut révéler un moment de pause dans la journée, réglementer les durées d'usage de l'espace public peut être l'occasion de donner à entendre l'échelle de la ville. Mais chacun de ces actes peut aussi produire, suivant le contexte, des effets inverses. Les principes de relativité, de pluralité et de révélation ne sont pas des recettes générales applicables dans n'importe quelle situation : ce sont des outils de conception qui demandent à être réinterprétés en fonction d'un contexte particulier.

Le phénomène Nimby

DENISE JODELET

Au cours des dernières décennies, on a souvent constaté des mouvements d'opposition, individuels ou collectifs, à la réalisation d'ouvrages présentant un intérêt public. On a regroupé ces attitudes sous le terme de « phénomène Nimby », acronyme de l'expression anglaise « Not In My Backyard », qu'on traduit en français par « Pas de ça dans mon jardin ! », ou « Pas de ça chez moi ! ». Ce terme rendrait compte d'une réaction courante qui amène à rejeter l'installation de ces ouvrages près de chez soi, même si, sur le plan des principes, on est d'accord sur leur utilité. Les réponses « Nimby » s'appliquent à une grande variété d'installations d'intérêt général, qu'il s'agisse d'équipements collectifs (infrastructures de transport routier et ferroviaire, réseaux d'approvisionnement en énergie, comme les barrages, les ouvrages de transport d'électricité) ou d'ouvrages nécessaires à la gestion de l'environnement, notamment les sites de traitement et d'enfouissement des déchets.

Les oppositions collectives sont justifiées par les dommages que ces ouvrages pourraient entraîner pour les voisins. Il peut s'agir de risques encourus par les riverains, allant de gênes sensorielles (sonores, visuelles ou olfactives) à des risques pour la santé engendrés par les pollutions causées par les ouvrages et leur utilisation, de perturbations du milieu environnant (par exemple la création de champs électromagnétiques par les lignes de haute tension, les dégagements nuisibles résultant de processus chimiques comme dans le cas des dépôts de déchets, etc.) mais il peut y avoir aussi des dégâts matériels ou symboliques infligés à l'environnement ou au cadre de vie : morcellement des terres, perte d'usage des terrains, dépréciation de la valeur des propriétés et des immeubles, entrave au développement économique et touristique, etc.

À un premier niveau, c'est donc en termes d'opposition entre l'intérêt d'individus ou de groupes locaux et l'intérêt général que se définit le phénomène Nimby. Mais, comme le montrent les travaux des sciences sociales, le problème est plus large. Depuis la fin des années 1970, le phénomène Nimby a retenu l'attention des chercheurs, d'abord aux États-Unis. D'emblée, les études ont souligné le caractère ambigu du phénomène : l'on peut y déceler à la fois des éléments rationnels et irrationnels, des connotations positives exprimant un souci de protection de l'environnement, et des réactions négatives reflétant des positions égoïstes, ou plus neutres dans le cas de la réprobation d'un projet mal conçu[1].

Les études que nous avons menées en France, notamment sur des installations de stockage et de retraitement de déchets ayant ou non cristallisé des conflits entre différents acteurs (population, associations, élus locaux, services de l'État, gestionnaires des installations) dans le district de Montpellier, la communauté urbaine du Creusot-Montceau-les-Mines, et en Île-de-France, nous amènent à poser la question de l'existence même du phénomène Nimby. Est-il légitime, sur la base des quelques situations où le phénomène a été dénoncé, de conclure à l'existence d'un processus général qui affecterait toute réponse sociale à un projet d'installation d'ouvrage d'intérêt collectif risquant de causer un détriment à l'espace de vie d'une population riveraine ? Est-il possible de confondre tous les types de riverains ? Cela supposerait que la réponse soit partout du même ordre ou utilise le même argumentaire. Or, on constate d'abord que la notion même de riverain est extensible : elle s'applique aussi bien à des groupes de personnes vivant tout près des ouvrages en question, qu'à la population résidant dans une zone plus large (commune et au-delà). D'autre part, peut-on, contrairement à ce que les recherches centrées sur les conflits d'acteurs laissent entendre, qualifier de la même façon toutes les catégories d'acteurs, militants et non-militants, instances publiques ou politiques, société civile ?

Le parti comparatif que nous avons pris pour étudier « le » phénomène Nimby a mis en évidence la nécessité d'articuler

---

1. A. Armour, *The Not in my Backyard Syndrom*, York University Press, 1985.

l'analyse avec les contextes où il se produit, qui engagent des groupes d'acteurs différents, et par là donnent à la réponse sociale des physionomies et des contenus fort divers. Quant à l'approche des arguments venant justifier la réponse Nimby, elle requiert une plus grande subtilité, dès lors qu'est prise en compte la situation de ceux qui les formulent. Les arguments ne valent pas également dans toutes les situations et ne sont pas toujours repris par tous. Ceux qui portent sur la protection d'une « image » locale et d'une identité sociale valent pour des cas de « large échelle » et sont présentés par les militants associatifs ou les opposants politiques au niveau communal ou départemental, plutôt que par les occupants des espaces immédiatement concernés.

C'est ce que montre le cas de la décharge de Montchanin, où la population fait de la seule médiatisation de l'affaire la cause directe d'une dévalorisation de la commune. Certains arguments, tombés dans le domaine public, semblent prendre un caractère stéréotypé : en particulier, tout ce qui tourne autour de la métaphore de la poubelle, et des préoccupations pour les enfants ou les générations futures. Ces arguments systématiquement utilisés par les militants sont repris par le public sans pour autant acquérir une véritable force mobilisatrice. En revanche, les arguments qui s'appuient sur les craintes concrètes suscitées par les installations de stockage et/ou de traitement des déchets, paraissent autrement efficaces. Mais, dans ce cas, deux observations méritent de retenir l'attention. Ces arguments, exprimés sous une forme souvent « catastrophiste » pour obtenir une mobilisation de la population, sont soit lancés par les militants, soit spontanément adoptés par des voisins directs d'installations dans un contexte fortement sensibilisé, comme la communauté urbaine du Creusot ou le district de Montpellier.

L'invocation des craintes opère le plus souvent dans un contexte de faible information. Elle favorise de ce fait un double travail qui va concourir à renforcer les peurs. Un travail cognitif de construction des risques, par ancrage dans les savoirs et expériences et par transfert d'information d'un champ de risques à l'autre — par exemple des processus organiques aux processus chimiques et physiques et vice versa. Un travail de l'imaginaire qui, fondé sur l'expression de malaises collectifs, comme les rumeurs ou les légendes urbaines, met en jeu les rapports de l'homme à la nature. Ces différents phénomènes rendent compte de réactions habituellement, et inexactement, qualifiées d'irrationnelles.

Une autre série d'observations contribue à jeter le doute sur l'existence de processus identiques que traduirait la réponse Nimby. En comparant ce qui s'est produit dans des sites différents, on voit que la population est lente à se mobiliser et qu'il faut, pour la faire bouger, que les conditions des installations incriminées atteignent une forme extrême dans l'insupportable ou le scandale. L'exception confirme la règle : dans le district de Montpellier et dans la communauté urbaine du Creusot, les mobilisations se développent sur fond d'affaires dont on craint qu'elles ne se reproduisent à l'identique ; le cas de l'Aulnay montre le rôle joué par les leaders politiques et associatifs, heurtés par une action autoritaire des pouvoirs publics, pour développer de manière centrifuge un mouvement associant les habitants de façon très épisodique. Celui du Mantois, enfin, illustre la difficulté que rencontrent les associations de défense des riverains et de l'environnement, pour entraîner la population dans leur refus, quand les installations de stockage et de traitement des déchets présentent certaines conditions d'acceptabilité, quand un consensus est établi entre le pouvoir local et les gestionnaires des installations, et quand un effort d'information existe même s'il ne manque pas de susciter des doutes légitimes.

Les enquêtes menées dans la communauté urbaine du Creusot et le Mantois permettent de définir les conditions d'« acceptabilité » des installations de traitement des déchets qui permettent d'éviter les réponses de type « Nimby ». En premier lieu intervient leur localisation : elles ne doivent pas être trop proches des habitations, ne pas être visibles et être isolées. On parle de « région désertique », de « zone interdite », à l'intérieur d'un espace que l'on imagine aussi bien intercommunal qu'européen. En second lieu, la question de la quantité paraît déterminante : on se dit prêt à accepter des installations qui reçoivent des déchets venus de lieux proches (principe de proximité), dont le volume est restreint et la durée de vie courte. Cela permet de réduire les nuisances et les risques.

D'autres critères portent sur la sécurité des installations. Qu'il s'agisse de stockage ou de traitement des déchets, celles-ci doivent être conçues de façon à garantir contre les risques de pollution de l'environnement. De ce point de vue, on peut difficilement établir une typologie des attitudes qui vaudrait aussi bien pour les formes de stockage que pour l'incinération. La préférence pour un mode d'élimination ou un autre semble dépendre d'une part de facteurs très personnels qui engagent le rapport à la nature et à la destruction, d'autre part de positions qui peuvent avoir un caractère doctrinal ou opportuniste[1]. Ainsi l'on voit les militants écologistes s'élever contre un usage systématique de l'incinération en raison des pollutions qu'elle produit et de la difficulté de résorber les déchets ultimes ; l'incinération ne devrait concerner que les produits qui n'ont pu faire l'objet ni d'une élimination naturelle par dégradation organique, ni d'une forme de récupération, recyclage ou compostage. En même temps, quelques militants d'associations de défense des riverains se montrent favorables à l'incinération parce qu'elle implique d'une part une élimination rapide et radicale des déchets et d'autre part des installations suffisamment importantes pour qu'elles ne puissent être envisagées à proximité.

La sécurité implique également une surveillance de l'exploitation des centres de stockage et/ou de traitement des déchets. Cela signifie un contrôle des produits reçus pour éviter les risques liés à la toxicité des déchets et s'assurer que viennent en décharge uniquement des produits qui n'ont pu être retraités. Le contrôle peut aussi porter sur la qualité des modes d'enfouissement et de traitement. Cette notion de contrôle est fondamentale : on imagine un contrôle exercé par des commissions mixtes où les représentants de la population collaboreraient avec des scientifiques, des techniciens des services publics et les autorités locales. À cette notion de contrôle, est liée celle de transparence, c'est-à-dire l'accès aux informations sur le fonctionnement des installations. Mais cette revendication est le plus souvent exprimée comme un vœu pieux : l'on est persuadé que les spéculations économiques régissant la gestion des installations ne le permettront pas. Rares sont les personnes qui croient possible d'éviter le jeu des intérêts privés, et d'assurer ainsi un véritable sentiment de sécurité.

Ce que l'on appelle le phénomène Nimby repose donc moins sur un rapport à des objets — déchet et décharge — qui se sont banalisés en devenant des problèmes de société, que sur des représentations sur leur gestion. Deux systèmes de représentation jouent un rôle déterminant : d'une part, les constructions relatives aux risques que présentent les installations, les produits traités ou entreposés, d'autre part, les conceptions des responsabilités engagées par les insuffisances de la gestion et les améliorations possibles. S'agissant des risques, les processus cognitifs et imaginaires s'articulent sur les insuffisances de l'information

---

1. Sur les attitudes à l'égard de la récupération et du tri des déchets, voir plus loin Isabelle Monforte, « De la récupération au recyclage ».

technique et scientifique. Le discours social véhiculé par les médias et les mouvements associatifs et écologiques qui entretiennent l'incertitude et le sentiment de dangers futurs, jouent un rôle important. L'inconnu est un facteur puissant d'inquiétude et de doute. Il encourage un rapport ambivalent à l'information : à la fois on désire obtenir celle-ci et on souhaite l'ignorer pour maîtriser la peur. Cette ambivalence renforce aussi les doutes que l'on peut avoir sur l'authenticité des informations diffusées par les gestionnaires des installations et les responsables de l'administration, et des instances politiques locales, chargées de les autoriser et de les contrôler. Tout se passe comme si l'on était en présence d'un emboîtement d'aliénations.

Sur le plan idéologique, politique ou doctrinal général, on rencontre peu de positions radicales. Rares sont les personnes qui font du problème des déchets un des méfaits du capitalisme et adoptent une attitude révolutionnaire. Dans l'ensemble, la population interrogée adhère aux contraintes de la société de consommation et du système de production industrielle. Quelques personnes confient aux consommateurs-citoyens un rôle de réforme et de compensation des défaillances du système. Mais d'une manière générale, c'est sur un fond de méfiance sociale que l'on préconise une intervention de la société civile pour résoudre la crise provoquée par la surabondance de déchets. Cette méfiance s'étend même aux associations de défense de l'environnement, dont le langage paraît en décalage avec les besoins de l'économie. Mais curieusement, on s'accorde pour penser que l'économique et l'écologique sont compatibles et espérer que l'accroissement des exigences de protection de l'environnement sera source d'emploi et de développement économique.

Cela conduit à conclure qu'aujourd'hui l'implantation de sites de stockage et/ou de traitement de déchets industriels peut être acceptée, à condition de respecter les demandes de la population et de favoriser sa participation. La réponse sociale peut être positive si certaines garanties sont socialement et politiquement assurées et si l'on donne une information sérieuse concernant le devenir des produits traités ou stockés. En cette matière l'État et les pouvoirs publics jouent un rôle essentiel.

BIBLIOGRAPHIE

ARMOUR A., *The Not in my Backyard Syndrom*, York University Press, 1985.

BERTOLINI G., *Implantation d'un centre de traitement des déchets industriels dans un contexte régional : approche sociologique et sociopolitique*, ANRED, 1991.

JODELET D., MOULIN P. et SCIPION C., *Représentations, attitudes et motivation face à la gestion des déchets. Autour du phénomène Nimby,* ministère de l'Environnement, 1997.

JODELET D. et SCIPION C., « Quand la science met l'inconnu dans le monde », *in* J. Theys et B. Kalaora (dir.), *La Terre outragée,* Autrement, 1992.

TROM O., « De la réfutation de l'effet Nimby comme une pratique militante », *Revue française de science politique,* 1999.

Le phénomène Nimby

JODELET D., MOULIN P. et SCIPION C., *Représentations, attitudes et motivation face à la gestion des déchets. Autour du phénomène Nimby,* ministère de l'Environnement, 1997.

JODELET D. et SCIPION C., « Quand la science met l'inconnu dans le monde », *in* J. Theys et B. Kalaora (dir.), *La Terre outragée,* Autrement, 1992.

TROM O., « De la réfutation de l'effet Nimby comme une pratique militante », *Revue française de science politique,* 1999.

De la récupération au recyclage

Isabelle Monforte

Au cours des vingt dernières années, se sont développés de nouveaux systèmes de gestion des ordures ménagères visant à favoriser le recyclage. Après l'installation de déchetteries ou de conteneurs pour le verre puis pour le papier et le plastique, les collectivités locales s'orientent, pour des raisons techniques, vers la collecte sélective à domicile. Le bon fonctionnement de ces programmes repose sur une participation accrue des habitants qui doivent adapter leurs pratiques ménagères à cette nouvelle exigence du tri.

Outre des motivations d'ordre civique ou écologique, cette transformation des comportements peut-elle s'appuyer sur des traditions de réutilisation domestique des rebuts ou est-elle au contraire favorisée par des modèles de consommation fondés sur le « tout jetable[1] » ? La communauté urbaine Le Creusot-Montceau-les-Mines offrait un terrain propice à l'étude des conditions de ce changement. Situé dans une région de tradition agricole, ce territoire, constitué de seize communes, se caractérise par son histoire industrielle (les usines métallurgiques Schneider au Creusot) et minière (à Montceau-les-Mines) et l'importance de sa population ouvrière. L'habitat essentiellement composé de maisons individuelles a permis à celle-ci de

---

1. Sur les relations entre adhésion aux principes et pratiques réelles de tri, lire plus loin Bruno Maresca, « L'exigence écologique, de l'adhésion à la pratique » ; sur les réactions provoquées par l'affaire de la décharge de Montchanin, lire plus haut Denise Jodelet, « Le phénomène Nimby ».

conserver des habitudes paysannes d'autoconsommation et de développer des pratiques de bricolage liées à son activité de production. Ces traditions coexistent aujourd'hui avec des modes de vie liés à la mobilité sociale des jeunes générations et à l'essor de l'habitat collectif.

La population de cette zone a été particulièrement sensibilisée au problème de la gestion des déchets suite à l'affaire de la décharge de Montchanin (une des communes de la communauté urbaine) qui a éclaté en 1998. Les interrogations suscitées depuis plusieurs années par les dysfonctionnements de ce site (odeurs nauséabondes, dépôt de produits dangereux) ont alors été reprises dans les médias nationaux, qui ont dénoncé notamment la présence des fûts de dioxine en provenance de Seveso[1]. Ce véritable « traumatisme écologique » a notamment conduit les pouvoirs locaux à s'engager dans un programme novateur de traitement des déchets ménagers impliquant la mise en place d'une collecte sélective.

Cette situation permettait d'explorer les dispositions de la population à participer à ce projet et plus particulièrement d'analyser le passage d'une éthique domestique traditionnelle à des comportements motivés par des valeurs environnementales modernes. Nous avons centré notre étude sur les ouvriers de l'ex-groupe Schneider au Creusot dont les modes de vie ont été marqués par des pratiques de bricolage et de récupération des matériaux, à la maison et à l'usine. Ces habitudes ont induit un rapport spécifique à l'objet qui fonde les comportements quotidiens de conservation et d'élimination des objets et déchets ménagers[2].

---

1. Dans cette ville de Lombardie, en 1976, une fuite de dioxine dans une usine de produits chimiques entraîne l'évacuation de la population.

2. D. Jodelet et I. Monforte, « L'usage des déchetteries, pratiques et pratiquants dans la communauté urbaine du Creusot-Montceau-les-Mines », EHESS – Écomusée du Creusot, 1997. D. Jodelet et I. Monforte, « Pratiques et représentations des habitants de la communauté urbaine du Creusot-Montceau-les Mines concernant les déchets », EHESS – Écomusée du Creusot, 1995.

Bricole et bricolage :
l'usage des objets et des matériaux

Fabriquer ou réparer des objets pour soi sur le lieu de travail, avec des matériaux et des outils de l'entreprise, est une pratique couramment appelée « perruque ». Sous le nom de la « bricole », c'est au Creusot une tradition liée à l'histoire et au fonctionnement des industries locales. Au sein du système paternaliste Schneider qui organisait l'ensemble de la vie de ses employés (maladie, scolarité, logement...), cette fabrication parallèle apparut comme une forme d'appropriation des ressources de l'« Usine » par ses ouvriers et une forme d'expression de leur identité sociale et professionnelle. La bricole permettait à chacun, quelle que fût sa place dans la hiérarchie des métiers instituée par le patron, de faire la preuve de son savoir-faire et de maintenir une solidarité ouvrière menacée par l'organisation du travail. En effet, la fabrication de ces objets mettait en œuvre tout un système d'échanges fondé sur la réciprocité où chacun apportait ses compétences ou les matériaux et l'outillage liés à son poste de travail. « Le mouleur qui voulait un gaufrier en état de marche, il fallait qu'il en fasse trois », explique un électricien retraité : le premier pour lui, le second pour l'électricien qui montait les résistances électriques, et le troisième pour « l'ajusteur qui faisait les charnières et le finissait ».

Destinés à un usage domestique, ces objets témoignaient à la maison, dans le quartier, du savoir-faire de ces ouvriers et de leur participation à une production industrielle prestigieuse à laquelle s'identifiait, et s'identifie encore, la ville. Lors de la préparation d'une exposition sur ce thème pour l'écomusée de la communauté urbaine, nous avons ainsi recensé une centaine de « bricoles », toujours présentes dans nombre d'intérieurs : petit mobilier, bagues, ustensiles ménagers, matériel destiné à la chasse, la pêche, ou le jardinage... « Tous les foyers creusotins y compris ceux où personne ne travaillait à l'Usine avaient leur caisse à charbon, leur seau et leur pelle faits à l'Usine », se souvient un ancien modeleur. Offerts aux parents, voisins ou amis, ces objets ont circulé à travers les réseaux de sociabilité, et permis à l'ensemble de ce groupe social d'accéder au « superflu » — jouets, aménagement et décoration de la maison.

Le bricolage introduit dans l'univers domestique certaines des valeurs mises en œuvre par la « bricole ». Outre ses motivations pratiques et économiques, il offre l'occasion de rendre service, d'entretenir les relations de voisinage ou d'amitié et d'exprimer son savoir-faire. En fonction de sa spécialité ou de son habileté, on fabrique un tuyau pour le poêle du voisin, on lui répare sa serrure. Mais à la différence de l'activité technique exercée à l'usine, le bricoleur doit dans son atelier, « s'arranger avec les moyens du bord ». Si son savoir-faire réside, comme celui de l'ouvrier, dans son aptitude à trouver les « combines » nécessaires à la fabrication ou la réparation d'un objet, il doit aussi savoir « tirer parti » des ressources dont il dispose. « C'est l'esprit bricoleur, c'est pas l'esprit radin. J'aurais pu tout aussi bien les acheter mais ça m'aurait pas fait si plaisir (que) d'avoir pensé qu'on pouvait en faire ça », raconte un ouvrier retraité. Le bricolage associe au plaisir de la réussite technique, la satisfaction de trouver un nouvel usage aux matériaux et de valoriser le travail de transformation déjà effectué sur les pièces réutilisées. Cette activité conduit aussi à accumuler un stock de « chutes » ou d'objets récupérés au gré des occasions. Elle a ainsi renforcé les habitudes de conservation et de réemploi issues du monde rural et leur a donné une signification particulière.

Dans un contexte économique difficile, imprégné des pratiques d'autoconsommation paysannes, se débarrasser de ce qui peut encore servir est considéré comme du gaspillage. « Un tambour de machine à laver, ça va bien pour mettre les carottes l'hiver », souligne un ancien agriculteur. La conservation des objets et des matériaux issus de la consommation quotidienne répond ici à un double souci : se prémunir contre une pénurie éventuelle (« la peur de manquer » prégnante pour une génération qui a connu les privations liées à la guerre) et anticiper un besoin futur (« ça peut toujours servir »). En vertu de ce principe économique de prévoyance, les objets sont envisagés en fonction d'une utilité potentielle plus large que l'usage pour lequel ils ont été conçus.

L'importance de l'activité technique au sein de la culture ouvrière creusotine associe à cette notion d'utilité potentielle les dimensions symboliques liées aux relations de don et d'échange que les objets permettent d'instaurer et au savoir-faire qu'ils représentent. Elle les crédite d'une valeur intrinsèque qui fonde les pratiques de récupération : « Récupérer, c'est une façon d'observer et ne pas passer à côté des choses sans les voir », explique un retraité des usines du Creusot.

Ce rapport spécifique à l'objet s'est perpétué chez les générations suivantes. La notion d'« utilité potentielle » est partagée par l'ensemble des personnes natives de la communauté urbaine, quel que soit leur âge ou leur profession, témoignant ainsi du double enracinement d'une culture ouvrière au Creusot et minière à Montceau-les-Mines sur des modes de vie rurale. Les pratiques de conservation se sont toutefois atténuées, notamment chez les moins de 40 ans, et ne sont plus motivées par le principe de prévoyance pour l'avenir. Mais on s'interroge toujours sur les usages possibles d'un objet avant de s'en débarrasser : « Parfois je stocke, nous raconte une employée de 32 ans née au Creusot, je me dis "ça peut servir", (mais) j'ai le réflexe de me poser la question alors que mes parents systématiquement, ils gardent. » Les descendants d'ouvriers creusotins continuent à apprécier la valeur d'un objet en fonction de l'utilité qu'il peut avoir, pour eux-mêmes mais aussi pour d'autres. Ils demeurent sensibles au travail nécessité par la fabrication de celui-ci et à l'histoire qu'il incarne. Ces dimensions sociales restent d'autant plus vivaces que ces personnes continuent à pratiquer bricolage et récupération.

La population de la communauté urbaine ne forme pas pour autant un isolat culturel : elle a bénéficié du mouvement général de mobilité sociale et de l'évolution des modes de vie. Mais la prégnance des valeurs liées à la culture locale a limité la diffusion, d'une conception « utilitariste » moderne. Une telle conception serait moins une question d'âge que d'adhésion à un modèle consumériste, pour lequel les objets sont faits pour être renouvelés, donc éliminés dès qu'ils ne remplissent plus leur fonction première, ou qu'ils ne correspondent plus au goût du moment. « Dès que j'en ai marre, allez hop, je jette ! », note une jeune femme de 29 ans originaire du sud de la France.

La gestion des déchets ménagers

Dans la gestion des déchets, les valeurs traditionnelles attachées aux objets se traduisent par des pratiques de tri et de récupération qui vont connaître une transformation quand on passe des anciennes aux nouvelles générations. Ce changement va notamment affecter les significations attachées au recyclage. Situé au point d'articulation entre les principes traditionnels de réutilisation des matériaux et une éthique écologique moderne, le recyclage occupe une place centrale dans les opinions et attitudes sur la gestion des déchets.

En vertu de leur éthique domestique, les plus âgés ont l'habitude de trier les déchets issus de la consommation quotidienne en fonction de leur utilisation : ce qui est putrescible est destiné au compost, ce qui est comestible aux lapins ou volailles... « On ne jette rien », disent d'emblée les retraités interrogés. Ce qui n'est pas utilisable en tant que tel est incinéré : la combustion contribue au chauffage domestique, les cendres sont répandues dans le jardin. Il s'agit à la fois de « faire le moins de déchets possibles » et de « tirer parti » des rebuts. « Tirer parti » ne se réduit pas à une réutilisation domestique mais renvoie à une valorisation matérielle ou financière de l'objet dans les circuits d'échange social. Vendus dans le passé à des entreprises locales, chiffons, papier, ferraille... sont donnés aujourd'hui à des personnes nécessiteuses qui pourront en tirer profit, ou à des associations qui redistribueront les objets réutilisables ou les gains issus de leur vente.

De ce point de vue, déposer des rebuts à la déchetterie peut être assimilé à du gaspillage : « (À la déchetterie), il est totalement fichu », « on ne sait pas à qui ça bénéficie », déclarent d'anciens ouvriers du Creusot. Aussi utilise-t-on cette installation comme une décharge, où l'on abandonne ce qui est « incombustible, irrécupérable » et ne peut servir à personne. De cette façon, on manifeste son civisme et son respect de la propreté du cadre de vie. « Comme ça, ça ne traîne nulle part », souligne un retraité. Le succès relatif des conteneurs ne s'explique pas non plus par la perspective du recyclage du verre, mais par l'objectif annoncé initialement d'aider la recherche contre le cancer et par le souci de préserver la sécurité des éboueurs et des particuliers. Le recyclage des déchets paraît offrir des possibilités de réutilisation des matériaux, mais ces personnes âgées estiment mettre en œuvre ses principes depuis toujours : « Je suis né paysan et on en faisait de l'écologie », nous dit un ancien ouvrier électricien.

Les générations suivantes originaires de la communauté urbaine continuent à trier leurs déchets. Elles utilisent largement les conteneurs à verre et — à la différence de leurs aînés — les déchetteries. L'affaiblissement, parmi les jeunes ménages, du modèle d'autoconsommation liée à l'économie rurale (jardin, animaux) les conduit en effet à transférer le principe de la réutilisation domestique sur la gestion collective des rebuts : « Du moment que ça peut servir, on le met de côté, ça sert pas à nous mais enfin », explique une employée de 35 ans. Le recyclage s'inscrit dans une perspective utilitariste qui valorise la transformation des déchets en objets destinés à réintégrer les circuits de la consommation. La réutilisation des matériaux demeure ainsi assortie d'une fonction sociale.

Cette habitude de tri peut favoriser la participation au programme de collecte sélective à domicile prévu par les pouvoirs locaux. Mais elle reste orientée, notamment chez les descendants des familles ouvrières creusotines, par le désir de limiter le gaspillage et de réduire le volume des déchets. Leur expérience de la transformation et de la récupération des matériaux, les conduit à se montrer critiques envers le recyclage. Ce nouveau mode de traitement est identifié à un procédé industriel. On craint donc qu'il n'entraîne des nuisances pour l'environnement et on le juge irrationnel d'un point de vue économique et social, dans la mesure où il consiste à détruire le rebut pour produire un nouvel objet, semblable au premier. On préconise plutôt le développement de produits biodégradables moins polluants et on continue à privilégier la réutilisation directe, qui permet de prolonger la vie de l'objet et ses usages : « Je préfère donner le papier aux écoles [...]. Le papier recyclé sera détruit après. Là il a encore une utilité à un moment donné », affirme un fils et petit-fils d'ouvriers de Schneider.

On observe toutefois un glissement de ces valeurs chez les plus jeunes. Alors que les plus de 40 ans se montrent surtout préoccupés, comme leurs parents et grands-parents, par la propreté de leur cadre de vie, leurs cadets manifestent un sens plus aigu de la menace pesant sur la nature. Cette sensibilité « environnementale » conduit les moins de 30 ans à envisager le recyclage en termes d'économie de matières premières et de protection des ressources naturelles. Leur conscience écologique inclut néanmoins les aspects les plus concrets de la gestion des ordures ménagères. On peut donc attendre d'eux une pratique effective du tri et une implication plus importante dans un programme de traitement des déchets qui prendrait à la fois en compte cette sensibilité écologiste moderne et les valeurs traditionnelles liées à la récupération et la réutilisation des matériaux.

En revanche, les personnes venant d'autres régions manifestent une conception globale des problèmes environnementaux où les déchets ménagers interviennent peu sauf s'ils sont accumulés sous forme de décharge. Pour elles, le recyclage permet avant tout de préserver la nature des effets nocifs de l'incinération ou de l'enfouissement et contribue à une gestion optimale des ressources. Mais l'adhésion à ces valeurs écologiques, éloignée de l'univers du quotidien, ne conduit pas à des pratiques réelles de tri, exception faite du verre : « C'est difficile de mobiliser les gens, il y a rien de vraiment concret justement dans les déchets, à la limite faudrait voir crever ses plantes », regrette un technicien de 30 ans. De même, la collecte sélective reste un principe : on déclare s'y associer, non sans réserves sur les contraintes matérielles qu'elle apporte.

L'étude des valeurs culturelles investies dans la gestion des déchets domestiques souligne l'importance que peut prendre la valorisation des réutilisations possibles des matériaux dans une mobilisation de la population en faveur du tri sélectif. Pour les personnes qui associent le recyclage à la protection de la nature, celui-ci reste une notion vague et séparée de la gestion des ordures ménagères. Assortie d'une fonction de récupération et d'une utilité sociale, elle prend vraiment corps et donne sens à des pratiques qui ne se réduisent pas à éliminer les rebuts de la consommation domestique. Mais pour toucher des classes d'âge, des catégories socioprofessionnelles et des milieux culturels différents, il faudrait mettre en lumière une double finalité : prolonger la vie des matériaux au sein de circuits identifiés et préserver les ressources naturelles.

L'exigence écologique :
de l'adhésion à la pratique

Bruno Maresca

En vingt ans, entre la fin des années 1960 et les années 1980, les questions d'environnement se sont imposées comme des préoccupations majeures, aux individus comme aux nations[1]. Le souci de l'environnement transcenderait les clivages sociaux, marquerait le progrès d'un humanisme universaliste et l'affirmation de valeurs postmatérialistes. Au niveau de l'opinion, ce nouvel enjeu social est aujourd'hui remarquablement consensuel[2] : si au début de la décennie 80, 56 % des Français adhéraient à l'idée que « la protection de l'environnement et la lutte contre la pollution [représentent] un problème urgent et immédiat » plutôt que « un problème pour l'avenir », ils étaient 76 % au milieu des années 1990 (enquêtes Eurobaromètres, 1982 et 1996).

Le même mouvement de progression est à l'œuvre au niveau des pratiques « écologiquement correctes ». En 1980, 40 % seulement des Français répondaient positivement à la question : « Vous semble-t-il possible, pour vous personnellement, d'agir pour préserver l'environnement ? », et la plupart de ceux-ci estimaient qu'une telle action ne pouvait se faire que « dans le cadre d'associations locales » (enquête SOFRES pour le ministère de l'Environnement, 1980). À la fin des années 1990, à la question : « Y a-t-il des choses que vous vous imposez pour contribuer à

---

1. Voir plus loin Jean-Luc Volatier, « Vision du Nord, vision du Sud ».
2. Voir plus haut Georges Hatchuel, « Dans l'opinion, une préoccupation généralisée ».

préserver l'environnement ? », 80 % des individus ont une réponse qui traduit une implication concrète, quoique plus ou moins affirmée (enquête CRÉDOC, 1996). À la lumière de cette question, on constate que les moyens de mettre en pratique le souci environnemental ne manquent pas : trier ses déchets, acheter des produits labellisés (respectant l'environnement, recyclables, issus de l'agriculture biologique, etc.), économiser l'eau et l'énergie, privilégier les modes de locomotion les moins polluants, contribuer à protéger les milieux naturels et les espèces sauvages, se mobiliser pour les causes environnementales, sont autant de modes d'action dont la grande majorité des individus partage le bien-fondé.

De la propreté au tri des déchets

Néanmoins pour la majorité, l'idée de participer à la préservation de l'environnement se limite aux codes moraux traditionnels de la propreté. Le principe le mieux intériorisé est le plus élémentaire : « ne pas jeter de papiers par terre » est une règle de bonne conduite que 60 % des individus évoquent spontanément. Un individu sur cinq en reste là : « Je ne crois pas que je fasse quoi que ce soit pour préserver l'environnement, sinon les choses les plus élémentaires, comme ne rien jeter par terre. » Aujourd'hui, néanmoins, les codes traditionnels de la propreté s'élargissent à de nouvelles conduites qui visent l'élimination des déchets : *trier les ordures, les jeter au bon endroit*, sont évoqués par 50 % des Français.

Le tri des rebuts motivé par l'objectif de recyclage s'est, en très peu d'années, imposé comme un nouvel « acte civique », disqualifiant définitivement l'ancien système de l'élimination par le biais des décharges. « Éduquer ses enfants à respecter l'environnement, ne pas jeter par terre, trier les ordures, les jeter au bon endroit » résument bien les dimensions de la protection de l'environnement intériorisées par le plus grand nombre. La moitié des individus évoquent, spontanément, soit le souci de trier les ordures (33 %), soit l'habitude de porter le verre, le papier, voire d'autres matériaux, dans des containers (20 %[1]). Jusque dans les années 1980, la plupart des villes s'interro-

---

1. Voir plus haut Isabelle Monforte, « De la récupération au recyclage ».

geaient sur la capacité de la population à accepter l'introduction de la collecte sélective des ordures ménagères, ce nouveau mode de gestion qui suppose que les foyers consentent à trier leurs déchets. Or les Français ont d'emblée adhéré à ce principe.

Toutefois, il n'est pas inutile de s'interroger sur l'intensité de leur pratique. Les écarts sont, en effet, significatifs entre les 85 % de Français qui se disent prêts à pratiquer le tri, les 69 % qui déclarent pratiquer « régulièrement » le tri du verre usagé (enquête CRÉDOC-IFEN, 1998) et les 11 % qui évoquent cette pratique spontanément quand on leur demande de citer ce qu'ils s'imposent pour contribuer à préserver l'environnement (enquête CRÉDOC, 1996). Les enquêtes menées sur les sites où ont été mis en place des dispositifs de collectes sélectives, indiquent que pour 60 % des individus, le tri reste une tâche plutôt contraignante[1]. Globalement, la part des ménages qui participent au tri avec régularité reste en deçà de 50 % : 20 % le font par idéal écologique, pour favoriser les recyclages, 25 % par civisme, que ce soit au nom de la propreté, de comportements économes ou de la volonté de limiter les gaspillages. Par ailleurs, on peut estimer à 15 % la part de récalcitrants qui ne trient pas, soit du fait de contraintes (manque de place, de temps, problèmes de santé), soit par opposition au principe, considérant que ce n'est pas au citoyen de faire le « bénévole », et qu'il vaut mieux créer des emplois dans le secteur des déchets. Les 40 % restants sont des « suivistes » qui agissent sous la pression du « contrôle social » du voisinage. Sans être opposés au principe, les « suivistes » ont des motivations peu affirmées et, par voie de conséquence, leur tri se révèle irrégulier et souvent limité aux rebuts les plus simples à mettre de côté (le verre, les journaux, les papiers publicitaires). Cette inégale motivation des ménages a des conséquences directes sur la qualité des matériaux triés, qui obligent les gestionnaires des collectes sélectives à introduire, à l'aval de la collecte, des chaînes de tri complémentaires.

On ne peut s'étonner de constater un tel écart entre l'intériorisation des principes et leur mise en pratique régulière. Les conditions d'habitat jouent en effet un grand rôle. La place disponible dans le logement et l'existence de dépendances favorisent le stockage des déchets triés, ce qui explique que les habitants de maisons individuelles soient plus nombreux à trier que ceux de l'habitat collectif. Le cycle de vie est également déterminant :

---

1. D'après W. Riblier, SOFRES, 1996.

alors que les enfants se mobilisent facilement, les adolescents et les jeunes adultes s'investissent moins dans le tri, et les couples ayant de jeunes enfants déclarent souvent manquer de place et de temps. De ce fait, c'est chez les actifs de plus de 40 ans et les inactifs plutôt âgés que le tri est le plus régulier. La condition sociale, enfin, n'est pas indifférente : si les classes supérieures ont le plus intériorisé l'intérêt de trier, c'est plutôt au milieu de l'échelle sociale que la pratique est la plus assidue. Toutefois, le système de valeurs et la propension à s'investir dans des causes collectives influent plus fortement que la position sociale : pour la pratique du tri, comme pour la plupart des registres touchant à l'environnement, les personnes qui soutiennent ou participent à des associations, celles qui adhèrent à des valeurs plus altruistes qu'individualistes, réussissent mieux que la moyenne à mettre les principes en pratique.

La consommation « écologique »

Ainsi, entre l'adhésion aux commandements d'une morale écologique et l'adoption de comportements écologiquement corrects, la distance est toujours importante et d'autant plus accusée que les registres d'action sont plus impliquants. Si les dispositifs de tri du verre et du papier sont aujourd'hui bien structurés, les autres formes du « jeter intelligent », tels le compostage, le recyclage des piles, des médicaments, des produits chimiques, etc., restent des pratiques très minoritaires. Au-delà de l'adhésion consensuelle aux principes écologiques, il existe un faisceau de déterminismes, économiques et culturels, qui conditionnent l'affirmation de ces nouveaux codes de conduite.

Le domaine de la consommation l'illustre particulièrement bien. Les comportements d'achat sont devenus très perméables à la dimension environnementale du fait de l'accroissement des préoccupations relatives à la santé. Si le prix et la qualité des produits orientent toujours les choix, la garantie écologique paraît sensibiliser une majorité de Français. Elle l'emporte sur les autres motivations immatérielles, comme la garantie du produit régional ou l'exigence humanitaire. Sur ce terrain comme sur les autres, l'opinion adhère massivement aux principes : au début des années 1990, 88 % des individus acquiescent à l'idée qu'il est « urgent de signaler par un label les produits dont la fabrication préserve l'environnement et dont la consommation n'affecte pas la santé » (enquête INED « Populations-Espaces de vie-Environnements », 1992). Un certain nombre de produits ont été intériorisés comme signes des préoccupations environnementales : *les lessives sans phosphates, les emballages recyclables, les produits ménagers verts, les écorecharges* (pour la lessive), *les aérosols qui préservent la couche d'ozone, le papier recyclé, les produits bio* (issus de l'agriculture biologique). Mais là encore, l'image favorable de ces produits n'entraîne leur consommation régulière que chez une minorité de ménages. La moitié des Français se disent disposés à payer plus cher des « produits écologiques », ou simplement à acheter « plus de produits verts » dans les années à venir. Mais, concrètement, en 1996, 38 % d'individus déclarent avoir acheté « régulièrement » des produits biodégradables pour le ménage, 34 % des lessives sans phosphates, 20 % des produits de jardinage moins polluants, 10 % des produits de l'agriculture biologique[1]. Enfin, cette même année, quand ils ont cité, de manière spontanée, leurs modes d'implication dans la protection de l'environnement, seuls 10 % des Français ont mentionné l'achat de produits « verts » et moins de 5 % la consommation de produits « bio ».

L'attraction des produits véhiculant une image écologique illustre bien les différences d'attitudes. Les plus réceptifs sont les catégories sociales supérieures et les individus à niveau de diplôme élevé mais également les classes d'âge médianes (35-50 ans) particulièrement soucieuses de la qualité de vie offerte aux enfants. La consommation des produits « verts » et « bio » accompagne, chez les ménages à fort capital culturel, la montée du principe de précaution. Les écolabels, en particulier, exercent un attrait d'autant plus fort que les individus sont plus sensibles à la menace des nuisances et plus perméables aux valeurs universalistes. Des labels comme « protège la couche d'ozone » sont perçus comme des garanties de protection du consommateur, alors que ce n'est pas leur véritable objet.

Parallèlement, les fondements scientifiques de la notion de produits « verts » sont souvent jugés incertains, en particulier par les cadres et les jeunes générations, ce qui explique la faible progression de ce type de consommation. « J'achète des produits détergents qui sont respectueux de l'environnement — les produits verts — bien qu'ils coûtent beaucoup plus cher, je me

---

1. Ces chiffres ont tendance à progresser : en 1998, on compte 43 % de Français déclarant acheter « régulièrement » des produits biodégradables pour le ménage et 13 % des produits de l'agriculture biologique (enquête CRÉDOC-IFEN, 1998).

déplace en ville en vélo — c'est une priorité pour la qualité de l'air que l'on respire, cela pourrait contribuer à réduire le déficit de la Sécurité sociale. En matière de consommation, il faut faire attention à la composition des produits, ne pas acheter inutile, éviter les produits qui peuvent polluer l'environnement. »

De la sensibilité aux nuisances à la limitation de l'usage de la voiture

Plus directement motivé par les inquiétudes concernant la santé, le registre de la consommation paraît manifester un degré de sensibilité aux questions écologiques plus élevé que la pratique du tri des déchets. Toutefois, l'expression du civisme le plus « avancé » en matière environnementale doit être recherchée, aujourd'hui, du côté des comportements suscités par les incitations, de plus en plus fortes, à limiter le niveau de pollution induit par la circulation automobile. Cette tendance accompagne le renversement des priorités concernant la lutte contre les pollutions. Au début des années 1980, la première urgence, pour les Français, allait à la préservation de la qualité de l'eau, alors que depuis les années 1990, la question de la qualité de l'air domine largement les préoccupations. En 1998, 44 % des Français faisaient de la lutte contre la pollution de l'air la première priorité contre 12 % pour la pollution de l'eau.

Ce contexte explique que la préoccupation de la voiture occupe une place comparable à celle de la consommation des produits verts dans les citations spontanées concernant les comportements « écologiquement corrects ». Les pratiques évoquées décrivent un large éventail qui va du moins contraignant — ne pas laisser tourner le moteur inutilement, contrôler le pot d'échappement, s'équiper en pot catalytique, utiliser l'essence sans plomb, porter les huiles de vidange chez le garagiste —, au plus exigeant — réduire l'usage de la voiture en ville, éviter de prendre la voiture pour de petits trajets, utiliser les transports en commun, marcher à pied, circuler en ville à vélo, partager la voiture, acheter des voitures électriques, se passer de voiture. Toutefois, 10 % des individus seulement citent ces pratiques, soit sensiblement moins que les 23 % de Français qui déclarent « utiliser délibérément les transports en commun plutôt que la voiture pour les déplacements de tous les jours » (enquête CRÉ-DOC-IFEN, 1998).

Comme dans le cas du tri des déchets, les modes de vie contraignent fortement les comportements. Les inactifs âgés, et en particulier ceux qui conduisent peu, envisagent plus facilement de limiter de leur plein gré l'usage de la voiture ; en revanche, les jeunes (les moins de 25 ans) et les cadres actifs qui admettent mieux que la moyenne l'utilité de cette action, ne l'accepteraient que s'ils y étaient contraints (en cas d'épisodes de pollution). Les solutions alternatives envisagées sont influencées par le contexte résidentiel et des habitudes culturelles : les jeunes et les cadres sont plus disposés que la moyenne à utiliser les transports en commun, les ouvriers le vélo et le covoiturage, les retraités et les inactifs la marche à pied. Quant au cycle de vie, il joue à l'inverse de l'effet constaté dans les pratiques de consommation. C'est entre 35 et 50 ans que l'on est le moins enclin à limiter l'usage de la voiture individuelle, à la différence des jeunes et des plus âgés.

La propension à accepter l'idée d'une taxe au litre d'essence pour lutter contre la pollution atmosphérique montre bien l'incidence des différents déterminants de la pratique écologique. Un tiers seulement des Français (35 %) l'acceptait au début des années 1990 (enquête INED « Populations-Espaces de vie-Environnements », 1992). Les personnes qui l'admettent le mieux sont d'abord celles dont les conditions de vie permettent de se passer le plus facilement de voiture. Plus on réside dans une ville dense, plus on avance en âge, plus il paraît acceptable de se restreindre sur l'usage de la voiture individuelle. De plus, les ménages qui ont de jeunes enfants et ceux qui se sentent exposés aux nuisances y voient une protection de la santé. Par ailleurs, les personnes qui soutiennent les idées écologistes, celles qui ont un système de valeurs favorable aux changements et les actifs les plus diplômés admettent mieux cette contrainte financière.

Des pratiques d'aujourd'hui aux comportements de demain

Si les années 1970 et 1980 ont vu s'affirmer et s'approfondir la sensibilité aux problèmes environnementaux, les années 2000 devraient voir la diffusion dans le corps social de nombreuses pratiques manifestant la réceptivité aux exigences écologiques. L'exploration de celles-ci devient aujourd'hui indispensable à la compréhension des dynamiques sociales qui favorisent ou freinent l'incorporation de ces nouvelles normes de comportement. Le passage du niveau des opinions à la réalité des pratiques conduit à réinterroger les déterminismes, économiques et culturels, qui conditionnent ces dernières. À travers les différents registres qui ont été explorés par l'enquête de l'INED de 1992, les cinq facteurs qui se révèlent les plus déterminants, toutes choses égales par ailleurs, sont dans l'ordre : le cycle de vie (effet combiné de l'âge et du type de ménage) et l'espace résidentiel (effet de la densité de l'habitat), puis le revenu, enfin le sexe et le système de valeurs (opposition entre système de valeur conservateur et système de valeur universaliste). Ce résultat confirme que la catégorie socioprofessionnelle n'est pas, en matière de comportements environnementaux, le facteur le plus explicatif.

La préoccupation de l'environnement tend, aujourd'hui, à intégrer de plus en plus d'attentes qui touchent aux conditions de vie dans le cadre quotidien : la santé, la sécurité, le lien social, l'habitat, la mobilité, etc. Les préoccupations de santé, surtout chez les personnes âgées, l'éducation des enfants, pour les personnes plus jeunes, favorisent l'adhésion à des pratiques qui témoignent du besoin de sécurité environnementale. Le souci des enfants explique, au moins en partie, que les femmes se révèlent plus inquiètes que les hommes de l'irréversibilité des dégradations de la nature et plus convaincues de la nécessité d'agir au niveau individuel. Enfin, les classes moyennes et supérieures des grandes agglomérations apparaissent comme les « interventionnistes » les plus résolus. Plus inquiets des nuisances et pollutions, insatisfaits de leur cadre de vie en dépit des aménités de la ville, les urbains des grands centres sont les plus réceptifs à l'adoption de mesures contraignantes et les plus demandeurs d'une sanctuarisation des espèces et des milieux sauvages, notamment par le biais des réserves et parcs naturels.

Mais les écarts de comportements ne tiennent pas qu'aux conditions de vie. Un progrès de la conscience environnementale marque plus profondément les nouvelles générations, le système de valeurs des individus tout autant que leur âge influençant fortement les attitudes. Les personnes âgées, comme celles qui partagent des valeurs plutôt conservatrices, sont plus sensibles à l'ordre naturel des campagnes, en particulier aux paysages ruraux et aux pratiques traditionnelles de la chasse, qu'à la qualité écologique des espaces abandonnés au ré-ensauvagement. Elles sont moins préoccupées de nuisances et de pollutions, moins soucieuses de l'avenir, moins ouvertes à des pratiques contraignantes. À l'opposé, les individus les plus concernés par les causes publiques et qui adhèrent aux valeurs altruistes, admettent mieux le renforcement des mesures de protection environnementale et adoptent plus facilement des comportements « écologiquement corrects ». Leur mobilisation individuelle va de pair avec l'attente d'une gestion publique et d'une économie plus imprégnées d'éthique écologique. Fraction encore minoritaire, ils sont porteurs de l'idéal que véhicule le concept de développement durable et adoptent de nouvelles formes de civisme qui, selon toute vraisemblance, vont progressivement diffuser dans tout le corps social.

BIBLIOGRAPHIE

BERTHUIT F., « La protection de l'environnement, une idée qui fait son chemin », *Consommation et modes de vie*, n° 102, CRÉDOC, 1995.

COLLOMB P. et GUÉRIN-PACE F., « Les Français et l'environnement. L'enquête "Populations-Espaces de vie-Environnements" », *Travaux et documents*, INED, Cahier n° 141, 1998.

DUFOUR A. et LOISEL J.-P., *Les Opinions des Français sur l'environnement et sur la forêt*, Collection Études et Travaux, IFEN, n° 12, Collection des rapports, CRÉDOC, n° 174, 1996.

IFEN, *L'Opinion publique sur l'environnement et l'aménagement du territoire*, Collection Études et Travaux, IFEN, n° 22, 1999.

MARESCA B., *L'Environnement : ce qu'en disent les Français*, La Documentation française, 1999.

MARESCA B. et POQUET G., *Collectes sélectives et comportements des ménages*, Collection des rapports, CRÉDOC, n° 146, 1994.

II

LES ACTEURS

La nébuleuse associative

ANDRÉ MICOUD

Il est d'usage de dire que le milieu formé par les associations de protection de la nature et de défense de l'environnement est tellement complexe et mouvant qu'il serait pratiquement impossible à connaître. Les chercheurs en sciences sociales parlent même souvent de « nébuleuse écologico-environnementale ». Issu de la coordination d'une quinzaine de recherches menées dans différentes régions françaises au cours des trois dernières années, le présent article n'a pas la prétention de répondre à toutes les questions sur lesdites associations[1]. Mais à partir des travaux de ce réseau et de ceux dont on a pu prendre connaissance par ailleurs, il est possible d'avancer un certain nombre de résultats.

Les associations de protection de la nature et de défense de l'environnement apparaissent sous ces deux appellations au début des années 1970. Les plus anciennes ont donc trente ans. Mais elles sont d'origines diverses, ce qui rendra toujours leur agrégation problématique. Les associations de « protection de la nature » sont, pour la plupart, issues d'anciennes sociétés savantes départementales rajeunies par l'arrivée de nouvelles recrues venues du monde universitaire et désirant mettre leur

———

1. Ont participé à cette enquête Christophe Bouni, Philippe Brunet, Florian Charvolin, René-Pierre Chibret, Isabelle Dubien, Loïc Etiembre, Mathieu Leborgne, François Maleyson, Bruno Maresca, Patrick Matagne, Catherine Mougenot, Sylvie Ollitrault, Thomas Regazzola, Élisabeth Remy, Raymond Roland, Anne Veitl, Olivier Zentay.

savoir au service du nouveau thème tel qu'il était apparu dans les années 1960 au niveau international. Parmi les plus connues on peut citer la Fédération Rhône-Alpes de protection de la nature (FRAPNA, née en 1971), l'Association fédérale régionale pour la protection de la Nature (AFRPN, 1965), devenue Alsace nature depuis, la Société pour l'étude et la protection de la nature en Bretagne (SEPNB, 1958), la Société d'études et de protection de la nature du Sud-Ouest (SEPANSO, 1969), le Centre ornithologique Rhône-Alpes (CORA, 1969).

Elles gardent de ces origines leur intérêt premier pour la connaissance naturaliste scientifique ainsi que leur capacité à mobiliser de vastes réseaux d'observateurs bénévoles et passionnés. Souvent fondées et dirigées par des spécialistes chevronnés, elles se caractérisent aussi par un certain respect des autorités, en tout cas par une crainte vis-à-vis de tout ce qui pourrait venir ruiner les liens patiemment établis grâce auxquels elles sont parvenues à se voir reconnaître une légitimité en matière d'expertise naturaliste.

Sous le nom de « défense de l'environnement », sont d'abord nées les nombreuses associations constituées en réaction à telle ou telle agression provoquée par de grands aménagements (autoroutes, littoral, en montagne…). L'Union régionale Bretagne environnement (URBE, 1972) ou l'Union régionale Sud-Est pour la sauvegarde de la vie, de la nature et de l'environnement en Provence-Côte d'Azur (URVN, 1970), en sont les premiers exemples. Puis, peu à peu, la diffusion du terme environnement aidant, l'appellation de « défense de l'environnement » a été utilisée par toutes les petites associations qui se sont constituées en réaction à telle pollution, à telle dégradation d'un site, à tel ou tel projet de rocade ou d'incinérateur, etc.

Leur motif commun est donc celui de la défense de la qualité de la vie dans un endroit donné. La variété par contre de ces associations est extrême, qui peut aller de la mobilisation de toute une région contre un projet autoroutier, jusqu'à la simple association de résidents d'une commune qui, sous le motif de la « défense de l'environnement », se préparent parfois pour de prochaines échéances électorales.

Enfin, reste une troisième famille, qu'on pourrait dire « écologiste », elle-même très composite, à l'origine de cette floraison d'associations nées à partir des années 1970 et notamment à partir des luttes antinucléaires. Apparues un peu partout sur le territoire, les associations de ce type n'ont pas pour autant nécessairement, à la différence des deux catégories précédentes, le territoire proprement dit pour objet. Pour elles, la défense de l'environnement est une nouvelle façon de dénoncer les problèmes globaux provoqués par les sociétés industrielles. On pourra y distinguer celles qui sont issues des mouvements consuméristes — et qui s'intéressent à la santé, à l'alimentation, aux transports, aux énergies renouvelables… — et celles plus directement issues de la contre-culture post-68 et qui continuent à en porter les valeurs d'autonomie, de développement de soi et de critique des pouvoirs établis.

Ce troisième type d'associations, beaucoup moins visible sur le terrain, constitue pourtant comme un terreau commun auquel se nourrissent peu ou prou toutes les personnes gravitant dans la « nébuleuse éco-environnementale ». C'est notamment à elles qu'on doit rapporter les succès des divers salons « écologiques » où se côtoient vente de produits « verts » et forums militants[1]. Pour la quasi-totalité d'entre elles, ces associations voient peu à peu disparaître la génération des fondateurs militants à laquelle est en train de succéder une nouvelle au profil plus « gestionnaire ».

Aujourd'hui, il faut se rendre à l'évidence, aucune instance unique ne peut prétendre représenter cet ensemble multiforme ; surtout quand on y rajoutera, aux marges, la multitude des associations de loisirs de nature ou de protection des paysages ou des patrimoines ruraux qui ont inscrit la protection de l'environnement dans leur raison sociale. Une fédération nationale existe bien (France Nature Environnement) mais qui, issue elle-même du mouvement naturaliste et proche des instances du pouvoir, ne peut parler qu'au nom d'une fraction de cet ensemble. Force est donc d'aller sur le terrain pour essayer de décrire comment fonctionne cette nébuleuse associative. La réalité y est fort diverse selon les régions, mais il est possible de dégager des grandes lignes.

Une intégration locale

En conformité avec le mot d'ordre « Think global, act local » (de même qu'avec ce qu'on a vu s'agissant de leur genèse), c'est bien effectivement au niveau local que doit être saisie la structuration de ce mouvement associatif. À ce niveau local en effet,

---

1. Sur la consommation des produits « verts », lire plus haut, dans la première partie, Bruno Maresca, « L'exigence écologique, de l'adhésion à la pratique ».

qui peut aller de la petite région jusqu'au département voire jusqu'à la région, les associations ne sont pour ainsi dire pas séparables les unes des autres tant les liens entre elles sont nombreux et divers. Comme on a pu le dire, c'est à un tissu ou à un réseau que l'on a affaire, sans qu'il soit possible, sauf au cas par cas, de déterminer où se situe la pertinence des hiérarchies affichées publiquement. Ici c'est une fédération départementale qui, pendant un temps, aura su rassembler autour d'elle les associations les plus importantes, là ce seront deux ou trois associations particulières qui joueront ce rôle, mais ailleurs ce peut être par l'intermédiaire d'un réseau interpersonnel que se mettra en place une coordination pour telle ou telle action[1].

Il est donc vain de se représenter les associations comme des unités discrètes séparées les unes des autres, comme on peut le faire par un recensement, puisque c'est bien plutôt la compréhension des rapports qu'elles entretiennent entre elles qui est importante. Certes, les formes associatives discrètes ne disparaissent pas pour autant, mais elles sont plutôt à comprendre comme des moyens de capitaliser à tel ou tel endroit du réseau des flux divers d'informations, de confiance, de finances, de notoriété... qui circulent dans le réseau et à ses marges. Ces flux peuvent être de sous-traitance, d'échange de services et de compétences, de partage des informations ; ils changent évidemment dans le temps pour donner un paysage en évolution permanente.

De plus, les associations font l'objet d'une déclaration en préfecture mais ne signalent pas la fin de leurs activités. Ce fait rend les statistiques peu pertinentes mais il ne doit pas cacher que, justement par la force des réseaux interpersonnels, on peut avoir affaire à des réactivations d'associations temporairement mises en sommeil. Notoire, la très grande fréquence des pluri-adhésions complique encore davantage toutes les tentatives de repérage.

Cependant, et toujours sur ce plan de l'organisation locale, il faut remarquer l'influence d'un facteur déterminant dans la structuration du milieu associatif : celui de sa plus ou moins grande proximité avec les instances des pouvoirs locaux institués. Les associations les plus anciennes, on l'a dit, ont trente ans. Les plus importantes d'entre elles, à force d'études et d'expertises, à force aussi d'actions éducatives, ont peu à peu acquis une légitimité qui en fait des interlocuteurs respectés par les pouvoirs publics. Leurs responsables siègent dans les diverses

---

1. Lire plus loin René-Pierre Chibret, « La dynamique des réseaux en Auvergne et Île-de-France ».

commissions relatives à l'environnement, ils sont souvent des spécialistes reconnus et maintenant de plus en plus secondés par des personnels permanents qui, pour être parfois sur des statuts précaires (CES, objecteurs, stagiaires, emplois jeunes...) sont généralement diplômés de bon niveau.

Ainsi, on peut dire que dans chaque département, trois ou quatre associations au maximum, soit d'origine purement locale, soit antennes d'une association nationale (la Ligue pour la protection des oiseaux par exemple), se partagent les relations avec les pouvoirs locaux (conseil général, préfecture, directions départementales de l'agriculture ou de l'équipement...) en se répartissant le travail entre elles. Avec la prise de conscience par les élus et les techniciens de l'importance du thème de l'environnement, ces contacts entre le monde associatif et celui des pouvoirs locaux sont de plus en plus nombreux et de plus en plus institutionnalisés. Ils sont d'ailleurs le plus souvent médiatisés par des structures intermédiaires (services environnement, conseil architecture urbanisme et environnement (CAUE), centre permanent d'initiation à l'environnement, parcs naturels régionaux...) qui, mises en place par les pouvoirs locaux, servent en quelque sorte de filtres vis-à-vis des demandes ou des propositions émanant du monde associatif.

Ainsi, ladite « nébuleuse éco-environnementale » doit-elle être comprise comme dépassant le seul monde associatif *stricto sensu* pour inclure les multiples liens qu'elle entretient avec les institutions (pas seulement locales mais aussi scientifiques, médiatiques, etc.) dans lesquelles elle dispose de nombreux relais. Ce qui peut faire dire de certaines associations qu'elles sont devenues sinon des quasi-services publics du moins des prestataires de services entretenant des rapports de partenariat contractualisés avec les instances du pouvoir local.

Les plus importantes de ces associations, qui connaissent actuellement un processus de professionnalisation marqué, peuvent même être considérées comme des associations de modèle entrepreneurial. Définies par une activité productive et lucrative destinée à un marché, une professionnalisation et une stratégie de mobilisation de ressources économiques, ces associations développent un modèle d'action de plus en plus influent[1]. Cette évolution constatable sur le terrain, en même

---

1. Les exemples de la Ligue pour la protection des oiseaux (LPO)-Auvergne ou du Conservatoire des espaces et paysages d'Auvergne (CEPA) étudiés par René-Pierre Chibret sont très intéressants pour illustrer cette évolution. Lire plus loin René-Pierre Chibret, « La dynamique des réseaux en Auvergne et Île-de-France ».

temps qu'elle atteste de l'intégration des problèmes d'environnement dans la société, vient amoindrir les différences qui pouvaient exister à l'origine entre les associations naturalistes et les associations environnementalistes. Les unes comme les autres, même si c'est avec quelques différences, intègrent à présent les nécessités de la concertation.

C'est le cas notamment, de plus en plus fréquent, quand elles se trouvent avoir à gérer des espaces naturels pour le compte de différents types de collectivités territoriales. La maîtrise foncière, la négociation des usages de ces espaces avec les autres utilisateurs, l'administration et la gestion des flux de visiteurs d'un nouveau tourisme de nature qu'elles ont fortement contribué à promouvoir les obligent non seulement à de solides capacités d'administration et de gestion mais aussi à partager leurs savoir-faire respectifs. Cette intégration de la prise en compte des dimensions naturelles et environnementales pour et avec les milieux locaux, qu'elle se fasse au nom du « développement durable » ou de celui de la défense du « patrimoine » (naturel et culturel), contribue à diminuer le caractère marginal et contestataire qui est resté longtemps la marque des associations dans ce champ.

Certes, il reste bien ça et là des associations résistantes. C'est le cas notamment quand la prise en compte de l'environnement se heurte à des intérêts jugés être de rang supérieur (barrages, lignes à haute tension, tunnel, autoroute, TGV...). Parmi d'autres on peut citer SOS-Loire-Vivante, qui s'est opposé avec succès à la construction d'un barrage sur le cours amont de la Loire, ou encore Fare-Sud qui, en région PACA, a mené la lutte contre les tracés du TGV. Dans ces types de situation, les associations ont montré tout leur savoir-faire de mobilisation, que ce soit par l'internationalisation de l'enjeu, par le lobbying délégué à des grandes ONG ou par la médiatisation qui en appelle directement à l'opinion publique. C'est le cas également dans ces formes de résistance souvent vite disqualifiées sous l'appellation de nimby (not in my backyard, « pas dans mon jardin ») quand la défense de l'environnement est supposée servir de masque à la défense d'intérêts privés.

L'examen de ces dernières formes de contestation fait toutefois apparaître que, dans bien des cas, c'est le manque de transparence dans la prise des décisions publiques, ou en tout cas l'absence de concertation, qui est à l'origine de ces mobilisations[1].

---

1. Sur les relations avec les pouvoirs publics, lire plus loin Pierre Lascoumes, « Avec les pouvoirs publics, l'intérêt général en conflit ».

Loin donc que d'être seulement « environnementales », ces résistances sont aussi souvent pour ceux qui s'y engagent leur première prise de contact avec la chose publique. L'issue de ces mobilisations localisées dépend généralement de la manière dont les associations ayant « pignon sur rue » vont décider ou non de les relayer pour les intégrer dans une action plus large.

Des réalisations concrètes...

Le temps donc est dépassé de la seule contestation. Ce qui est le plus frappant à qui en observe l'évolution depuis trente ans tient dans la capacité actuelle du mouvement associatif à prendre en charge nombre de réalisations sur le terrain. Avec l'aide des pouvoirs publics certes, mais généralement de sa propre initiative, c'est tout un nouveau secteur d'activité qui apparaît et qui fait que l'on a affaire de plus en plus à des associations « responsables ». Outre l'éducation à l'environnement et la sensibilisation du public qui font de ces associations un des principaux opérateurs, pédagogique ou civique, outre les activités de gestion écologique d'espaces naturels ou préservés, ce sont aussi les activités d'étude et d'expertise qui contribuent grandement, par l'accumulation des savoirs, par la réalisation de cartes ou d'atlas, par les opérations de dénombrement, etc., à faire valoir peu à peu une autre vision de l'espace. Même s'il est moins visible qu'une « maison des oiseaux » ou qu'un « sentier botanique », ce travail opère en profondeur en obligeant peu à peu tous les acteurs à changer de regard.

Ainsi pourrait-on dire que, comme l'hygiénisme est parvenu à « faire voir » la santé publique au XIXe siècle, les associations éco-environnementales dans leur diversité même qui leur permet de toucher chacune des publics très différents, rendent visible l'environnement sur le terrain de la vie quotidienne. En veillant à l'application des différentes normes et réglementations environnementales, qu'elles soient nationales ou européennes, elles jouent aussi un rôle d'appui auprès des pouvoirs publics au plus près du terrain. Et aussi, en pointant l'importance croissante des décisions scientifico-techniques sur les qualités de cette vie quotidienne dans les pays industrialisés, elles contribuent peu à peu à élargir toujours davantage le débat politique sur le type de développement souhaitable. Les exemples récents regroupés aujourd'hui sous l'expression de la

« sécurité alimentaire », (« vache folle », poulets à la dioxine, organismes génétiquement modifiés…) en sont les dernières manifestations. L'intégration croissante entre les associations et les institutions locales n'est donc que la traduction d'une intégration plus globale des questions d'environnement devenues aujourd'hui questions de société.

Dans des espaces particuliers

Cependant les associations ne sont pas localisées n'importe où. Leur répartition géographique montre que la majorité d'entre elles ont pour site de prédilection un type d'espace particulier : la campagne à la grande périphérie des villes. Au-delà de l'espace dit péri-urbain, là où sont les résidences secondaires de proximité qui deviennent de plus en plus résidences principales, la plupart des animateurs des associations éco-environnementales sont des néo-résidents. On savait le mouvement écologique essentiellement d'origine urbaine, et animé principalement par des individus plus diplômés que la moyenne, mais l'on peut dire qu'il en est de même de sa mouvance associative. Ce sont des personnes de culture urbaine qui, avec un regard très différent de celui des ruraux habitués à vivre *de* la campagne, promeuvent une nouvelle représentation sociale de ces espaces. Les lieux qu'il s'agit de protéger ne sont plus vus comme des espaces dévolus à la production de biens, mais, offerts à la contemplation ou au savoir, ils sont des lieux de « qualité de la vie » ou d'aménités comme disent les économistes[1].

Aussi peut-on penser que là est en train d'être opérée une requalification des espaces ruraux, qui, loin de les opposer à la ville, fait que celle-ci se les réapproprie pour les transformer en de nouveaux « biens communs » à l'usage de tous, notamment pour des usages résidentiels ou touristiques. C'est dans la même optique que peut être interprétée une institution comme celle de la taxe sur les espaces naturels sensibles levée par les départements. Ainsi, suivant en cela l'expérimentation des parcs naturels régionaux (créés en 1967 et au nombre de 36 maintenant,

---

1. Sur l'origine sociale des militants, lire plus loin Tiphaine Barthélemy, « En Bretagne, un militantisme pluriel ». Sur les relations à la nature des différents groupes sociaux, voir plus haut, dans la première partie, Jean-Louis Fabiani, « L'amour de la nature ».

ceux-ci ont été institués pour promouvoir un développement économique de l'espace rural respectueux de la protection de l'environnement et ouvert aux citadins), ce mouvement associatif pourrait bien être considéré comme le vecteur de la diffusion des valeurs environnementales portées par ces institutions pionnières : dorénavant, tous les autres espaces ordinaires devraient aussi être gérés de manière « patrimoniale » (comme cela peut se voir encore dans l'engagement des parcs naturels régionaux en faveur du programme européen du réseau Natura 2000).

À ce titre, il faudra suivre avec intérêt l'implication des associations éco-environnementales dans la mise en place des mesures « agro-environnementales » en faveur d'une agriculture plus respectueuse de l'environnement[1]. Les structures intermédiaires qu'on a évoquées plus haut devraient pouvoir faciliter de telles concertations (dont les parcs naturels régionaux ont déjà une expérience vieille de trente ans) sans lesquelles des risques existent d'une fracture entre urbains et ruraux, comme l'a montré le succès du mouvement des chasseurs lors des dernières élections européennes.

La question du vivant

D'abord focalisées, à cause sans doute du poids des naturalistes dans les premiers moments, sur des espaces où la présence de l'homme était très faible (les parcs nationaux, les réserves naturelles), la protection de la nature et la défense de l'environnement se sont étendues aux espaces plus ordinaires de la vie des humains. On a déjà mentionné la part croissante prise par les questions de santé alimentaire, il convient d'y rajouter la collecte sélective des déchets (et la suppression des décharges[2]), les nouvelles orientations vers une agriculture « respectueuse de l'environnement », la pollution atmosphérique dans les villes, etc. C'est là la marque de la prise en compte

---

1. Sur les réactions des agriculteurs concernés par ces programmes, lire plus loin Marc Mormont, « Les agriculteurs, techniciens ou partenaires ? ».
2. Sur l'opinion publique, lire plus haut, dans la première partie, Georges Hatchuel, « Dans l'opinion, une préoccupation généralisée ». Sur les pratiques de récupération, lire dans la première partie Isabelle Monforte, « De la récupération au recyclage » et Bruno Maresca, « L'exigence écologique, de l'adhésion à la pratique ».

que le développement économique ne peut pas aller sans se soucier de ses retombées sur les conditions de la vie elle-même.

Après la lutte contre les pollutions et les nuisances industrielles, c'est d'ailleurs beaucoup plus l'agriculture intensive qui se voit aujourd'hui accusée de détériorer l'environnement et la santé des consommateurs. Toutefois, on n'a pas remarqué suffisamment à notre sens que dire « protection de la nature » veut dire aujourd'hui protection de la faune et de la flore, c'est-à-dire de la nature vivante[1]. Or, s'il est bien vrai que cette « nature » est la plus visible, dans sa « biodiversité » comme on dit, là où elle est restée à l'écart de sa domestication par les hommes, il n'en est pas moins vrai que, de plus en plus, notre existence quotidienne dépendra de la gestion généralisée du vivant avec le développement des biotechnologies.

Ces dernières remarques sont importantes, notamment pour faire toute leur place à d'autres composantes de la nébuleuse associative éco-environnementale et dont on n'a pas fait mention jusqu'à présent, que ce soit celles qui en appellent aux médecines alternatives, celles qui dénoncent le pillage des ressources naturelles du Sud par le Nord, ou encore celles de la sensibilité à la souffrance animale. Souvent tenues pour marginales parce que parfois associées à des formulations ésotériques (comme ce fut le cas longtemps pour les diverses associations luttant pour la santé alimentaire ou pour l'agriculture biologique), il y a pourtant là un courant associatif diffus mais très intense qui, à notre sens, préfigure des questions à venir.

Ce ne sont plus des *espaces* « naturels » en effet dont il est question ici, mais des *corps* « naturels » des êtres vivants, humains et non-humains. Si l'écologie a bien pour définition d'être la « science des relations des êtres vivants entre eux et avec leurs milieux », elle devra compter de plus en plus avec la découverte du siècle, celle de « l'unité du vivant » selon les biologistes moléculaires, pour lesquels cette unité est réductible à l'uniformité du seul matériel génétique. Or, c'est bien cette « unité du vivant » qui va permettre pratiquement de déconnecter de plus en plus lesdits êtres vivants, tant de leur génération (avec les techniques transgéniques) que de leur environnement (avec les pratiques du confinement).

---

1. Sur l'attitude à l'égard des animaux sauvages, lire plus haut Philippe Fristch, « Animaux sauvages : de la crainte à la préservation ».

Si, avec G. Simondon, on s'accorde à définir l'objet technique comme celui qui a besoin de l'intervention humaine pour fonctionner, le « vivant » est en passe de devenir de plus en plus technique. Les associations de défense de la « nature » n'auraient donc été, dans cette perspective (et dans un rapport d'analogie avec les sociétés philanthropiques du XIXe siècle défendant les droits des « travailleurs »), que celles par lesquelles les sociétés industrialisées commençaient à prendre soin de ce qui allait devenir leurs ressources futures.

BIBLIOGRAPHIE

AGOSTINI F., CHIBRET R.-P., FABIANI J.-L. et Maresca B., *La Dynamique du mouvement associatif dans le secteur de l'environnement*, CRÉDOC, 1995.

CHIBRET R.-P., *Les Associations écologiques en France et en Allemagne : une analyse culturelle de la mobilisation collective*, thèse de sciences politiques, Paris-I, 1991.

LASCOUMES P., *L'Éco-pouvoir ; environnement et politique*, La Découverte, 1994.

MARESCA B. avec la collaboration de CHIBRET R.-P., LE CONG T., AZENCOT A., *Approche de la structure du paysage associatif dans le domaine de l'environnement*, CRÉDOC, 1996.

MICOUD A., CHARVOLIN F. et REGAZZOLA T. (sous la dir.), *Fonctionnement et dynamique des associations de protection de la nature et de défense de l'environnement*, ministère de l'Environnement, 1999.

OLLITRAULT S., *Action collective et construction identitaire : le cas du militantisme écologiste en France*, thèse de sciences politiques, Rennes-I, 1996.

REGAZZOLA T., *Le Dispositif éco-environnemental formé par les groupes locaux en Allier, Puy-de-Dôme, Haute-Loire*, ministère de l'Environnement, novembre 1994.

ASSOCIATIONS

Avec les pouvoirs publics,
l'intérêt général en conflit

Pierre Lascoumes

L'action associative est classiquement présentée et perçue à travers son aspect pédagogique ou protestataire. Tels sont en effet les principaux contextes dans lesquels se nouent des inter-actions entre la population et ces groupes organisés. Les actions d'information et les actions de mobilisation associatives ont eu, et ont encore, un rôle essentiel dans la construction des repré-sentations sociales comme dans le développement des interventions publiques et privées sur des questions aussi variées que l'hygiène et la sécurité du travail, l'accueil des sortants de pri-son, le consumérisme, la lutte contre les discriminations et la protection de l'environnement.

Leur rôle est envisagé dans une moindre mesure comme contribuant à la construction et au renouvellement continu de « l'intérêt général », c'est-à-dire des valeurs et des intérêts sociaux reconnus à un moment donné comme méritant la pro-tection particulière de la puissance publique. À ce titre, ces valeurs et intérêts sont reconstruits en biens juridiques proté-gés. Les associations tiennent une place décisive dans ce pro-cessus de formalisation juridique des enjeux sociaux. Leurs actions de mobilisation sociale sont doublées d'actions de règlement des conflits juridiquement structurées. Le conten-tieux et le pré-contentieux tiennent dans ce cadre une place majeure[1].

---

1. Cette dynamique est allée en s'accentuant. Ainsi la loi du 3 février 1995 est venue préciser et compléter les pouvoirs associatifs.

Pour préciser ce rôle, je propose d'inverser le regard porté habituellement sur l'action publique. L'intérêt général n'est pas une donnée élaborée par les instances centrales politiques et administratives et mise en œuvre dans un mouvement centripète par des instances territoriales périphériques[1]. Conformément aux analyses actuelles en termes d'action publique présente, je considère cette notion comme la résultante de processus interactifs entre acteurs territoriaux et instances décisionnelles hiérarchiquement ordonnées. Dans tous les secteurs où existe une action associative organisée, le rapport centre-périphérie classique, mais aussi les systèmes territoriaux d'action publique, sont fortement médiatisés par ces acteurs collectifs. La mise en œuvre locale des politiques, c'est-à-dire l'interprétation-adaptation des directives centrales, est la résultante de l'action conjuguée de quatre grands acteurs : l'administration territoriale, les collectivités locales, l'élite socioéconomique notabiliaire et les associations. L'état du rapport de forces créé, enjeu par enjeu, conflit après conflit, permet le plus souvent de comprendre l'essentiel des décisions prises. Il éclaire aussi des disparités massives entre situations locales[2]. Pourquoi ce qui est possible ici, s'avère impossible ailleurs ? Pourquoi telle violation des règles reste ici sans visibilité, alors qu'ailleurs elle suscite une concertation de plusieurs années ?

L'action des associations doit donc être lue selon un double registre. Transversalement, elles assurent une fonction culturelle de formation qu'aucune autre institution n'accomplit (ni l'éducation ni les médias). Verticalement, elles effectuent un travail majeur de proposition pour l'action publique, de suivi de l'application des lois et de dénonciation de ses violations : elles constituent de fait, pour les plus importantes d'entre elles, de véritables para-administrations. Autant dire que ces structures fragiles, au degré de légitimité publique faible et aux compétences souvent limitées à telle ou telle spécialisation (les associations généralistes sont quantitativement l'exception) se trouvent régulièrement placées dans des

---

1. Sur cette approche *cf.* en collaboration avec J.-P. Le Bourhis, *L'Environnement ou l'administration des possibles*, L'Harmattan, 1988.
2. Un cas exemplaire est la mise en œuvre de la loi littoral et l'édification progressive d'un sens aux notions floues qu'elle contient *via* la jurisprudence. Une grande partie des hypothèses en cette matière ont été formulées par P. Gremion, *Le Pouvoir périphérique*, Seuil, 1976, et « Les associations et le pouvoir local », *Esprit*, n° 6, juin 1978.

situations fortement paradoxales. Entre éducation et participation, entre action gestionnaire, protestataire et contentieuse, la palette des rôles tenus et des attentes suscitées est
très large.

Se pose alors la question de la définition et du maintien
d'une identité spécifique. Une possible recomposition des dispositifs démocratiques se dessine là, même si beaucoup d'observateurs et d'acteurs impliqués redoutent que cette intégration
des actions associatives dans les structures publiques n'enraye,
à terme, la capacité revendicatrice et mobilisatrice, source initiale de la légitimité de ces groupements. Mais le point essentiel
est ailleurs, il réside dans le refus, ou l'impossibilité dans lesquels se trouve l'État de leur reconnaître un statut véritable et
de leur accorder des moyens de fonctionnement en accord avec
les responsabilités qu'il leur demande d'exercer à travers les procédures d'agrément. Une des principales lacunes du dispositif
d'action publique se trouve là, non pas, comme on le dit souvent, du côté associatif dans l'émiettement de leur réseau et
l'égoïsme apparent de certaines revendications, mais plutôt
dans les incohérences du positionnement public face à elles.
Pourtant, un positionnement associatif fort peut influer de
façon décisive sur les politiques publiques, comme le montre
l'exemple de la mobilisation contre l'épidémie de sida, où les
acteurs collectifs ont anticipé et stimulé la politique de santé
publique[1].

Les associations, bien évidemment, ne constituent pas un
acteur homogène et elles doivent être différenciées tant en fonction des enjeux sur lesquels elles se mobilisent que dans leur
répertoire d'action. L'intérêt défendu est l'ensemble des biens
matériels et idéels dont le groupement entend assurer la protection par son action sociale et juridique, telle que la révèlent ses
activités concrètes. Ce critère ne se limite pas à un crescendo
allant de la défense « d'intérêts égoïstes » à celle « d'intérêts
généraux ». Chacune à sa façon tend à « désingulariser ses
disputes », c'est-à-dire à transcender le particularisme de ses
revendications ou dénonciations pour les inscrire dans une
cause collective.

Nous avons ainsi distingué quatre formes de construction
des causes collectives qui différencient leur champ de compétence et leurs voies légitimes d'action :

---

1. M. Pollak et S. Rosman, *Les Associations de lutte contre le sida : éléments d'évaluation et de réflexion*, GSPM-CNRS, MIRE, 1989.

— un intérêt local ponctuel : action contre un projet immobilier, industriel ou d'aménagement ;

— un intérêt focalisé : action de protection d'une espèce ou d'un milieu spécifique ;

— un intérêt local diversifié : action de protection d'un site ou d'un milieu dans ses différentes dimensions (écologique, esthétique) ;

— un intérêt pluridimensionnel : défense d'un enjeu au plan régional ou national, soit par une fédération d'associations locales (France Nature Environnement), soit par un groupe de pression (Greenpeace, WWF, Robin des bois).

Mais dans quelle mesure ces intérêts collectifs sont-ils reconnus comme s'inscrivant dans l'intérêt public ? Il faut tout d'abord relever que les multiples résistances et les pratiques concrètes des pouvoirs publics ont régulièrement vidé de leur sens les positions de principe favorables à la participation associative. Les attitudes concrètes qui s'observent sont hautement ambivalentes, les associations étant dans leur ensemble souvent perçues comme compliquant le travail administratif autant qu'elles le facilitent. C'est pourquoi, en dehors des relations attendues de coopération plus ou moins conflictuelle, les associations soulignent, pour s'en plaindre en général, quatre autres types de relations avec les pouvoirs publics qui sont de leur point de vue beaucoup plus problématiques : exclusion (accusations d'activisme ou de non-représentativité) ; marginalisation (reconnaissance comme « bouffon » de la politique publique, cantonné à dire le « refoulé » des décisions) ; instrumentalisation (utilisation pragmatique en yo-yo) ; « phagocytage » (production directe ou par captation progressive d'associations-croupions).

Face à ces contradictions, la plupart des auteurs de sciences politiques et administratives se retrouvent sur la question suivante : en tant que lieu de mobilisation et d'action entre l'espace privé et l'espace public, le développement du pouvoir associatif préfigure-t-il une recomposition de l'organisation démocratique ? Quelle que soit l'interprétation que les uns et les autres donnent de ces phénomènes d'inclusion de l'action associative dans l'action publique, les observateurs s'accordent pour relever un double mouvement :

— d'une part, les pouvoirs publics, centraux, régionaux ou locaux ont accordé une place croissante aux associations dans la définition et la gestion de certaines politiques sociales et culturelles. Ces groupements se sont en général prêtés à cette intégration, quitte à devenir des professionnels de la « démocratie participative », auxiliaires et/ou contrepoids des spécialistes de la « démocratie représentative ». Les associations qui ont résisté à ces forces attractives sont très minoritaires et leur marginalisation les a le plus souvent conduites à des situations de culs-de-sac.

— d'autre part, cette intégration a d'importantes conséquences sur la capacité mobilisatrice des associations, sur leur organisation interne, mais aussi et surtout sur la capacité d'innovation et de revendication en termes de besoin collectif qui reste toujours la source première de leur légitimité. L'intensification des relations avec les instances politiques et administratives a produit d'importants déplacements dans cette légitimité. Celle-ci se fonde désormais plus sur la capacité de médiatisation de ces groupements que sur leur contribution à l'expression d'un besoin de changement social. Cette médiatisation est à double sens. Elle réside autant dans la capacité de relais et de transmission pacificatrice de revendications sociales que dans la diffusion et l'aide à la mise en œuvre des politiques publiques. Cependant, l'action conflictuelle n'est pas exclue de ces interactions participationnistes.

Une autre question récurrente est celle de l'impact de l'hétérogénéité des acteurs associatifs, de leurs intérêts et de leurs réseaux sur la régulation des conflits où ils s'engagent. Il faut rappeler le caractère réducteur des catégorisations dichotomiques : associations conciliatrices/conflictuelles, participatives/protestataires, savantes/politiques, « poil à gratter »/« valet de l'administration », etc. En fait, à l'observation, le registre d'action de la plupart des groupements se caractérise par une grande diversité de formes. Les enjeux mobilisateurs peuvent être préventifs (l'atteinte à l'intérêt protégé est potentielle), ou curatifs (l'atteinte est effective, il s'agit de la réparer et/ou de la sanctionner). L'analyse des conflits montre que les associations poursuivant un intérêt « ponctuel » et « local diversifié » agissent plus souvent par rapport à des enjeux de type préventif ; la proximité de leur contact avec les territoires facilite leur information et explique l'essentiel de cette tendance. Les associations poursuivant un intérêt « focalisé » agissent surtout vis-à-vis d'enjeux de type curatif ; la répartition entre les enjeux est équivalente pour les associations poursuivant un intérêt « pluridimensionnel ».

Mais il faut aller au-delà et différencier aussi les actions selon le type de procédure. Celles-ci sont le plus souvent non contentieuses (pression publique auprès d'une instance politique, contacts directs avec des décideurs privés ou publics, procédure de transaction[1]). L'action contentieuse ne découle pas forcément de l'échec d'une négociation. Il n'y a aucune linéarité nécessaire dans la résolution des conflits, les phases contentieuses et non contentieuses sont souvent entremêlées. De plus, certaines associations ont une politique d'action qui privilégie le recours au juge.

Finalement on peut distinguer cinq grands schémas d'action :

— *la recherche d'une solution pragmatique* : l'association se définit plus comme partenaire que comme adversaire. Elle pense son action en termes de négociation et non de contestation. Le conflit est investi en tant que « situation problème » à laquelle il s'agit d'apporter une solution. Le grief n'est pas qualifié en droit, il est vu comme la confrontation entre rationalités, économique et environnementale. Une idée active de la citoyenneté fonde cette action de vigilance à l'égard de la préservation du bien commun. L'action peut aussi démontrer la capacité de l'association à participer à une prise de décision, la justification est alors de type scientifique et technique. Elle oppose son expertise à celle d'une autorité.

Le choix de cette forme d'action s'explique en partie par le degré d'insertion de l'association dans le système local de régulation. L'autorité acquise permet de privilégier à certains moments une procédure peu coercitive. Mais une faible légitimité locale impose aussi ce schéma afin de préserver les rapports avec les autres partenaires. Cette démarche relationnelle est sans doute ce qui en assure la grande recevabilité sociale et en fait sa faiblesse dans les rapports institutionnels.

— *la dénonciation d'un projet ou d'une pratique* : l'association ne se contente pas de discuter, elle s'oppose. Elle construit la situation en tant que différend en créant une mobilisation afin de faire d'une situation préjudiciable un enjeu public. L'association cherche surtout à enrôler d'autres partenaires, à les impliquer pour obtenir un changement. L'association se comporte comme un révélateur, un « lanceur d'alerte », afin de susciter l'intervention d'autorités publiques au nom de son appréciation de l'intérêt général local.

---

1. D. Mondon et X. Matharan, « Parquet et protection de l'environnement, pour une politique volontariste », *Revue de sciences criminelles*, n° 2, juin 1991. P. Lascoumes, « Protection de l'environnement et ordre public » *in* « La police de l'environnement », *Les Cahiers de la sécurité intérieure*, n° 9, 1992.

— *le contrôle de légalité* : l'association s'érige en agent direct de respect du droit. Elle souligne ainsi la faiblesse des contrôles juridiques effectués par les services de l'État sous l'autorité des préfets sur les décisions des collectivités locales. Elle met en cause la légalité à géométrie variable selon les enjeux locaux, produite des interactions entre élus et représentants de l'État. Le grief est formulé en termes juridiques et l'action est fondée sur une référence à un « État de droit » malmené ou vidé de son sens par des pratiques administratives laxistes ou colonisées par d'autres rationalités (économique, technique, ou mélange des genres entre contrôle et prestation de services, par les directions départementales d'équipement et directions départementales de l'agriculture et de la forêt). L'action associative se justifie essentiellement par une « mission de service public » accomplie par substitution à celle de l'action étatique.

— *la censure d'une politique générale* : le grief porte sur un ensemble de pratiques ou le choix d'une orientation politique que l'association voudrait voir censurés. Autant le grief précédent se construit sur une rationalité juridique, autant celui-ci est à base politique. Le combat sur la scène judiciaire n'est qu'un moyen de porter dans l'espace public des pratiques générales contestées, nationales (période de chasse, implantation nucléaire) ou locales (schémas d'urbanisme, pollution des eaux). Quand une sanction est obtenue, les associations relèvent avec amertume qu'elle est plus souvent fondée sur des irrégularités de forme que de fond. Le juge administratif laisse alors à l'autorité administrative la possibilité de reprendre une décision identique en respectant cette fois les prescriptions négligées.

C'est pourquoi les associations s'autolimitent et visent souvent des décisions exemplaires, des condamnations symboliques, significatives et médiatisables. « Faire des exemples », surtout pénaux, est autant une question de crédibilité que d'efficacité.

— *l'obtention d'une compensation pécuniaire* : l'association se positionne ici en victime d'un fait dommageable. Le grief est économique et la justification de l'action très fonctionnelle. La procédure prend la forme d'un recours devant le juge civil, mais, contrairement à d'autres pays, ce schéma reste exceptionnel. Plus souvent, les associations s'adressent au juge pénal, afin d'obtenir outre une condamnation, une remise en état ou des dommages et intérêts.

Dans le règlement des différends et litiges que connaissent les associations, les schémas d'action sont donc bien différenciés ; il n'y a pas de stratégie unique. Comprendre l'action déployée par une association vis-à-vis d'une situation-problème exige de prendre en considération quatre variables : la nature de l'enjeu, la stratégie de règlement choisie, le type d'intérêt défendu par l'association et la structure du réseau à l'intérieur duquel elle agit.

BIBLIOGRAPHIE

JOLY-SIBUET E. et LASCOUMES P., *Administrer les pollutions et nuisances, analyse de deux terrains régionaux, Rhône-Alpes, Languedoc-Roussillon*, ministère de l'Environnement, 1986.

JOLY-SIBUET E. et LASCOUMES P., *Conflits d'environnement et intérêts protégés par les associations*, 1988. *Cf.* également « Action collective et intérêt général », *Informations sociales*, n° 31, 1993.

LASCOUMES P., « Les associations de défense de l'environnement, pivots essentiels des politiques publiques », *L'Éco-pouvoir, environnements et politiques*, La Découverte, 1994.

ASSOCIATIONS

La dynamique des réseaux
en Auvergne et Île-de-France

René-Pierre Chibret

Bien que de nombreux travaux aient été consacrés depuis longtemps au mouvement associatif « écolo » en France, les qualificatifs encore en usage à son égard de « mouvance » ou de « nébuleuse » sont révélateurs de l'état d'ignorance ressenti par les chercheurs face à ces associations de défense de la nature et de l'environnement. En effet l'image de l'iceberg et de sa partie immergée, donc ignorée, n'a jamais été plus pertinente que dans le cas de ce secteur associatif qui n'a toujours fait l'objet que d'analyses fondées sur des études de cas illustratives, limitées à quelques associations, en général les plus visibles, sans aucune investigation de la profusion d'associations extrêmement diverses, le plus souvent locales, instables et très peu structurées, tous traits rebelles à une étude d'ensemble.

Nous avons conçu notre enquête comme une tentative inédite d'exploration systématique et approfondie de cette *terra incognita*. Déployée dans deux régions (Île-de-France, Auvergne), et principalement deux départements (Seine-et-Marne, Puy-de-Dôme[1]), elle s'est inspirée de la méthode de l'analyse de réseau qui, sur la base d'entretiens avec un grand nombre d'associations, invitait chacune à se présenter et à déclarer quelles autres associations elle connaît et quelles sont ses relations avec elles. Nous pouvions ainsi faire en premier lieu l'inventaire des associations existantes et actives, corrélé à leur géographie et à leur

---

1. Cette enquête a été élargie par des travaux portant sur certains aspects de ce mouvement associatif en Provence-Alpes-Côte d'Azur et en Basse-Normandie.

démographie ; l'analyse de réseau permettait ensuite de dégager les structures du tissu associatif en mettant à jour les systèmes de relations existant entre associations ; enfin une vision d'ensemble de cette population associative dans sa diversité permettait d'apporter un éclairage nouveau sur les principales caractéristiques et évolutions de l'action de ces associations.

Le paysage associatif

Notre inventaire confirme l'existence dans ces deux départements d'une population associative, jusque-là invisible ou seulement soupçonnée, de très grande ampleur. Ainsi en Auvergne le nombre (215) d'associations actives, connues d'au moins une autre association et en relation avec elle, repérées à partir d'un noyau associatif central, dépasse très largement les effectifs initiaux répertoriés par la direction régionale de l'environnement (114), alors même que notre démarche conduisait à exclure les associations décédées, para-publiques et para-environnementales ; de la même manière, avec certes seulement 107 associations contre 99 selon la DIREN, on découvre toutefois en Seine-et-Marne une population pour une bonne part méconnue.

Au-delà d'un simple recensement, cet inventaire permet de voir une distribution géographique très suggestive, révélant en premier lieu le poids d'un associationnisme local. En effet, on peut vérifier que la très grande majorité des associations s'est donnée une compétence locale, c'est-à-dire un espace d'intervention situé autour de l'échelon communal : c'est le cas de 70 % d'entre elles en Seine-et-Marne, et de 57 % en Auvergne (dans le Puy-de-Dôme, la proportion atteint 70 % pour les associations que nous avons découvertes). Ce localisme, quoique moins marqué en Auvergne, se double d'une polarisation forte aux deux extrémités des niveaux territoriaux, la commune d'une part, et d'autre part le niveau supra-local, département (ou une partie de celui-ci) ou région, avec une importante présence d'associations régionales (34 %) dans le Puy-de-Dôme. Une telle répartition est en outre accentuée par le fait que le niveau départemental est surtout occupé, à côté des structures fédératives, peu nombreuses, par des associations d'usagers de la nature (pêcheurs, randonneurs, producteurs bio...), situées aux marges de ce champ associatif.

Cette distinction entre associations locales et supra-locales apparaît comme une structure fondamentale opposant par de multiples traits deux univers associatifs bien connus, les « naturalistes » et les « environnementalistes ». Les premiers se caractérisent par une aire d'intervention supra-locale, très souvent régionale et toujours vaste : en tout cas et sauf exceptions (les clubs de jeunes), il n'existe pas d'associations naturalistes limitées au niveau communal. Inversement, les associations environnementalistes inscrivent leur action dans un cadre local, gravitant autour d'une ou plusieurs communes ou d'un petit « pays » bien circonscrit, référé à un territoire défini en dernier ressort par un groupement humain de « résidents » concernés dans leur cadre de vie, leur « environnement ». S'il existe des associations environnementalistes supra-locales, ce sont alors soit des entités spécialisées ou servant de centre de ressources spécialisé, comme Le Renard en Seine-et-Marne, soit des structures à vocation fédérative, officielle comme l'Association seine-et-marnaise de sauvegarde de la nature (ASMSN), ou de fait, comme Puy-de-Dôme Nature-environnement (ex-Association pour l'étude et la défense de l'environnement en Limagne et Combrailles, AEDELEC).

En second lieu, la géographie associative délivre certaines clés de compréhension des déterminants majeurs de la création d'associations. Leur implantation dépend d'abord de la topographie des enjeux environnementaux : le tissu associatif prolifère en prenant appui sur des lieux éminents, à la fois espaces naturels remarquables et territoires où se confrontent des enjeux patrimoniaux contradictoires (forêt de Fontainebleau, forêt de Tronçais), ainsi que sur le front de progression de l'urbanisation, cette « frontière » péri-urbaine entre agglomérations et territoires ruraux, qu'il s'agisse de l'ouest de la Seine-et-Marne ou du « croissant fertile » associatif dans le val d'Allier en Auvergne (regroupant 75 % des associations).

Mais la forte concentration de la population associative dans des zones densément peuplées et l'existence de déserts associatifs dans toutes les zones rurales et agricoles (par exemple le centre et l'est de la Seine-et-Marne), y compris lorsqu'il s'agit d'espaces naturels privilégiés (chaîne des Puys, monts Dore et du Cantal), démontrent l'importance d'un autre facteur, social celui-là : en termes de recrutement, l'associationnisme environnemental est un phénomène éminemment urbain, et même plus précisément péri-urbain. Si les associations supra-locales ont leur siège plutôt dans les grandes villes, les associations locales (donc le plus grand nombre) s'épanouissent dans des villes petites et moyennes, de préférence à proximité d'agglomérations. On doit voir ici l'effet de mobiles tels que l'exigence de démocratie locale ou la manifestation d'une sociabilité locale, qui s'expriment fréquemment dans les entretiens avec les militants. Et parmi les dirigeants, la sur-représentation très accusée des professions intellectuelles supérieures et intermédiaires (autour de 60 %), c'est-à-dire aussi des citadins, atteste aussi de la dimension urbaine de ce militantisme associatif[1].

L'inventaire et le tri entre associations actives, en sommeil ou décédées, révèlent par ailleurs les caractéristiques démographiques majeures de ces populations associatives : sur la base des dates de création des seules associations existantes, on a pu dégager des phases d'expansion similaires dans les deux régions (ainsi qu'en Basse-Normandie), de 1968 jusqu'à la fin des années 1970, puis, après une récession dans les années 1980, de 1988 à 1993. Il en résulte aujourd'hui un clivage entre deux « classes d'âge », celle des associations anciennes, antérieures à 1980, relativement pérennes, la plupart supra-locales (24 % de l'échantillon auvergnat), et celle des associations récentes, locales ou spécialisées, à l'existence beaucoup plus fragile, et beaucoup plus nombreuses (60 %). De plus on a pu voir que même pour la génération la plus récente des associations (nées à partir de 1989) la mortalité est très élevée, ce qui corrobore le diagnostic d'un fort taux de renouvellement de ce secteur associatif, qui hormis un petit noyau dur apparaît extrêmement labile.

La structure du tissu associatif

L'analyse de réseau a apporté un second ensemble d'informations nouvelles sur la morphologie de ce tissu associatif. Bien qu'apparaisse une structuration formelle et institutionnelle très lâche, avec un faible degré de fédération, tant quantitatif (nombre d'associations ne sont pas fédérées) que qualitatif (faible intensité du contrôle vertical, peu d'uniformisation et de fixa-

---

1. Sur ce point et sur le recrutement social des militants, lire plus loin Tiphaine Barthélemy, « En Bretagne, un militantisme pluriel », et sur les relations des différentes catégories sociales à la nature, voir plus haut, dans la première partie, Jean-Louis Fabiani, « L'amour de la nature ».

tion des entités locales dans la durée, des rapports fédératifs souvent fondés sur un pur échange utilitaire, épisodique, sans intégration symbolique), on découvre cependant que l'on n'a pas affaire à une poussière informe de groupes.

Tout d'abord, il existe bel et bien dans chaque département ou région un champ délimité par un réseau de liens et d'échanges privilégiés : des associations en position de centralité assurent l'intégration au réseau par une fonction d'intermédiarité.

Les associations périphériques, entretenant peu de liens (malgré parfois une forte notoriété), se distinguent soit par un confinement localiste (les petites associations « isolées »), soit par des stratégies de rupture (des associations marginalisées à la suite de conflits avec le noyau central), soit enfin par un objet en marge de la défense de l'environnement (les usagers de la nature notamment). Pêcheurs (en Auvergne) et randonneurs (en Seine-et-Marne) paraissent encore intégrés au champ environnemental, mais les autres usagers de la nature n'en sont pas plus proches que par exemple les associations de jeunesse, ou à but culturel, social ou humanitaire. Il y a là des champs associatifs voisins et souvent partenaires, mais distincts. Le secteur des associations de défense de la nature et de l'environnement doit faire l'objet d'une délimitation étroite, même si ses frontières empiriques sont variables d'une région à l'autre.

D'autre part, le traitement formalisé des données de réseau permet de déterminer les structures et les processus intégratifs au réseau. Si les fédérations en titre s'avèrent être dans les deux cas des associations très centrales, elles doivent partager cette position avec d'autres entités qui jouent un rôle fédératif de fait. Ce rôle se fonde en effet sur une très grande diversité des ressources manipulables : la fédération départementale du Puy-de-Dôme, sans aucun moyen propre, et contestée par certains, doit tout à la légitimité scientifique de quelques personnalités, à sa reconnaissance institutionnelle et au soutien du « bloc naturaliste », au sein duquel, un poids lourd comme la Ligue de protection des oiseaux locale (LPO), malgré ses importantes ressources militantes, organisationnelles, financières et sa forte notoriété, reste moins central. La fédération de Seine-et-Marne, l'ASMSN, s'appuie sur une position fédérative incontestée et des ressources de réseau telles qu'une intermédiarité forte entre zones géographiques et sous-ensembles associatifs ; mais à côté d'elle une petite association locale comme Le Renard jouit d'une position éminente grâce à son rôle de centre de ressources juridiques et d'expertise ; de même que l'AEDELEC doit sa situation clé (et de quasi-fédération rivale de l'officielle Fédération départementale pour l'environnement et la nature) au fait qu'elle joue depuis longtemps un rôle de coordination de mobilisations collectives.

L'analyse de réseau renouvelle la compréhension de la structure interne du tissu associatif. Le clivage entre « naturalistes » et « environnementalistes » est incontournable, mais il ne gouverne pas la structure de réseau en Seine-et-Marne, où les sous-ensembles repérés décrivent plutôt des zones de proximité géographique ; il est plus prégnant dans le Puy-de-Dôme du fait de la concurrence entre ces deux pôles, chacun ayant ses propres têtes de réseau. On découvre une structure de réseau variable selon les régions (mais toujours essentiellement verticale, avec de faibles liens transversaux), contingente, soumise à la nature des enjeux locaux, à l'histoire des groupes et leurs conflits, et dépendantes de relations interpersonnelles.

Les dynamiques de l'action

Ces analyses auraient été difficilement interprétables sans une investigation portant sur la nature et les dynamiques de l'activité associative sur ces territoires : biographies, activités, répertoires d'action, ressources de mobilisation.

La vision d'ensemble, quoique non exhaustive, de ces populations associatives confirme à nouveau la distinction entre les deux familles d'associations, au regard des conceptions de l'intérêt défendu et des registres d'action. Dans les deux régions, très schématiquement, l'ensemble des associations se laisse effectivement ordonner, selon un axe horizontal, entre des naturalistes défendant des milieux naturels au moyen d'une action légitimée et conduite principalement sur une base scientifique, et un pôle mû par la défense des intérêts environnementaux d'une population sur un territoire local circonscrit et dont l'action relève par conséquent d'un registre par essence politique.

Les différences sont cependant sensibles entre les deux régions. Les environnementalistes de Seine-et-Marne correspondent assez étroitement au prototype de l'association de défense du cadre de vie, d'intérêts résidentiels et patrimoniaux contre l'urbanisation, avec un répertoire d'action plutôt conventionnel (lobbying, enquêtes publiques, concertation et action contentieuse), alors que ceux du Puy-de-Dôme et plus largement d'Auvergne recourent en outre plus fréquemment à la protestation (manifestations, pétitions, voire occupations de sites) et que certains s'efforcent de développer une mobilisation collective supra-locale sous les formes de collectifs coordonnateurs de campagnes d'action. La structure de réseau a d'ailleurs été ici fortement déterminée par l'impact de ces collectifs et autres « réseaux » d'action informels sur les thèmes de l'eau, des déchets ou des transports. Néanmoins, ces tentatives récurrentes mais fragiles restent dépendantes d'un tissu associatif local jamais unifié, divisé entre des associations locales « ouvertes » sur le réseau et d'autres « fermées », réfractaires à toute sollicitation, et toujours recomposé par un taux élevé de mortalité et de natalité.

C'est qu'une autre dimension de l'action associative, commune aux deux familles, relie cette fois un répertoire pédagogique à un modèle gestionnaire. Le premier se décline chez les naturalistes par un registre complet et souvent très professionnel d'activités d'éducation, de formation et d'animation, alors que les environnementalistes se contentent du traditionnel répertoire d'expositions, conférences et sorties. Le second centre de gravité de leur action pousse à l'inverse les uns vers la gestion technique ou patrimoniale (sous la forme d'achats) de milieux naturels, vers les études et expertises, une orientation gestionnaire qui se retrouve chez les autres dans la prise en charge d'actions concrètes : aménagements d'espaces naturels (création d'une mini-réserve naturelle), restauration d'habitats ou d'éléments de patrimoine, nettoyage de sites, campagnes de propreté ou participation à la mise en place du tri sélectif, réalisation de fêtes, etc. Alors que seule une partie — la plus visible — des associations locales s'engage dans des actions de défense de type protestataire, presque toutes aujourd'hui versent dans ce registre concret et pratique, certaines même exclusivement, et sont refermées dans un espace strictement local.

On doit constater cependant, en Auvergne, la montée en puissance chez les naturalistes d'un registre entrepreneurial qui transforme profondément l'identité naturaliste et semble consacrer la mort du modèle naturaliste ancien, issu des sociétés savantes. Le Comité ornithologique d'Auvergne organisait jusqu'au début des années 1990 l'action de scientifiques amateurs, collectant, publiant et vulgarisant une information scientifique ; la LPO-Auvergne qui lui succède est une entreprise professionnalisée, portée par un staff de permanents salariés ; elle mène des équipes de dizaines d'éco-cantonniers pour aménager des terrains acquis par le conservatoire régional (association partenaire), délivre de multiples services rémunérés, met en place de nombreuses structures permanentes d'accueil du public sur des sites ou dans des « Maisons des oiseaux », gère un budget de plusieurs millions de francs et multiplie ses adhérents par cinq.

Cette évolution touche la plupart des associations naturalistes, certaines se spécialisant dans ce registre et élaborant des productions sophistiquées (salons, festivals, mallettes pédagogiques...), mais elle est moins visible en Seine-et-Marne qui souffre peut-être à cet égard de la proximité de l'agglomération parisienne et des associations nationales. Elle affecte par ailleurs (tout en étant déterminée par elle) la nature des relations établies avec les pouvoirs publics : l'essor, à côté des fédérations, d'associations entrepreneuriales, contribue à élargir le cercle et à diversifier les formes de la participation institutionnelle, ainsi qu'à renforcer un processus d'institutionnalisation de ces associations engagées dans des partenariats contractuels avec une multiplicité de pouvoirs publics. Elle marque également les rapports avec les médias, sollicités avec professionnalisme et efficacité. Elle génère enfin de nouvelles stratégies de mobilisation de ressources moins militantes (peu voire pas d'adhérents, ou des adhérents-clients plus passifs) et davantage organisationnelles (budgets, personnels salariés, infrastructures...).

L'essor d'associations spécialisées sans vocation militante, corrélé avec certains processus de création associative, offre par ailleurs une explication du paradoxe entre une forte natalité associative et une stagnation du taux d'adhésion de la population à des associations de ce secteur. Les modalités de la création d'associations attestent en effet d'un fort degré d'autoprocréation, puisque la majorité des associations auvergnates (58 % d'un échantillon connu sous ce rapport) sont le produit d'initiatives d'adhérents (souvent de militants expérimentés) d'associations préexistantes : plutôt qu'en étendue, ce tissu associatif gagne donc en épaisseur et en complexité.

Les résultats de cette analyse des processus dynamiques de développement associatif amènent à rejeter, en tout cas pour l'observation d'un associationnisme surtout local, des typologies assises sur la distinction de types d'intérêts défendus, focalisés ou pluridimensionnels, généralistes ou spécialisés[1]. Les mobiles de la création, y compris souvent d'associations supra-locales, montrent qu'en règle générale elles réagissent à une préoccupa-

---

1. Sur ce point, voir plus haut une autre interprétation : Pierre Lascoumes, « Avec les pouvoirs publics, l'intérêt général en conflit ».

tion ponctuelle, focalisée, qui fait office de catalyseur : on a là un effet des contraintes pesant sur tout projet d'action collective. Ensuite leur développement suit des trajectoires très diverses, obéissant à des principes contradictoires et jamais unilinéaires de spécialisation, de focalisation ou d'élargissement de l'objet, spatialement ou thématiquement. Les sentiers empruntés par chaque association relèvent alors de stratégies d'auto-conservation dépendantes des chances, variables selon le contexte local ou les contacts dans le réseau, de renouvellement et de pérennisation des soutiens. En conséquence, les classifications statiques apparaissent tout à fait inadéquates pour appréhender une réalité éminemment évolutive et mobile.

BIBLIOGRAPHIE

AGOSTINI F., CHIBRET R.-P., MARESCA B. et FABIANI J.-L., *La Dynamique du mouvement associatif dans le secteur de l'environnement*, CRÉDOC, 1995.

LASCOUMES P., *L'Éco-pouvoir*, La Découverte, 1994.

MARESCA B., « Approche de la structure du paysage associatif dans le domaine de l'environnement », *Cahiers de Recherche du CRÉDOC*, n° 97, 1996.

En Bretagne, un militantisme pluriel

Tiphaine Barthélemy

Il peut sembler paradoxal que la Bretagne, terre d'élection des associations de protection de l'environnement il y a une vingtaine d'années (on en comptait plus de deux cents en 1981), soit aujourd'hui une des régions où la pollution de l'eau par les nitrates a atteint les proportions les plus alarmantes. Doit-on en conclure pour autant à l'échec des actions de sensibilisation menées par celles-ci ? À la faible influence qu'ont jamais pu exercer des militants « écologistes » décidément marginaux sur les populations locales et les pouvoirs publics ?

Ce serait oublier d'une part que les associations de protection de l'environnement (APE), qui connaissent un net reflux à partir du changement de majorité gouvernementale de 1981, ont peut-être été au contraire victimes de leur succès, la reprise par les pouvoirs publics des préoccupations environnementales dont elles se faisaient l'écho leur ôtant du même coup une bonne partie de leur légitimité. On peut se demander d'autre part jusqu'à quel point les membres de ces associations, ou du moins certains d'entre eux, se seraient identifiés au label « écologiste », tant leurs prises de positions pouvaient être diverses, pour ne pas dire antinomiques.

Une enquête menée en 1985-1986 avec Florence Weber, auprès de vingt-deux responsables et militants d'associations laisse en effet entrevoir la très grande diversité tant des objectifs visés que des représentations de l'environnement sous-jacentes aux discours et aux actions menées. Ce sont, de plus, des profils de militants très contrastés que l'on peut rencontrer alors dans le monde des associations bretonnes, si bien que l'on peut s'interroger sur le degré de cohésion de cet ensemble de mouvements hétérogènes qui surgissent à la même époque. Autrement dit, qu'est-ce qui a bien pu faire se rencontrer autour du thème général de l'environnement, vieilles dames au strict chignon et pêcheurs à la ligne, « écolos » chevelus et militaires en retraite, professeurs d'université, agriculteurs, ou cheminots ?

Des associations et des militants hétérogènes

Si l'on excepte la Société pour l'étude et la protection de la nature en Bretagne (SEPNB), une association de scientifiques née en 1958, sous l'impulsion d'enseignants et d'universitaires, la plupart des associations étudiées ici ont été créées entre 1968 et 1981, avec un pic notoire entre 1972 et 1974. On est alors dans un contexte marqué, en Bretagne, par un certain nombre de transformations structurelles. Depuis le début des années 1960, l'agriculture se modernise à un rythme rapide, tandis que disparaissent les petites exploitations et qu'une politique active de remembrement modifie sensiblement un paysage jadis caractérisé par un bocage aux mailles serrées. On assiste dès lors à un engouement généralisé pour les sociétés rurales et leurs cultures traditionnelles, ici liées à la langue, à la musique et à la danse, dont la défense constitue bien souvent, dans les parcours militants, un prélude à la prise de conscience de dangers menaçant l'environnement naturel.

Celle-ci est d'autant plus forte que les mutations survenues dans l'Église catholique et le déclin de la pratique religieuse font que l'on assiste, dans une certaine mesure, à la sécularisation des idéaux et de l'éthique chrétienne mis au service de causes perçues comme désormais plus « justes » : lutte contre le gaspillage, la faim dans le monde et surtout contre les effets corrupteurs de l'argent et des impératifs de productivité sur les hommes et sur leur cadre de vie. La quête d'authenticité se mêle dès lors étroitement à une quête de pureté : « Nous savons, écrit un responsable d'association, que les pires pollutions se cachent dans l'esprit des hommes[1]. »

---

1. *Eau et Rivières*, n° 47, 1983.

Mentionnons enfin le projet de construction d'une centrale nucléaire à Plogoff (Finistère) qui, par les débats et les oppositions qu'il a suscités, a fortement contribué à structurer le réseau associatif breton et à le doter d'une base commune : en 1975, les plus grandes associations ont toutes pris parti contre le nucléaire, parfois au prix de la démission de certains de leurs responsables. De fait, le retrait du projet par la gauche en 1981 provoquera une brusque retombée de l'élan associatif qui, pour ce qui concerne l'environnement du moins, amorce depuis lors un lent déclin.

Dans ce contexte des années 1970 apparaissent deux types d'associations. Les premières s'inscrivent dès l'origine dans un cadre régional et entendent défendre une approche globale de l'environnement à travers des principes, qui varient d'une APE à l'autre, mais restent indépendants des lieux auxquels ils peuvent s'appliquer. Aux principes de protection et de gestion des milieux naturels mis en avant par la SEPNB, font par exemple écho les visées esthétiques de l'Union pour la mise en valeur esthétique du Morbihan (UMIVEM créée en 1968) ou les professions de foi anti-productivistes d'une association comme Eau et Rivières de Bretagne (1969), spécialiste à l'origine de la protection des salmonidés, dont le recrutement est sensiblement différent des précédentes. On pourrait encore mentionner Terroir, née en 1969 de luttes contre le remembrement ; le CREPTAB qui connut, de 1980 à 1985 une existence éphémère autour de projets alternatifs ou l'Union régionale bretonne environnement (URBE) créée en 1972 pour coordonner les actions des multiples associations locales qui se développaient alors.

Les autres associations — la grande majorité — se sont au contraire constituées sur la base de revendications fortement territorialisées : construction d'un port de plaisance, rejet d'une station d'épuration, lutte contre une extraction de sable ou un permis de construire. Ce sont dès lors moins des principes généraux qu'il s'agit de défendre que des cadres de vie : le paysage que l'on a toujours connu, la propreté de sa plage, le pittoresque d'un port de pêche et par là les activités traditionnelles qui s'y rattachent contre les plaisanciers et le tourisme, etc.[1]

Nombre de militants locaux peuvent être actifs dans les associations régionales et souscrire à des partis pris plus généraux ;

---

1. Sur l'émergence des associations et leur typologie, lire plus haut René-Pierre Chibret, « La dynamique des réseaux en Auvergne et en Île-de-France ».

mais ce n'est pas toujours le cas, de sorte que certaines associations peuvent parfois défendre des points de vue parfaitement antinomiques. C'est ainsi que dans la presqu'île de Trébéron (Finistère), deux APE concurrentes militaient, l'une pour le classement d'un site qui permettrait d'en préserver la beauté, l'autre contre ce même classement perçu comme trop contraignant pour les multiples petits propriétaires qui y vivaient ou y revenaient camper l'été.

Généralement assez floues sur leur nombre d'adhérents qui fluctuent selon le degré de mobilisation suscitée par les conflits menés, la plupart des associations doivent leur existence au dynamisme d'un petit nombre de responsables. Si Eau et Rivières, par exemple, affiche 1 500 adhérents en 1983 et quatre permanents, tel n'est pas le cas de la plupart des associations locales qui souvent ne reposent que sur l'engagement d'une ou deux personnes.

Trois profils

Trois profils de militants peuvent très sommairement être distingués : les *scientifiques*, tenants d'une écologie naturaliste, que l'on retrouve presque exclusivement à la SEPNB, les *politiques*, Verts et alternatifs, alors très minoritaires en Bretagne où les Verts atteignent à peine la centaine d'adhérents en 1985, et les *autodidactes*, ainsi dénommés parce que leur intérêt pour l'environnement et leur engagement militant est, contrairement aux précédents, entièrement indépendant de la formation professionnelle.

Les deux premières catégories apparaissent en effet comme des professionnels — techniciens ou théoriciens — de l'environnement et entretiennent volontairement une certaine distance par rapport aux terrains locaux : « Les élus locaux marchent à coup d'ascenseur, explique par exemple un militant, mais leur logique n'est pas la nôtre. » Ils apparaissent de ce fait comme des experts dans le domaine scientifique ou politique, des producteurs de normes dont les compétences s'exercent à la fois vis-à-vis de l'État et vis-à-vis des autres associations qui ne jouissent ni de la légitimité académique des premiers, ni forcément de la connaissance des médias et du jeu politique global que peuvent avoir les seconds.

Inversement, les autodidactes, quelle que soit la taille des associations dans lesquelles ils militent, ont au contraire un ancrage territorial très fort. Tous sont généralement d'implantation ancienne dans la région : au moins deux générations. Les discours tenus par les militants laissent apparaître une prise de conscience environnementaliste qui, indépendante de la formation et du métier, serait plutôt fondée au départ sur une déception. Deux types de militants peuvent, à cet égard être distingués.

Les uns sont des « émigrés », revenus prendre leur retraite au pays après une vie professionnelle passée ailleurs, à l'étranger ou dans d'autres régions françaises. La déception, dans ce cas, a été pour eux d'ordre sentimental et esthétique : « Je me rappellerai toujours l'église de B. qui était si belle dans son environnement ancien, avec un tertre planté, commente par exemple le fondateur d'une association... Le maire, qui a un esprit très moderne a abattu les arbres, il a mis du ciment... ça n'a plus l'air de rien. » L'indignation est parfois d'autant plus forte qu'elle touche à certains usages du lieu (rejets d'une station d'épuration sur une plage familiale, par exemple).

Face aux transformations survenues en leur absence des paysages et des activités locales, ces émigrés se retrouvent dès lors en terre inconnue, vis-à-vis de jeunes qu'ils ne connaissent pas ou d'anciens pour qui ils font figure de nantis, voire d'étrangers. Leur activité associative a beau défendre certains groupes et activités traditionnels (comme la pêche), les intéressés souvent n'en ont cure, préférant miser sur le tourisme et les projets d'aménagement entrepris par les mairies. Force est alors, pour ces militants d'associations de protection de l'environnement d'avoir recours à l'arme juridique et d'intenter des procès face aux tribunaux administratifs, qui peuvent remonter jusqu'au Conseil d'État (en 1985, par exemple, 19 affaires présentées par des associations locales étaient instruites par l'URBE). De fait, ils se perçoivent souvent comme l'unique contre-pouvoir opposé à celui, « exorbitant » selon certains, que la décentralisation entreprise en 1981 a conféré aux maires.

Si l'on trouve beaucoup de femmes chez les « émigrés », le second type de militants autodidactes est majoritairement constitué d'hommes plus jeunes, qui n'ont pas quitté le pays, mais qui se sont heurtés, au début de leur vie active, à des pratiques de concurrence, à des exigences de productivité et d'organisation du travail auxquelles ils ne s'attendaient pas et qui ont été pour eux source de désillusion, de nostalgie des solidarités anciennes, de déception à l'égard de la modernité. C'est ainsi qu'une association comme Eau et Rivières de Bretagne, par exemple est largement constituée de militants que l'on pourrait qualifier d'« activistes » : point de notables ici, comme chez les « émigrés », ni de scientifiques, si ce n'est quelques étudiants, mais des pêcheurs à la ligne, des ruraux non agricoles et des jeunes attirés par des actions fortement mobilisatrices et spectaculaires comme les nettoyages de rivières. Le militantisme fait alors parfois figure de substitut au métier et permet d'exprimer tout à la fois, le ressentiment à l'égard du progrès et de ses émules, de l'administration et des pouvoirs en place et la volonté d'instaurer « une nouvelle forme de civisme », de mettre en place une « authentique morale du bien commun ».

Un univers d'interconnaissance

En dépit de cette diversité ou peut-être grâce à la complémentarité qu'elle induit, l'univers des associations bretonnes fait penser à celui d'un village. « Ici, tout le monde se connaît », comme le note Marc Maget.

Il doit dès lors sa cohérence tout autant aux affinités qu'aux oppositions qui le parcourent. Il est frappant de voir à quel point les relations entre les associations sont souvent vécues sur un mode personnel et non institutionnel. Si l'on excepte une association de scientifiques qui a fait de l'anonymat un principe irrévocable (« chez nous, jamais un nom n'apparaît, ce n'est jamais personnel »), les caractéristiques des associations se confondent souvent avec la personnalité de leurs acteurs tant l'anonymat inspire ici de répulsion. La plupart des militants associatifs évoquent ainsi les qualités personnelles de tel ou tel responsable pour rendre compte des relations entretenues avec d'autres associations. « Mes relations avec la SEPNB ?, explique, par exemple, cette vieille dame "émigrée"... X est très déplaisant... Y est très compétent [...]. À Eau et Rivières, il y a un jeune très gentil... »

Ce phénomène traduit à la fois le rejet d'une société « technicienne » et « déshumanisée » et le rôle fédérateur joué par un petit nombre de leaders qui, sillonnant les quatre départements bretons, apparaissent tour à tour ou simultanément dans nombre de conseils d'administration d'associations qu'ils représentent également dans des instances telles que la Commission des sites, le Conseil économique et social, le Haut comité de l'environnement, etc. Régionale ou nationale, plus que locale (aucun de ces leaders n'appartient à plus d'une association locale), cette multiappartenance contribue tout à la fois à faire émerger les revendications des petites associations sur une scène plus vaste, à faire circuler les informations et à répartir les compétences en même temps qu'elle développe et entretient des réseaux de sociabilité.

De fait, il existe des solidarités très fortes, généralement exprimées en des termes affectifs, au sein des autodidactes, notamment entre les émigrés retraités et les « activistes ». Des liens peuvent également se nouer ponctuellement entre des militants occupant des positions opposées dans le champ associatif : universitaires et vieilles dames peuvent ainsi se battre ensemble pour la protection d'une dune, les secondes accomplissant pour les premiers des tâches souvent jugées fastidieuses (« on est peut-être des vieilles peaux, dit l'une d'elles, mais quand il s'agit d'étudier un plan d'occupation des sols, il n'y a que nous ! »). De même certains scientifiques peuvent prêter main-forte aux activistes dans la rédaction de dossiers sur la vie des saumons... ou celle des centrales nucléaires ; d'autres encore offriront le gîte et le couvert à ceux dont les multiples réunions sont source de déplacements fréquents, etc.

Chacun n'en a pas moins conscience des différentes identités en présence, comme en témoignent les regards parfois peu amènes que les uns et les autres se portent mutuellement. Les scientifiques reprochent ainsi souvent aux autodidactes « de se battre plus avec leurs tripes qu'avec leur tête » lorsqu'ils n'ironisent pas sur les « fous de la tronçonneuse » que seraient certains adeptes des nettoyages de rivières. À leur tour, ils se voient souvent taxés d'« aristocrates », par les militants de terrain qui leur reprochent leur attitude distante et leur désintérêt pour les questions d'aménagement. Ces regards critiques ne font en somme que traduire l'organisation d'un réseau associatif qui se déploie entre deux pôles.

Le pôle émotionnel, autour duquel gravitent principalement les « émigrés de retour », se caractérise par un rapport esthétisant à la nature ; une nature dont la beauté est inversement proportionnelle à la richesse et à la modernité de ceux qui l'habitent. Ainsi, pour telle militante, l'architecture « particulière, délicieuse », des « superbes villages » de sa presqu'île est-elle spontanément rapportée à la « misère » des « tout petits pêcheurs » et des « toutes petites fermes » qui s'y trouvaient autrefois. Le type de reconnaissance recherché est dès lors avant tout local et traditionnel[1], même si, paradoxalement, les moyens

---

1. Pour reprendre la typologie des formes de légitimité proposée par Max Weber.

mis en œuvre par les associations (procès notamment), étrangers aux logiques locales, ont généralement pour effet de leur aliéner le soutien de ceux qu'ils défendent (les pêcheurs ou les agriculteurs contre les touristes, par exemple).

À l'opposé, le pôle rationnel est indéniablement occupé par les scientifiques qui entendent mettre l'accent sur la logique des choix à opérer en matière de gestion des milieux naturels. Si les moyens ici mis en œuvre sont sensiblement les mêmes que ceux des émigrés (l'arme juridique), les discours tenus et le type de légitimité recherché diffèrent fondamentalement. La précision et la technicité des termes utilisés (zone humide, cordon dunaire, etc. plutôt que paysage ou environnement) témoignent de la volonté de bannir toute considération d'ordre esthétique ou émotionnelle, ainsi que d'un souci de crédibilité s'exerçant avant tout à l'égard du système politico-administratif global. Il s'agit de forcer l'administration à jouer son rôle face aux pouvoirs locaux.

Ainsi, tel militant explique par exemple que ne peuvent coexister en un même lieu une décharge illégale d'ordures, une réserve d'oiseaux et un projet de mytiliculture sur bouchots. « Il faut choisir », dit-il en déplorant le désengagement de l'État de l'aménagement de tels espaces. Le propos des scientifiques, on le voit, se rapproche en bien des points de celui des « émigrés ». À la différence de ces derniers toutefois, ce n'est pas une légitimité d'ordre traditionnel qui est visée ici. Indépendamment des prises de positions locales, les scientifiques cherchent le type exact de reconnaissance à laquelle leur discours peut prétendre au seul niveau où celui-ci peut être entendu : celui de l'État et du système politico-administratif global.

Il serait cependant trop simple d'établir une classification à partir de ces deux extrêmes. Nombre d'associations et de militants oscillent en réalité entre ces deux pôles, jouant à la fois sur la reconnaissance que leur confèrent certaines fractions des populations locales et sur celle qui leur vient de l'administration. L'exemple de certaines associations d'activistes est à cet égard révélateur, tant se mêlent, dans les discours de leurs responsables des arguments d'ordre divers : esthétiques et économiques, passionnels et rationnels, éthiques et techniques. Une volonté d'articuler entreprise gestionnaire et entreprise morale apparaît par exemple dans cet éditorial de la revue *Eau et Rivières* où sont tout à la fois mis en avant « des raisonnements économiques [...] les intérêts des consommateurs face à ceux des producteurs (les pollueurs) » et un ferme refus de « cette perversion de la pensée contemporaine qui réduit l'être humain et son environnement à n'être plus que des agents ou des supports de l'économie ».

De même, l'observation de certains nettoyages de rivières est révélatrice de la façon dont peuvent être fédérés autour d'une même tâche des militants aux représentations de la nature hétérogènes[1]. À l'« utopie » de ceux qui entendent restaurer des valeurs telles que le « Beau » et le « Vrai » — il s'agit de retrouver la beauté de la rivière et des bocages bretons — correspond chez nombre de participants une activité que l'on pourrait qualifier de prédatrice. L'élagage des haies et taillis bordant les cours d'eau laissés à l'abandon est un travail qui exige un effort physique intense récompensé par les résultats concrets qu'il permet d'obtenir : le bois coupé est récupéré par les agriculteurs riverains et la rivière, nettoyée et désengorgée se recharge en oxygène et se repeuple de poissons pour le plus grand bonheur des pêcheurs. De fait, les uns et les autres sont nombreux à participer à de telles opérations, ainsi que de jeunes citadins aux racines rurales encore proches. « Je viens parce que j'adore la campagne, déclare ainsi un représentant de commerce, mais s'il n'y avait pas la tronçonneuse (pour couper les arbres et les grosses branches qui obstruent les rivières), je ne viendrais pas. »

Tenants d'une nature-spectacle, partisans de la protection des écosystèmes et tenants d'une nature nourricière auraient peu de chance de se rencontrer s'ils n'étaient liés ici par le travail ; un travail sous-tendu par une éthique commune (l'effort collectif fourni rend propre et sain ce que le laisser-aller des individus avait souillé et abîmé) et qui apparaît dans les prolongements des grands travaux et des fêtes qui rythmaient les sociétés paysannes d'antan. C'est une personnalité collective qu'il permet dès lors d'affirmer, face aux élus et aux aménageurs, mais aussi face aux étrangers et aux touristes.

« Chanter la rivière [...], son pays et la foi des hommes qui l'habitent. Se retrouver pour la danse et le vin "bio", loin de la société de consommation, loin des biniouseries pour touristes, c'est cela aussi, le chantier "rivière propre"», écrit un responsable d'association. Pour beaucoup, peut-être est-ce surtout cela. Et l'on peut, en conclusion se demander, sans préjuger des compétences ni de la sincérité de l'élan qui ont animé les militants à cette époque, si l'environnement n'a pas été avant tout

---

1. Sur les représentations de la nature, voir plus haut Jean-Louis Fabiani, « L'amour de la nature », et Yves Luginbühl, « Paysage modèle et modèles de paysage ».

une notion et un support tangible permettant de cristalliser, d'exprimer et de fédérer tout un ensemble de malaises et d'aspirations et de revendications marquant le passage d'une société rurale aux assises paysannes à une société urbaine ou urbano-rurale dans laquelle de nouvelles classes moyennes auraient eu à se trouver une place et à s'y maintenir.

BIBLIOGRAPHIE

BARTHÉLEMY T. et WEBER F., *Le Territoire en question ; associations et militants écologistes bretons*, Laboratoire de sciences sociales, ENS, 1986.

— « La protection de la nature : un enjeu scientifique, éthique ou culturel ? », *in La Nature et le Rural*, L'Harmattan, 1989.

— « Trois amours pour un même site », *in Ethnologie française*, 1989.

BECKER H., *Outsiders*, Métaillié, 1985.

FLATRÈS P., « La seconde révolution agricole finistérienne », *in Études rurales*, n° 8, janvier-mars 1963.

GUYOMARD G., *Associations de protection de l'environnement et systèmes politico-administratifs locaux*, thèse de 3e cycle de sciences politiques, Rennes-I, 1981.

MAGET M., « Remarques sur le village comme cadre de recherches anthropologiques », *in Bulletin de psychologie*, 1955.

WEBER M., *Le Savant et le politique*, Plon, 1959.

ONG internationales
et associations françaises

Laurent Mermet, Jean-Marc Dziedzicki, Yann Laurans

Le paysage international des ONG (organisations non gouvernementales) d'environnement est caractérisé par une très forte disparité en termes de fonctionnement, de modes d'action et de champs d'action. Le contexte (social, économique, institutionnel, réglementaire…) au sein duquel elles évoluent et auquel elles « s'adaptent » peut être tenu en l'occurrence pour le principal facteur explicatif de cette disparité. Nous avons cherché à observer et à analyser la manière dont les ONG définissent, plus ou moins activement et explicitement, un *positionnement* susceptible de les conduire à jouer un rôle dans la politique de protection de l'environnement.

Il fallait pour cela un outil analytique qui puisse rendre compte de la manière dont les ONG définissent une attitude stratégique à l'intérieur d'un contexte social en évolution. Nous avons constitué une grille d'analyse permettant de considérer l'extrême variété des formes et stratégies des ONG, de la petite structure associative à l'organisation internationale employant plusieurs centaines de permanents.

Ainsi, trois des plus importantes ONG d'environnement ont été analysées et comparées chacune à quatre échelles différentes : hexagonale, américaine, européenne et mondiale.

Greenpeace est souvent considérée comme radicale dans ses actions, et son organisation interne présente quelques caractéristiques qui la distinguent d'autres organisations. Par exemple, les campagnes internationales doivent être suivies obligatoirement par l'ensemble des bureaux, une péréquation financière les rend dépendants les uns des autres, la hiérarchie entre les différents niveaux de l'organisation est très présente, etc.

Le *World Wildlife Fund* (*WWF*) mène des projets de protection et, de plus en plus, tente d'influencer les organes de décision politiques ; son organisation interne demeure assez souple, bien que très formellement agencée : les bureaux nationaux sont *affiliés* à l'organisation (et ne sont pas de simples représentations de l'organisation internationale) ; ils sont indépendants sur le plan financier et décisionnel. Par ailleurs, 80 % des activités de chaque bureau national sont consacrées aux priorités fixées par le bureau international, etc.

Enfin, *Friends of the Earth* (Les Amis de la Terre) est une plus petite organisation que les deux précédentes et ses actions restent moins connues par le grand public. Ce positionnement apparaît dans son organisation interne : les bureaux membres du réseau international sont indépendants sur le plan financier et décisionnel. Ils doivent cependant respecter, dans la mesure du possible, une partie des campagnes fixées au niveau international.

Ces trois exemples témoignent en particulier de l'étroite relation qui existe entre le fonctionnement interne et le positionnement externe de l'ONG[1].

Une stratégie de plus en plus conciliante

L'accès des ONG à la décision dans la mise en œuvre des politiques de protection de l'environnement à la fois s'explique et se traduit par le développement de stratégies de coopération avec les autorités et d'une expertise scientifique. Cette évolution concomitante apparaît essentielle à considérer. Le plus souvent après plusieurs années d'actions militantes qui leur ont permis de se faire entendre, ces organisations ont souvent *adouci* leurs modes d'action à l'égard des décideurs politiques auprès desquels elles ont développé depuis quelques années des stratégies de dialogue.

La plus grande partie des ONG rencontrées ont dû développer en ce sens une activité d'expertise destinée à renforcer leur discours et légitimer leur intervention auprès du public et des

---

1. Sur ce point, lire plus haut René-Pierre Chibret, « Dynamique des réseaux en Auvergne et en Île-de-France ».

décideurs. Cette évolution apparaît nettement chez des organisations telles que *WWF-International*, le *Climate Action Network*, *Environmental Defense Fund*, *Friends of the Earth-USA*, le *Natural Resources Defense Council*, et, de manière moins identifiable, chez *Greenpeace*.

Cependant, dans certains cas, le développement de l'expertise est apparu non plus comme l'ajout d'un mode d'action en réponse à une position stratégique de plus en plus tournée vers le dialogue et le lobbying, mais comme le mode d'action principal, point central de la stratégie. Cette expertise s'est constituée en réponse à des demandes le plus souvent gouvernementales et a conduit généralement à une spécialisation sur une thématique particulière de l'environnement. C'est le cas notamment, en France, de *Bulle Bleue* et de l'*Inestene*, et, aux États-Unis, du *Environmental Law Institute* et du *World Resource Institute*. Ces organisations développent et/ou utilisent alors l'expertise comme mode d'action essentiel, voire unique.

Une grande partie des ONG rencontrées tendent vers la recherche d'une plus forte influence sur les gouvernements et institutions économiques. Leur argument consiste à dire que ce sont les règles économiques qui déterminent *in fine* les impacts sur l'environnement. C'est ainsi que, depuis 1990, *Friends of the Earth-USA* intervient auprès du Congrès américain afin qu'il réduise les enveloppes financières considérées comme anti-environnementales (diminution de taxes nationales, dénonciation de budgets destinés à des projets nuisibles à l'environnement, demande du conditionnement de l'octroi des fonds américains à la Banque mondiale par le biais de critères environnementaux, etc.). De même, *WWF-International* commençait, au moment de l'enquête, à obtenir l'écoute de la Banque mondiale sur son expertise dans le domaine de la comptabilité nationale incluant les coûts environnementaux. Enfin, l'Union mondiale pour la nature (IUCN) entend poursuivre son opération de sensibilisation de la Banque mondiale auprès de l'Organisation mondiale du commerce.

Bien que ces initiatives demeurent, au moment de l'enquête, réservées à quelques ONG puissantes, elles reflètent cependant l'ambition d'associer étroitement les notions d'environnement et d'économie. Ce mouvement n'est pas sans rapport bien entendu avec le deuxième point évoqué précédemment (« la position de plus en plus conciliante »).

Les ONG américaines sont apparues très fortement professionnalisées, que ce soit du point de vue de leur communication, de leur stratégie, du profil et des missions de leurs employés, etc. Elles sont structurées comme des entreprises, et en donnent tous les signes extérieurs : locaux imposants, matériel informatique et de télécommunications omniprésent, hiérarchisation du personnel, multiplication des comités de direction, etc. Les associations françaises émanant des groupes internationaux sont, elles aussi, gérées de manière professionnelle. Par contraste, les associations « d'origine » française démontrent une professionnalisation bien plus récente et moins développée.

Les résultats de l'enquête font apparaître que la mise en relation de l'échelle mondiale des problèmes d'environnement avec leur échelle locale peut prendre schématiquement deux voies symétriques, selon que l'objectif consiste à tenter de changer les politiques mises en œuvre, ou bien plutôt à protéger l'environnement local.

Partir du global pour aller vers le local constitue la stratégie « du haut vers le bas » (« *top-down* ») dominante des ONG dont l'objectif premier est le changement des politiques environnementales : par de l'expertise, du lobbying, ou bien des actions « coup de poing », ces organisations entendent en effet participer au renforcement des politiques environnementales. L'objectif recherché est *in fine* l'application sur le terrain de nouvelles mesures plus respectueuses de l'environnement (lois, conventions, projets environnementaux locaux, etc.).

Partir du local pour aller vers le global correspond à la stratégie (« *bottom-up* ») des ONG dont l'objectif premier est la *protection de l'environnement*. Par des *opérations de démonstration* sur le terrain, ces ONG (WWF, IUCN, LPO...) entendent sensibiliser les décideurs afin qu'ils mettent en œuvre des mesures destinées à reproduire ces opérations de démonstration. Elles développent ainsi des projets locaux qu'elles entendent faire valoir comme exemples à l'attention des gestionnaires de l'environnement et des décideurs politiques à un niveau plus large.

Des positions complémentaires

La variété des ONG rencontrées reflète la diversité des réponses apportées aux multiples problèmes environnementaux. Leur complémentarité peut s'interpréter à plusieurs niveaux :

Sur les champs d'action : d'une part, de petites structures d'expertise, le plus souvent spécialisées dans un champ d'action, semblent avoir émergé parce qu'il existait une lacune dans la connaissance de tel ou tel problème ; elles sont venues ainsi compléter les positions des gouvernements, des industriels et des ONG de taille importante et non spécialisées sur un champ d'action précis. Ces nouvelles structures d'expertise sont ainsi utilisées comme relais de connaissance par les pouvoirs publics et par les ONG de taille importante. D'autre part, la diversité des sujets traités, ou bien les différentes approches qu'elles adoptent à l'égard d'une même problématique, permettent aux ONG de représenter des positions complémentaires auprès des décideurs et du public.

Sur les modes d'action : là aussi, ils sont diversifiés et se complètent parfaitement. Une organisation qui attaque en justice sert les intérêts de celle qui agit sur le même champ en faisant du lobbying. Le fruit du travail de l'organisation qui réalise des études d'expertise est mis à profit par les deux précédentes. Une ONG qui mobilise les mass media par ses actions « coup de poing » permet à d'autres organisations d'expertise et/ou de lobbying d'avancer leurs arguments, etc.

Sur l'auditoire ciblé : les destinataires potentiels du message d'une ONG sont nombreux et complémentaires en termes d'impact attendu. Par exemple, une structure qui « éduque » et mobilise le grand public complète l'auditoire touché par une ONG davantage orientée vers le lobbying auprès des décideurs. De la même manière, on peut aussi considérer une certaine complémentarité en termes de recherche de fonds. Chaque organisation privilégie en effet un type de financement particulier : pour l'une, ce seront les fondations, pour l'autre le public, ou bien les organismes publics, etc.

Cette complémentarité apparaît très bien aux États-Unis et à l'échelle mondiale. Elle est en revanche moins visible en France, où la position et le fonctionnement de certaines ONG apparaissent souvent difficiles à déterminer.

En guise de conclusion, nous proposons quelques éléments sur les différences de pouvoir, en nature et en degré, entre la situation américaine et la situation française.

Les *ONG américaines sont puissantes* financièrement et du point de vue logistique et leurs permanents professionnels sont conscients de cette situation. Fortes de cette puissance et de la reconnaissance institutionnelle qui en est le corollaire, ces ONG se considèrent comme de réels facteurs de changement. Cette situation explique probablement en partie la faiblesse du mouvement vert politique américain et la force du mouvement associatif écologiste (*Grassroots*).

Il n'en est pas de même en France où certaines associations ont du mal à émerger véritablement et ne perçoivent pas, ou peu, d'impact de leur action sur les décideurs. Elles sont plutôt moins nombreuses, même proportionnellement, qu'aux États-Unis, et surtout elles apparaissent moins puissantes financièrement : seule une demi-douzaine d'organisations témoigne d'une puissance financière solide importante (parmi celles de l'enquête, le WWF, Greenpeace, et la Ligue de protection des oiseaux). Dans la mentalité du public français telle que le personnel des ONG rencontrées se le représente, il serait mal vu qu'une association française cherche activement à lever des fonds, notamment parce que le soupçon d'un intérêt lucratif en naîtrait. Leurs structures demeurent alors vulnérables par manque de moyens : peu de permanents salariés (voire aucun), et donc un recours aux bénévoles dont la motivation peut baisser.

Par ailleurs, l'histoire des ONG d'environnement françaises témoigne d'un lien fort avec la sphère politique, parfois à leur détriment. Selon les personnes rencontrées, la politique aurait « épuisé » les associations françaises : une part non négligeable de leurs leaders s'est engagée dans la politique durant la deuxième moitié des années 1980, délaissant leurs activités au sein des associations, et le rayonnement de ces dernières s'en serait paradoxalement ressenti. Par ailleurs, les ONG françaises recourent plus volontiers à des subventions publiques que leurs homologues des autres pays de l'enquête, ce qui renforce leur dépendance à l'égard de l'État et complique leurs relations avec celui-ci.

Enfin, en termes de cible, les associations françaises se distinguent là encore de leurs consœurs. Ces dernières disent chercher à agir prioritairement sur les *élus* par un recours fréquent au lobbying direct, aux manifestations ciblées, alors que les organismes français agissent plus volontiers sur *l'administration*, ce qui les conduit à privilégier des actions plus indirectes, sur la réglementation, l'action sur les débats et les mentalités.

La démarche analytique utilisée caractérise et compare les stratégies des ONG, à travers deux dimensions essentielles, elles-mêmes divisées chacune en deux variables :

1 — Le *positionnement* d'une ONG se compose de ses orientations en matière de *champs d'action* d'une part, et de *modes d'action* d'autre part. Les *champs d'action* renvoient à la fois à l'échelle d'intervention de l'ONG (nationale, internationale) et aux sujets sur lesquels elle se penche : par exemple, le nucléaire,

la protection de la faune, les pollutions. Chacun se décline éventuellement en *thèmes*. Par exemple, le champ du nucléaire comporte plusieurs thèmes : les centrales nucléaires, le transport des déchets radioactifs, les armes atomiques, etc. Les *modes d'action* renvoient à la façon dont l'ONG agit sur un champ ou un thème, par exemple, l'action militante sur le terrain, l'expertise scientifique, etc.

2 — Le *fonctionnement interne* se compose des choix en matière *d'organisation interne*, et d'autre part de la manière dont elle *mobilise ses ressources*. *L'organisation interne* concerne en premier lieu les modalités de décision et d'organisation opérationnelle : degré de centralisation de l'action, d'autonomie dans les décisions, composition du personnel et répartition des tâches. Les *modalités de la mobilisation des ressources financières* distinguent en particulier l'origine et la nature des fonds, le caractère plus ou moins actif de leur recherche.

Le croisement des quatre variables permet de déterminer une sorte de profil pour chaque ONG analysée.

L'écologisme, quelle pensée, quel projet ?

Dominique Allan Michaud

Dialectique inachevée, syncrétisme inabouti. L'hypothèse de thèmes antagoniques dans un discours aux contradictions non surmontées (et même en quelque sorte éludées), à l'origine de nos recherches, a permis de mettre assez tôt en évidence le fonctionnement du discours écologique comme *dialectique inachevée*, par juxtaposition sans synthèse, et l'émergence d'un mouvement demeuré dans un brouillement idéologique qui correspond à un *syncrétisme inabouti*. Depuis cette analyse de la fin des années 1970, le courant politique de l'écologisme n'a pas progressé d'un point de vue théorique[1]. Sans doute le *brouillement idéologique* était-il une nécessité interne, vu l'hétérogénéité des origines individuelles, associatives et idéologiques. L'action plutôt que la réflexion, l'affirmation plutôt que la théorisation : deux choix s'accordant avec le développement d'une activité électorale. Avec ce débouché logique, un glissement d'objectif de l'expression à la pression, puis vers la gestion.

Riche presse militante des années 1970. Il y a eu rencontre de courants idéologiques rémanents, du conservatisme au progressisme : courants traditionaliste (*Pollustop*, 1972-1977), socialisant (*Le Sauvage*, 1973-1981), anarchisant (*La Gueule Ouverte*, 1972-1981), marxisant (*Action écologique*, 1975-1977/1978). Il conviendrait d'y ajouter deux tentations sans organe

---

1. Pour plus de précisions sur les clivages, voir les conclusions de nos travaux de recherche menés depuis 1974, dans D. Allan Michaud, *L'Avenir de la société alternative* (Les idées 1968-1990...), L'Harmattan, 1989.

de presse spécialisé : celle d'une gestion technocratique plus ou moins conforme à l'autorégulation naturelle (vers une société cybernétique) ; et celle d'une gestion autoritaire pouvant aller jusqu'à un fascisme (vers une société biosociologique). Écologisme libéral, libertaire, étatique, plus d'éventuelles dérives : il y en a eu pour tous les goûts dans ce que certains soupçonneront d'être un discours « attrape-tout », où d'autres verront simplement un discours contradictoire.

Il n'y a pas idéologie nouvelle, mais réminiscences d'idéologies anciennes notamment du côté de la pensée socialiste, dont la plus récente expression est un réformisme social-démocrate (explicite chez Daniel Cohn-Bendit ou Alain Lipietz, mais déjà présent avant eux). S'il n'y a pas idéologie, réminiscences et dissimulations suffiraient encore moins à constituer un corps de doctrine : il faut à celle-ci un processus de théorisation nécessitant un travail long et minutieux de création, le travail d'un ou de plusieurs penseurs.

Il n'y a ni projet ni utopie de *société écologique*. Le projet exigerait une transition pour faire passer des structures sociales, économiques, politiques connues, à d'autres : la transition jugée dès 1974 « la question la plus difficile » (René Dumont). L'utopie exigerait une imagerie, la vision d'un système précis de société en cours de fonctionnement s'imposant comme une île inconnue que l'on aborde par hasard, sans savoir comment. L'écologisme n'aura satisfait ni à la demande du réel ni au désir de l'imaginaire, en dépit d'un discours parlant à la raison aussi bien qu'à l'imagination.

Il fut un temps où le mot révolution était à l'honneur, et même surabondant sans beaucoup plus de justification qu'un effet de style, dans le discours écogauchiste développé à partir de 1969 par Pierre Fournier. Il va créer *La Gueule ouverte* en 1972, pour informer sur des thèmes comme le projet d'extension du camp militaire du Larzac. Et pour participer à des luttes, à commencer par celle qui le conduisit sur le terrain : 15 000 manifestants rassemblés le 10 juillet 1971 dans l'Ain, afin de protester contre la prochaine mise en route de la centrale nucléaire Bugey 1, au bord du Rhône. « Le coup d'envoi de la révolution écologique en Europe, [...] du "mouvement" français (et du coup, européen) », écrira Fournier dont le « battage intensif » dans *Charlie-Hebdo* devra se développer pour satisfaire les manifestants qui « réclament un support d'expression collective, un organe de liaison ».

Une action, un discours. Crier, témoigner, lutter, rassembler. Pas obligatoirement théoriser. Beaucoup ont marqué un éloignement à l'égard non seulement du parti ou de l'élection, mais encore de toute *théorie* politique : comme si *théoriser* pour prouver et imposer *sa* vérité risquait toujours de faire oublier une *part* de vérité des autres discours, et de conduire à *terroriser* ceux qui ne sont pas d'accord. Sans compter la difficulté : parlant de ce qui était né dans la rencontre de 1971, Fournier distinguait « trop de malentendus », « pas deux motivations semblables [...] au-delà d'un même refus », derrière une « unité factice ». L'explication des malentendus n'était-elle que remise à plus tard, comme il le croyait ? Ne serait-elle pas toujours remise à plus tard ?...

Une réaction de défense individuelle, un combat collectif, une presse engagée. Un mouvement associatif, un courant politique. Le discours écologique, est-ce ce qui sert de lien entre ces éléments d'un militantisme ? Avant d'être une action, l'écologisme a été un discours. Puis un discours-action. Le support évident de l'écologisme paraît aujourd'hui aux citoyens le parti des Verts[1]. Mais il eut longtemps pour véhicule privilégié des journaux. Le discours écologique précéda les structures politiques (dont le parti n'est que la dernière en date), les accompagna, et existe toujours indépendamment d'eux : si sa version militante est depuis les années 1980 fortement réduite, appauvrie, elle n'en est pas moins des plus critiques à l'égard des institutions... et du parti des Verts (la revue *Silence* depuis 1982).

Le discours écologique, que nous avons défini comme le champ commun à l'écologie et à l'*écologisme*[2], à la science et à la politique, aura dépassé les frontières — elles-mêmes imprécises — du mouvement qu'il inspire et du parti qui l'utilise[3]. Il n'aura servi de lien qu'en mettant en lumière de très fortes oppositions de pensée... qu'il contribuait à dissimuler en les présentant telles des facettes d'une trop riche personnalité. Un lien tout de même, et des plus puissants, s'agissant d'un discours multiple

---

1. Sur l'évolution électorale des Verts, lire plus loin Daniel Boy, « Les écologistes dans le champ politique ».

2. Nous définissons l'*écologisme* comme un renouvellement des pratiques militantes en faveur de la protection de la nature, et des thèmes de conservation qui les sous-tendent. Le renouvellement se fait autour de la mise en cause des modes de production et de consommation occidentaux, de la croissance économique, en raison de leurs effets sur l'environnement. L'écologisme entre pleinement dans le champ idéologique en ajoutant à la lutte contre les conséquences la réflexion sur les causes, suggérant la recherche d'une autre organisation de la société.

3. D. Allan Michaud, *Le Discours écologique*, CEEH, université de Genève/université de Bordeaux-I, 1979, 2 vol. Voir aussi *Discours écologique et discours idéologiques*, CERIC, université de Bordeaux-III, 1977.

répondant à la sensibilité variée des acteurs d'une mouvance, et contribuant finalement à la structuration d'un mouvement, grâce à des axes communs réduisant les antagonismes (le thème antinucléaire), grâce à un traitement assez prudent des thèmes les plus dangereux (la démographie).

Ce discours parle de société et de nature. Considérant *l'homme dans la société*, c'est son aliénation par le gigantisme technique qu'a dénoncée Murray Bookchin, la crainte qu'il ne soit « encerclé par les produits de son outillage » qu'a exprimée Ivan Illich, et l'espoir de la fin de l'esclavage du salariat qui anime André Gorz et Michel Bosquet. Celui-ci, influencé par Illich après Marx, a plaidé pour un rééquilibrage en faveur du travail autonome, Illich en faveur d'un « réoutillage de la société » grâce à la préférence accordée à l'« outil convivial », et Bookchin pour un « usage écologique de la technologie ». Ce dernier trouve dans le risque de crise écologique l'occasion de mettre en place une société décentralisée de type anarchiste, et les autres se réfèrent aux « idéaux socialistes » (Illich).

Considérant *l'homme dans la nature*, le propos a pu aller jusqu'à un extrême, à l'influence difficile à connaître, certainement limitée (et quasi nulle en France). C'est la *deep ecology*, l'« écologie profonde » qui entend s'intéresser prioritairement à la nature, et reproche à l'« écologie superficielle » de placer au premier plan le genre humain : biocentrisme contre anthropocentrisme. Représentée par le philosophe norvégien Arne Naess qui fut son parrain en 1973, par Bill Devall et George Sessions qui la développèrent aux États-Unis, cette tendance considère volontiers comme *superficiels* la plupart des autres, des grandes organisations comme le Sierra Club aux partis des Verts. Attaques que jugent injustes certains, comme Jim Nollman, qui se situent dans la mouvance d'une « philosophie qui reconnaît des droits et des libertés propres à tout ce qui vit ».

Nature et culture

Voilà bien des réflexions (et il en est d'autres) pour un mouvement qui en serait éloigné ? En effet. C'est que le discours écologique, il faut y insister, les charrie à la façon d'un fleuve et non d'une idéologie. Il accueille ce dont il s'enrichit sans que la plupart des acteurs se sentent engagés en quoi que ce soit, à moins qu'ils ne se saisissent de bribes, quitte à les réinterpréter à plaisir, suivant leur bon plaisir... La plupart des militants de l'écologisme sont fort éloignés d'être des adversaires du *progrès*, y compris scientifique et technique : se préoccupant des erreurs, des dégâts, des excès, et d'éventuelles impasses de celui-ci, ils passeraient aisément pour les tenants d'un perfectionnisme en la matière. C'est ainsi que le nucléaire leur paraît non seulement dangereux, mais même dépassé : une énergie « du passé » face aux énergies « nouvelles » (solaire, éolienne).

Cette attitude n'aurait-elle en aucun cas pour origine la crainte de se voir renvoyer à la nostalgie, surtout chez ceux qui se présentent aux élections dans le but de participer à la gestion de la société ? Ne trouverait-on jamais de traces de la revendication biocentrique ? Ne le croirait-on pas, à découvrir par exemple ce sous-titre d'article : « La priorité du vivant par rapport à l'homme » ? Titre trompeur. Ni déification de la nature ni fascination particulière, inquiétude au contraire pour l'« intégrité » de l'homme, rétorque l'auteur, Daniel Pasquier : « pas de vie possible pour l'homme si l'écosystème dans lequel il évolue est trop perturbé », que ce soit par des erreurs de gestion ou des choix égoïstes. On est loin de la *deep ecology*, dans une revue il est vrai qui se présente comme écolibertaire (*Silence*, février 1992).

L'écologisme, une vision anthropocentrique ? Le texte précité ne va pas jusque-là, critique même une vision dominante, mais sans envisager de lui substituer la vision biocentrique. Que l'homme soit obligé de « composer » avec la nature ne signifie pas qu'il doive lui être soumis. Antoine Waechter trouvera en 1988, quand il était le principal porte-parole des Verts, la formulation idéale en définissant l'écologisme comme *un humanisme le moins anthropocentrique possible*.

« Réconciliation de la Nature et de la Culture » était la formule que préférait Fournier, programme autrement plus ambitieux que celui de la « défense » de l'environnement. Contrairement à ce que laissent entendre ceux qui dénoncent un extrémisme de la *deep ecology*, peut-être l'homme n'a-t-il jamais été si éloigné de ce risque. Car il existe deux dangers, et celui de la sacralisation, du *respect total* de la nature, est moins dans la logique de l'évolution technico-économique du temps que celui de l'instrumentalisation, de la *maîtrise totale* de la nature (que l'on pense au développement des biotechnologies). Et une écotechnocratie ne maîtriserait-elle pas aussi bien la société que la nature ? Cette écotechnocratie tirerait parti d'une *écologie* au sens double, partagée entre science et militantisme. Sous son statut scientifique, elle fut annoncée dès 1866 par le zoologiste allemand Ernst Haeckel ; dans sa version militante, c'est un néologisme de sens qui s'impose plus d'un siècle après.

À cette acception nouvelle d'un mot, le risque de confusion va inciter des linguistes et des militants à préférer un mot nouveau : obtenu par dérivation, c'est l'*écologisme*. Heureuse initiative, qui se justifie en raison de l'entrée dans le champ idéologique, et aussi d'une volonté progressiste. « L'écologie, à la différence de l'écologisme, n'implique [...] pas le rejet des solutions autoritaires, technofascistes[1]. » Tel est l'argument de Gorz/Bosquet dans ses années de participation au discours écologique militant. Mais la majorité, en dehors de l'écologisme comme à l'intérieur, ne suivra pas. Une expression pire encore tendra à se répandre, rappelant les mauvais souvenirs d'un « socialisme » voulu « scientifique » : *écologie politique*. Elle ne fera que donner une forme à la confusion, à l'ambiguïté. La menace écotechnocratique, beaucoup d'acteurs de l'écologisme y sont sensibles pourtant. D'où sans doute la passion de la démocratie — une véritable obsession — qui imprègne le discours écologique militant, en manière d'exorcisme.

Considérer la société, considérer la nature : l'écologisme se refuse à se laisser enfermer dans un dilemme. L'idée d'une biodiversité nécessaire à la société des hommes lui donnera peut-être raison. Mais ce n'est pas encore tout à fait une idée générale... L'écologisme se refuse à opposer les approches, à se laisser coincer entre les contradictions, quitte à se limiter au choix du moyen terme. Serait-il possible de faire autrement ? Reprendre le vieux combat anarchiste et marxiste contre l'aliénation, lutter pour protéger les consommateurs et défendre les défavorisés, préparer un monde meilleur où l'homme serait capable de se protéger des « dégâts du progrès », résister à l'artificialisation croissante du monde pour que la planète Terre reste un îlot de nature dans l'univers... Tout cela aurait beau être nécessaire, que de ce catalogue de vœux pieux ne sortirait pas pour autant de potion magique pour le troisième millénaire.

Juxtaposition d'idées, dissimulation de contradictions, et faute de colonne vertébrale théorique, stratégie de discours, stratégie d'élection. Cependant, n'y aurait-il pas d'idéologie implicite dans l'écologisme, action et thématique à la fois ? On peut distinguer un axe général du discours écologique militant dans la

---

1. A. Gorz, M. Bosquet, *Écologie et liberté*, 1977 ; repris dans *Écologie et politique*, Seuil, 1978.

dénonciation de l'aliénation. De toutes les aliénations. Fin des années 1960 : la société de *consommation* était la cible de prédilection. Fin des années 1990 : une France de l'*exclusion* compte des millions de défavorisés (chômeurs, travailleurs précaires, retraités à faibles ressources), les « minima sociaux » instaurés depuis la fin des années 1970 sont d'un montant dérisoire, les conditions de logement deviennent difficiles pour beaucoup... au point que les lettres SDF sont devenues le sigle le plus connu... L'écologisme des trois dernières décennies aura parlé de consommation, et d'exclusion.

Les consommateurs et les non-consommateurs accepteraient-ils d'être *ensemble* derrière la bannière verte ? Il y eut l'idée de pousser les consommateurs à « voter avec leur porte-monnaie », et pour cela toucher en priorité les classes moyennes susceptibles de faire des choix de consommation plutôt que de les subir (de Lalonde en 1981 à Waechter en 1990). Il y eut l'idée de constituer une représentation politique des exclus, et notamment des chômeurs, exclus de la production comme de la consommation. Mais les Verts de 1985 tranchèrent en assemblée générale : refus de distinguer un axe privilégié dans la lutte entre favorisés et défavorisés, plutôt que dans la lutte entre technocrates et usagers. Préférence donc pour le parti des usagers, c'est-à-dire des consommateurs de la consommation collective (habitat, transports...) ; mais régulièrement resurgit l'appel au « consommateur roi » de la théorie économique libérale. Comment ne pas soupçonner dans les Verts un parti du consommateur, au sens large, ce qui serait conforme à une base sociale, et à une réaction *antiproductiviste* ?

Toutefois, régulièrement, les Verts participent aux manifestations des exclus, réclament une revalorisation des « minima sociaux », y compris en s'opposant au gouvernement « pluriel » auquel ils appartiennent, s'essaient à la pression législative... Certains animateurs ont même une double casquette : ainsi Jean Desessard évolue-t-il, avec des fonctions importantes, entre le Mouvement national des chômeurs et précaires et les Verts (où il est membre du collège exécutif). Véritable opposition entre deux orientations ? Oui et non. Cela reste finalement, cette double tentation, une exigence morale d'un côté, et de l'autre une chimère, un rêve de transformation des classes moyennes en classe dominante.

L'idée de rapports plus équilibrés au sein de la société et avec la nature est une constante du courant politique dans le monde. Mais améliorer la civilisation technicienne du point de vue de la consommation et de la production a fini par paraître l'axe essentiel du discours écologique, au détriment du thème d'une plus juste répartition des richesses, abordé beaucoup plus timidement. Le député Yves Cochet, un des fondateurs du parti français des Verts (en 1984), déclarera à la tribune d'un colloque que l'écologisme est une « vision pessimiste de l'avenir » : « Je ne crois pas qu'on puisse garantir un équilibre harmonieux entre les êtres, où que ce soit. » (« L'énergie au XXIᵉ siècle », 14 avril 1999.) L'optimisme hérité des penseurs du XIXᵉ siècle serait-il définitivement enterré ? Chez les Verts, c'est ce qu'il semble parfois...

Notre hypothèse d'il y a dix ans que le courant politique de l'écologisme, avec les ralliés de l'extrême gauche, pourrait s'assumer dans un réformisme afin d'essayer de changer *la* société à défaut de changer *de* société, n'a pas été démentie par les faits. Un réformisme environnemental autant que social (des écotaxes à la réduction du temps de travail), pourquoi pas ? Il reste à prouver que ce sera *suffisant*, et que ce sera *possible*, face à la montée de la crise écologique et de la crise sociale. Dialectique inachevée, syncrétisme inabouti ? Peut-être la synthèse de tous les éléments brassés dans le discours écologique était-elle simplement impossible.

Les écologistes dans le champ politique

DANIEL BOY

En France, la première apparition sur la scène nationale d'un candidat représentant l'écologie politique date de l'élection présidentielle de 1974. À cette date, René Dumont, agronome renommé, représente pour la première fois une mouvance écologiste qui ne s'est pas encore rassemblée sous le terme de parti écologiste. L'idée d'utiliser le terrain électoral pour populariser les luttes des écologistes vient à un petit groupe de militants originaires pour l'essentiel de l'association des Amis de la Terre. Aux élections législatives précédentes, en 1973, ces militants se sont heurtés à l'indifférence ou à l'incompétence des formations politiques traditionnelles en matière de problèmes environnementaux. Pour l'élection présidentielle de 1974, ils décident donc de passer à l'acte en présentant leur propre candidat.

Le score obtenu par René Dumont est fort modeste, environ 1,5 % des suffrages exprimés. Mais l'apparition à la télévision d'un candidat défendant les couleurs de l'écologie politique popularise mieux que de longues campagnes de terrain la cause écologiste. L'écologie gagne en notoriété et les militants n'oublient pas cette leçon : désormais, en France, l'écologie politique sera présente à toutes les élections locales ou nationales.

Mais les débuts de l'organisation écologiste sont difficiles : d'accord pour présenter des candidats aux élections, les militants ne s'entendent guère entre eux hors des périodes électorales. Au cours des années 1970, d'incessantes querelles de chapelles divisent les écologistes : tous ne sont pas convaincus de la nécessité de créer une organisation nationale durable, et quand naissent des organisations, elles ne regroupent jamais, souvent en raison de querelles de personnes, l'ensemble des écologistes[1]. Enfin, au début de l'année 1984, la majorité des militants écologistes se retrouvent à Clichy lors d'un congrès fondateur qui donne naissance au parti des Verts. Ce rassemblement laisse pourtant à l'écart le réseau des Amis de la Terre, dont Brice Lalonde est un leader important : à l'élection présidentielle de 1981 il a représenté l'écologie politique. Mais, en désaccord avec le reste du mouvement, il a présenté sa propre liste aux élections européennes de 1984. Dans la suite de l'histoire de l'écologie, cet incident sera lourd de conséquences.

Fondé en 1984, le parti Vert dispose d'un monopole de représentation de l'écologie jusqu'à la fin des années 1980. Mais en 1988, le retour aux affaires de la majorité de gauche s'accompagne de la nomination au ministère de l'Environnement de Brice Lalonde. Celui-ci fonde en 1990 une organisation concurrente, Génération écologie. Utilisant l'ancien réseau des Amis de la Terre, il oppose à l'écologie radicale des Verts un pragmatisme environnemental qui séduit une partie de la clientèle écologiste et probablement aussi une fraction de l'électoral socialiste. Forts de leur ancienneté sur le terrain électoral, les Verts ne recherchent pas le dialogue avec le parti de Brice Lalonde. Or aux élections régionales et cantonales de 1992, les candidats présentés par Génération écologie réalisent des scores égaux et quelquefois supérieurs à ceux des Verts.

Dans la perspective des élections législatives prévues pour 1993, les Verts passent alors un accord électoral minimal avec Génération écologie : les deux formations se partagent les circonscriptions en présentant, au nom de l'Alliance écologiste, des candidats communs. Le résultat est décevant en partie parce que de nouvelles formations écologistes captent une partie de la clientèle écologiste : attirés par la possibilité de recueillir des financements de l'État, de pseudo-mouvements écologistes présentent en effet des candidats qui, profitant d'un certain flou de l'image des écologistes, recueillent environ 3 % des suffrages.

Les déceptions nées de ce relatif échec vont à nouveau plonger l'écologie politique française dans un mouvement de division sans fin : au sein de chacun des deux partis écologistes, de nouvelles dissidences opposent les principaux leaders. Antoine Waechter, leader historique des Verts depuis 1986, se trouve écarté de la direction en 1993 et quitte le mouvement en 1995

---

1. Sur cette période, voir G. Sainteny, *Les Verts*, PUF, 1997.

pour fonder un mouvement écologiste indépendant. À Génération écologie, dont l'organisation toute à la dévotion du président du mouvement ne permet guère l'expression de la dissidence, les exclusions et les départs se multiplient. Ainsi Noël Mamère fonde-t-il sous le nom de Convergence écologie solidarité une nouvelle organisation concurrente.

À la fin de l'année 1995, on comptait près d'une dizaine d'organisations ou de groupuscules se réclamant de l'écologie politique. Aujourd'hui, la réussite électorale des Verts et la quasi-disparition de Génération écologie redonnent une certaine unité au mouvement écologiste français mais les risques d'éparpillement demeurent réels : à chaque élection une fraction d'environ un cinquième des suffrages écologistes se disperse sur des candidats autres que ceux présentés par les Verts.

Faire de la politique « autrement »

La défense des valeurs environnementales n'est pas le seul trait qui caractérise les partis verts, en France et ailleurs dans le monde. À des degrés divers, les mouvements écologistes sont toujours animés par le désir de « faire de la politique autrement ». Militant pour une plus grande transparence de la démocratie dans la cité, les écologistes soutiennent une conception différente de l'organisation du parti. Dans les rangs écologistes, on défend avec constance le refus de la personnalisation du pouvoir et la nécessité d'une rotation aux postes de pouvoir, on se méfie du mécanisme de la délégation de pouvoir, on impose la parité entre hommes et femmes.

Cette conception du fonctionnement des organisations qui rappelle les influences libertaires au sein de l'écologie a beaucoup de conséquences tangibles sur l'organisation et le fonctionnement du parti. En théorie, l'ensemble des militants présents dans une assemblée générale qui se réunit annuellement constitue la base même du pouvoir légitime. Chez les Verts français c'est le fonctionnement qui, jusqu'au milieu des années 1990, était prévu par les statuts. Entre deux assemblées générales, le pouvoir d'orienter le mouvement est détenu par un Conseil national interrégional (CNIR) composé d'une centaine de membres élus. Quant à l'exécutif proprement dit, il se compose d'une dizaine de permanents qui forment le collège exécutif. Au sein de ce collège enfin, on trouve les quatre porte-parole qui ont mission de représenter le mouvement. Récemment encore, contrairement à ce que l'on observe dans d'autres partis, le secrétaire général du mouvement ne jouait aucun rôle officiel. Il existe enfin chez les Verts des principes destinés à empêcher que le pouvoir ne soit toujours détenu par les mêmes. Les Verts sont les plus farouches opposants au système du cumul des mandats dans le système politique. Fidèles à leurs idées ils ont aussi tenté de définir des règles limitant le cumul des mandats à l'intérieur du parti.

Pourtant, peu à peu les choses ont évolué chez les Verts : d'une assemblée générale composée de militants de base, on est passé, non sans hésitations, à une assemblée qui ne se réunit que tous les *deux* ans et qui, différence majeure, est formée de délégués élus par la base. L'organisation se rapproche ainsi du lot commun de tous les partis : les militants élisent des délégués qui se réunissent en congrès (même si ce mot n'est pas prononcé chez les Verts). Il est vrai que le principe des assemblées réunissant la base militante demeure, mais seulement au niveau des régions, qui constituent dans le mouvement Vert un échelon de compétence important. De même, le secrétaire général est devenu depuis peu une personnalité qui, de fait, prend le pas le plus souvent sur les porte-parole autorisés du parti. Dans un monde où les médias recherchent des interlocuteurs fiables et disponibles, cette évolution était sans doute à peu près inévitable. Quant aux règles qui interdisent le cumul des mandats, elles n'empêchent pas vraiment que les mêmes personnes ou à peu près, passant successivement d'un mandat à l'autre, forment depuis longtemps le cœur du mouvement écologiste : chez les Verts comme dans d'autres partis il y a des leaders historiques qui détiennent plus que les militants de base les leviers du pouvoir.

Dans quelle mesure ces spécificités du mouvement des Verts ont-elles affecté le recrutement des adhérents et le profil des élus ? Les Verts ont-ils, plus que les autres militants, des traits qui les rapprochent de l'électeur ordinaire ? En réalité toutes les études sociologiques faites sur les mouvements « verts » convergent vers des résultats analogues : les adhérents, et plus encore les élus Verts ont, comme les membres de tous les partis, des caractéristiques qui les distinguent de la population d'ensemble. Mais à la différence des adhérents ou des élus d'autres formations, le trait qui les distingue le plus clairement est non pas l'appartenance à des classes sociales aisées (médecins, cadres, entrepreneurs) mais la proximité avec des professions intellectuelles. Professeurs, instituteurs, professionnels de la santé, les Verts appartiennent souvent à ces « nouvelles classes moyennes » au sein desquelles les partis sociaux-démocrates recrutent plus aisément. Mais alors que les élus des partis socialistes comptent un pourcentage important de personnes passées par les « écoles du pouvoir », c'est-à-dire par la filière de l'École nationale d'administration, il n'en est pas de même des Verts, qui demeurent très éloignés de ce profil. Faute d'être des professionnels de l'administration, les Verts sont-ils alors plus proches des professions de l'environnement ? Des études réalisées il y a quelques années sur les conseillers régionaux écologistes élus en 1992 montrent qu'il n'en est rien : seuls 6 % d'entre eux exerçaient des métiers dans ce domaine.

Qui sont alors les élus des Verts et quelles motivations les ont conduits à choisir de militer pour l'écologie politique ? La même étude montre que la plus grande partie d'entre eux provient de familles où l'on s'intéressait à la politique et où parfois les parents étaient déjà militants. Par la suite, leurs trajets politiques les ont souvent amenés à participer à ces « nouveaux mouvements sociaux » qui contestaient l'énergie nucléaire, affirmaient les valeurs du féminisme ou encore soutenaient les premières luttes environnementales. C'est cette sensibilité à de nouveaux enjeux qui les a conduits à rejoindre le mouvement d'écologie politique. Au moment des élections régionales de 1992 puis de 1998, à l'occasion d'élections municipales, ou, pour quelques-uns, lors des élections législatives de 1997, ces militants sont finalement arrivés au sein d'institutions dotées de pouvoir.

Comment ont-ils vécu cette situation ? Les nécessités de la gestion quotidienne des choses les ont-ils conduits à tempérer leurs convictions d'origine ? Et surtout sont-ils peu à peu devenus des « professionnels de la politique » comme leurs homologues de gauche ou de droite ? L'expérience des conseils régionaux a montré que certains se prenaient au jeu politique et cherchaient par des jeux d'alliances à influer directement sur la définition des politiques publiques pour mettre en pratique leurs idées. D'autres au contraire se sont réfugiés dans un radicalisme d'opposition qui les a tenus éloignés de la gestion politique. En réalité il est aujourd'hui trop tôt pour se prononcer sur la professionnalisation du personnel écologiste, mais il est certain que l'expérience du pouvoir que vivent aujourd'hui les Verts au sein de la majorité plurielle peut changer en profondeur les attitudes à l'égard du pouvoir.

Stratégies politiques et évolutions électorales

En une quinzaine d'années d'existence, les écologistes français sont peu à peu passés d'une opposition de principe à toute alliance — le fameux « ni droite ni gauche » — à la participation à une majorité de gouvernement « plurielle ». Pourquoi et comment l'écologie politique a-t-elle changé de tactique et pour quel bénéfice électoral ?

Revenons au point de départ du parti des Verts : il se fonde en 1984 au moment même où l'écologie électorale est en perte de vitesse. Quelques années auparavant, aux élections législatives de 1978, les écologistes, sous la bannière d'une simple alliance électorale, s'étaient présentés dans la moitié environ des circonscriptions législatives où ils avaient rassemblé près de 5 % des suffrages. Aux élections législatives de 1981, submergés par la vague rose, ils n'obtiennent plus qu'un peu plus de 3 % des suffrages dans la centaine de circonscriptions où ils sont présents. Aux Européennes de 1984, concurrencés par la liste écolo-centriste menée par Brice Lalonde, Olivier Stirn et François Doubin, ils obtiennent 3,4 %. Enfin, aux élections législatives de 1986, ils n'atteignent plus que 2,4 % des suffrages dans les 35 départements où ils sont présents, alors précisément que ces élections sont organisées avec un mode de scrutin proportionnel supposé ne pas trop défavoriser les petites forces politiques.

C'est dans cette conjoncture électorale désastreuse que le parti des Verts choisit de s'enfermer pour quelques années dans une stratégie de stricte indépendance à l'égard de toutes les forces politiques. Porté au pouvoir par l'assemblée générale de 1986, Antoine Waechter incarne une ligne de conduite qui préconise une totale autonomie politique. L'écologie politique française, à la différence de tous ses homologues européens et surtout des *Grünen* allemands, choisit pour quelques années de s'en tenir au slogan « ni droite ni gauche ». Cette orientation s'explique pour partie par les déceptions engendrées par une série d'échecs électoraux. Elle a aussi pour origine une déception devant la « trahison » des socialistes qui, une fois parvenus au pouvoir, ne se préoccupent plus guère de *changer la vie*, ou plus simplement de revenir sur le programme nucléaire mis en place par la précédente majorité. Elle tient enfin pour beaucoup à l'influence personnelle d'Antoine Waechter : issu du militantisme environnemental, écologiste de base et écologue de métier, il n'est nullement originaire du militantisme de gauche ou d'extrême gauche. Prudent dans son expression, d'apparence modeste, il séduit des adhérents écologistes toujours méfiants devant les personnalités trop brillantes.

Perdant peu à peu des partisans au fil des ans, la stratégie du « ni droite ni gauche » tient jusqu'à ce que les tenants plus ou moins déclarés d'une autre stratégie prennent à leur tour le contrôle de l'assemblée générale fin 1993. À cette date, la situation de l'écologie politique est devenue meilleure : le bon résultat des élections européennes de 1989 (près de 11 %) a été confirmé par de belles réussites locales lors des élections municipales de la même année. En 1992, malgré la concurrence inattendue de Génération écologie, les Verts obtiennent plus de 7 % des suffrages aux élections régionales et cantonales. Mais les élections législatives de 1993, où ils sont concurrencés par des listes écologistes dissidentes, apparaissent aux Verts comme un échec électoral. Aux Européennes de 1994, les Verts réalisent l'un de leurs plus mauvais résultats électoraux, à peine 3 % des voix contre 2 % pour la liste menée par Brice Lalonde. L'élection présidentielle de 1995 confirme ce nouvel effacement des Verts sur la scène électorale : Dominique Voynet ne réunit que 3,4 % des suffrages, soit un score inférieur à celui qu'avait réalisé Antoine Waechter en 1988.

Dans les mois qui suivent l'élection présidentielle, la direction des Verts prend conscience que le sort du mouvement se jouera lors des élections législatives prévues pour 1998. Faute d'obtenir un bon score, le mouvement risque en effet non seulement de retourner à une certaine marginalité électorale mais aussi de perdre une bonne partie du financement qu'assure l'État aux partis politiques. Au cours d'une assemblée générale, les militants ont donné mandat à l'exécutif du mouvement de rechercher la possibilité d'alliances. Dès l'automne 1996, des contacts sont établis avec le parti communiste, avec certaines formations d'extrême gauche ainsi qu'avec le parti socialiste.

Les Verts souhaitent un accord électoral qui leur permette d'obtenir des élus et ils réalisent rapidement que le PS est le seul partenaire capable de leur réserver ces circonscriptions gagnables. De leur côté, les dirigeants du parti socialiste sont conscients que les prochaines législatives peuvent se jouer à quelques points près et qu'il est risqué de refuser l'apport des voix écologistes. Les négociations entre Verts et socialistes se concrétisent finalement par un accord électoral en bonne et due forme : un texte programmatique est cosigné par les deux formations, il prévoit notamment la fermeture du surgénérateur Superphénix et l'abandon des travaux du canal Rhin-Rhône. Ce texte s'accompagne d'un dispositif électoral qui prévoit que dans une trentaine de circonscriptions, dont une dizaine sont théoriquement gagnables, les Verts représenteront les forces de gauche tandis que dans une centaine d'autres, ils ne présenteront pas de candidat pour ne pas gêner ceux du parti socialiste. Les résultats confirment le bien-fondé de cette stratégie : aux élections anticipées de 1997, les Verts en obtenant six élus deviennent membres à part entière de la « majorité plurielle » qui prend le pouvoir, et surtout ils bénéficient de la nomination de Dominique Voynet au ministère de l'Environnement.

Mais cette réussite politique ne doit pas dissimuler une faiblesse électorale persistante : en réalité à ces élections législatives les Verts ne recueillent en moyenne qu'environ 5 % des suffrages. Ils réalisent à peu près le même score lors des élections régionales de 1998 où ils se présentent tantôt sur des listes de coalition avec la « majorité plurielle » tantôt sur des listes indépendantes. Pour les Européennes le choix d'une tête de liste renommée, Daniel Cohn-Bendit, constituait pour les Verts un nouveau pari stratégique : la personnalité de l'ancien leader de mai 68 pouvait-elle dynamiser la campagne et attirer des électeurs se sentant proches du « libéralisme libertaire » défendu par lui ? Les résultats dépassent les espérances de beaucoup : en obtenant 9,7 % des voix, les Verts confirment leur enracinement dans le champ politique. Ces résultats peuvent être dus pour partie au charisme personnel de Cohn-Bendit. Mais ils récompensent aussi la conduite irréprochable des Verts au sein de la coalition des partis de gauche.

Les élections municipales et cantonales des 11 et 18 mars 2001 ont confirmé la réussite électorale des Verts. Aux municipales, les accords avec le parti socialiste — c'est-à-dire les listes communes de la gauche plurielle — ont été moins nombreux qu'on aurait pu le penser *a priori* en raison d'une relative mauvaise volonté du PS d'admettre la force potentielle de l'électorat « vert ». Il est aussi vrai que, de leur côté, les Verts souhaitaient « se compter » lors de ce scrutin qui leur est généralement favorable. Au total dans les 165 villes de plus de 9 000 habitants où ils ont présenté des listes autonomes, les Verts ont réalisé environ 12 % des suffrages exprimés, soit un pourcentage bien supérieur à celui des municipales de 1995 (environ 6 %). Quelques réussites notables méritent d'être rappelées notamment à Paris où les Verts deviennent une composante essentielle de la nouvelle majorité municipale.

Aux élections cantonales qui se déroulent au même moment les Verts obtiennent également d'excellents résultats : au total environ 12 % dans les quelque 700 cantons où ils présentaient des candidats, alors qu'ils n'avaient recueilli qu'environ 7 % des suffrages aux précédentes élections cantonales (1998).

L'ampleur de ces réussites devrait amener le parti socialiste à considérer avec plus d'attention les revendications de son allié écologiste, dans la perspective des prochaines élections législatives de 2002.

Les scores des partis verts en Europe

DANIEL BOY

La plupart des partis écologistes européens sont nés, comme les Verts français, dans le courant des années 1980. Mais leur destin électoral a été très variable. Il est évidemment malaisé de comparer les 15 pays européens sur l'ensemble des élections, nationales ou locales auxquelles les écologistes ont présenté des candidats depuis une vingtaine d'années. Convenons, pour simplifier la comparaison, de considérer l'ensemble des quatre élections européennes (1984, 1989, 1994, 1999) ainsi que la dernière élection nationale de chaque pays considéré (voir tableau).

En synthétisant ces données, trois groupes de pays peuvent être identifiés : ceux pour lesquels on observe des résultats assez élevés de manière constante, ceux au contraire pour lesquels l'écologie peine à s'exprimer sur le terrain électoral, enfin en position intermédiaire, les pays où les résultats sont, soit médiocres, soit très irréguliers.

Les pays les plus favorables à l'écologie politique se situent sans exception au nord et au centre de l'Europe : l'Allemagne, la Belgique, le Luxembourg, et plus récemment l'Autriche et la Finlande font partie de cette première catégorie. Le cas de l'Allemagne est suffisamment connu pour que l'on n'y revienne pas longuement. Les *Grünen* ont longtemps constitué une référence pour les autres partis écologistes européens, notamment en raison de leur réussite électorale précoce favorisée par l'importance politique de l'échelon des *Länder*.

Pourtant dans les années les plus récentes, le parti des Verts allemands a subi quelques échecs qui incitent à s'interroger sur son avenir immédiat : mauvaise gestion, par exemple, de la réunification allemande qui lui a fait perdre beaucoup d'électeurs lors des élections législatives de 1990. Plus récemment, il semble que les *Grünen* éprouvent des difficultés à se situer clairement dans leur coalition avec le SPD et, là encore, ils ont subi une série de revers électoraux, notamment en 1999 en Hesse, qui fut longtemps un de leurs bastions et le *Land* de leur leader au gouvernement, le ministre des Affaires étrangères, Joschka Fischer.

Les deux partis belges, Ecolo en Wallonie et Agalev en Flandres, font preuve d'une réussite électorale quasiment continue depuis une dizaine d'années, récompensée aujourd'hui par leur accession au pouvoir d'État dans le cadre d'une vaste coalition. Peut-être l'écologie politique belge bénéficie-t-elle d'une position privilégiée d'outsider dans un pays où l'ensemble de la classe politique semble dévalorisé par le procès de responsables pour corruption, l'« affaire Dutroux » mettant en cause l'inaction ou l'inefficacité de la police ou de la justice dans des meurtres d'enfants et la « révolution blanche » qui l'a suivie. Au Luxembourg aussi les partis écologistes (deux à l'origine qui ont fusionné) réussissent régulièrement des scores voisins de 10 % des suffrages exprimés. Enfin deux autres pays se sont situés plus récemment dans le peloton de tête des pays de réussite de l'écologie politique : la Finlande et surtout l'Autriche.

Symétriquement, au sud de l'Europe on trouve une série des pays où l'écologie politique rencontre les plus grandes difficultés à s'exprimer. C'est le cas de la péninsule Ibérique tout d'abord. En Espagne les écologistes demeurent extrêmement divisés. Le plus souvent ils n'obtiennent quelques succès qu'au prix d'alliances avec les régionalistes (par exemple en Catalogne). Au Portugal aussi les Verts n'apparaissent sur le terrain électoral qu'en coalition avec une autre force. Mais ici c'est avec le parti communiste qu'ils ont fait alliance. Le cas des Verts italiens est plus complexe. Leur processus d'organisation et d'unification a été long et leur émergence sur le terrain électoral demeure modeste. Mais ils ont finalement profité, malgré la faiblesse de leur score, d'une alliance avec la gauche italienne. En Grèce enfin le parti écologiste se trouve dans un état de division chronique et ne réunit qu'un nombre infime de suffrages.

Cette première énumération de réussites et d'échecs tendrait à dessiner la carte d'une Europe divisée entre un Nord toujours plus favorable à l'écologie politique et un Sud plus résistant. Pourtant la situation de l'écologie politique est en réalité plus complexe et les exceptions à la « règle » Nord-Sud sont nombreuses. C'est d'abord le cas de la Grande-Bretagne, où l'écologie politique n'a jamais réussi à faire ses preuves sur le terrain électoral à l'exception des élections européennes (où le taux de participation des électeurs britanniques demeure extrêmement faible). Il est vrai que le système électoral en vigueur en Grande-Bretagne (majoritaire à un tour) ne facilite guère l'émergence de nouveaux partis.

Mais il faut aussi citer le cas du Danemark, où les résultats des écologistes se sont montrés très irréguliers. Cette fois la règle électorale ne peut être invoquée comme explication puisque le système proportionnaliste s'y applique comme dans beaucoup de pays européens. L'incapacité des écologistes à trouver leur place dans le jeu électoral danois ne vient-elle pas du fait qu'au Danemark il existe un réel accord entre les partis pour appliquer des politiques environnementales très radicales, de sorte que les écologistes se voient d'une certaine façon dépourvus de terrain d'action ?

En fait, dans une grande partie de l'Europe, les résultats des écologistes sont relativement irréguliers. C'est en premier lieu le cas de la France qui a été analysé plus haut et sur lequel on ne reviendra donc pas[1]. Mais il faut aussi citer l'exemple de l'Irlande où les résultats ont oscillé entre 2 et 8 % aux élections européennes. La situation de la Suède ressemble par certains aspects à celle de la France : à certaines élections européennes les écologistes ont bénéficié d'une assez belle réussite mais aux législatives leurs scores sont souvent restés proches du seuil de 5 % des suffrages exprimés. Le cas des Pays-Bas enfin est plus complexe puisque deux partis se réclamant de l'écologie sont en concurrence. Le premier, *Groen Links,* qui recueille l'essentiel des suffrages est issu d'une coalition de petits partis d'extrême gauche, tandis que le second (*Die Groenen*) n'a jamais réussi à s'implanter au niveau national.

Au-delà de cette énumération, comment expliquer la réussite ou l'échec des partis écologistes en Europe ? La seule certitude que l'on a c'est qu'il n'y a pas d'explication unifactorielle mais plus probablement des faisceaux de raisons, voire des interactions entre différents facteurs explicatifs.

Au titre des facteurs économiques on peut sans doute retenir les indicateurs de richesse et le niveau d'emploi : globalement les pays où l'écologie politique obtient ses meilleurs résultats sont, dans leur ensemble, des pays caractérisés par un produit intérieur brut élevé et par un chômage relativement

---

1. Voir plus haut D. Boy, « Les écologistes dans le champ politique ».

moins élevé. Mais les exceptions à cette règle sont aussi assez nombreuses (le Danemark ou l'Allemagne de manière différente).

Parmi les facteurs institutionnels on retient souvent le mode de scrutin et le type de financement de la vie politique. Il est probable en effet que certains modes de scrutin défavorisent systématiquement l'expression des nouvelles forces politiques : c'est le cas sans aucun doute du système politique britannique déjà cité. Mais, à l'inverse, le mode de scrutin proportionnel ne suffit pas à expliquer le succès. À preuve l'Italie : dans ce pays, malgré un système longtemps proportionnel, les Verts n'avaient pas réussi à s'imposer, mais après un changement de la règle électorale instituant un système mixte, ils parviennent au contraire au pouvoir dans le cadre d'une coalition.

La sensibilité environnementale propre à chaque culture politique peut aussi être invoquée. Les enquêtes par sondage sur le degré de « sensibilité environnementale » des différents pays européens montrent en effet que les pays du nord de l'Europe ont, plus que les pays du sud, tendance à craindre les conséquences nocives du développement économique (pollution de l'air et de l'eau, encombrement par les déchets, etc.). On a pu expliquer ainsi l'inégale réussite de l'écologie politique en Allemagne et en France. L'explication a sans doute ses vertus, même si la mesure du concept de sensibilité environnementale est, en fin de compte, sujette à discussion.

Enfin il ne fait pas de doute que les facteurs proprement politiques ont toujours joué un rôle dans les différences de réussite de l'écologie politique. Dans certains pays, la présence de solides formations d'extrême gauche a gêné le développement des partis écologistes qui ont toujours prospéré en partie sur ce segment électoral. Dans d'autres cas c'est à l'inverse l'alliance avec ces formations qui a permis à une coalition verte-rouge de se développer (cas des Pays-Bas).

L'avenir politique des partis écologistes en Europe est aujourd'hui controversé. Certains auteurs remarquent qu'à de rares exceptions près, leurs scores sont souvent proches de 5 % des suffrages exprimés. Il est vrai que leur score moyen dans l'ensemble des pays de l'Union européenne à la dernière élection nationale ne s'élève guère qu'à 6 %. Mais aux récentes élections européennes, ils ont atteint en moyenne près de 10 % des suffrages exprimés. Est-ce à dire que l'électeur vote plus volontiers pour les listes vertes aux élections « non décisives » ? C'est une interprétation vraisemblable : les Verts ont toujours obtenu plus de réussite à la fois au niveau local et au niveau européen. Ils partagent pourtant le pouvoir en position minoritaire dans plusieurs pays européens (France, Allemagne, Belgique, Italie). Ce sont peut-être les résultats de ces expériences qui détermineront l'avenir des mouvements écologistes en Europe.

Les scores des partis écologistes dans l'Union européenne aux quatre dernières élections européennes et lors de la dernière élection nationale (quelle qu'en soit la date)

	Euro-péennes 1984	Euro-péennes 1989	Euro-péennes 1994	Dernière élection nationale	Euro-péennes 1999
Allemagne	8,2	8,4	10,1	6,7	6,4
Grande-Bretagne	2,7	15,0	3,2	1,3	6,3
Autriche			6,8	7,4	9,3
Belgique flamande	7,1	12,2	10,7	11,1	12,0
Belgique wallonne	9,9	16,6	13,0	19,4	22,3
Danemark			10,3 (1)	3,1	
Espagne		3,0	0,6	1,0	1,4
Finlande			7,6	7,3	13,4
France	3,4	10,6	5,0	5,0	9,7
Grèce		1,1	0,3		
Pays-Bas (2)	6,9	6,8	6,2	5,5	11,9
Irlande	1,9	3,8	7,9	2,4	6,7
Italie	3,8	6,2	3,2	2,5	1,8
Luxembourg			10,9	10,2	10,7
Portugal (3)		14,6	11,2	8,8	10,3
Suède			17,2	4,5	9,4

(1) Coalition au sein du Mouvement populaire contre la Communauté européenne.
(2) Total des deux partis écolos, Groen Links et Die Groenen.
(3) En alliance avec le parti communiste.

Salariés et militants face au risque industriel : Béziers 1977-1985

Dominique Allan Michaud

De 1977 à 1984, Béziers aura connu un calme trompeur. 1977 : une grève obligeait la direction de l'entreprise La Littorale à transformer les installations de l'unité Témik ; un point crucial des revendications ouvrières était d'ordre qualitatif, pour une sécurité « réelle ». 1984 : la catastrophe intervenue début décembre, à la suite d'une fuite de méthylisocyanate dans une autre filiale de la multinationale américaine Union Carbide Corporation, entraînera à Béziers une notable modification du processus de fabrication du pesticide Témik. MIC et Témik viennent de rendre tristement célèbre l'usine indienne de Bhopal.

Le Témik est un insecticide nematicide (c'est-à-dire insecticide des sols), appartenant au groupe des carbamates. Il est constitué essentiellement d'une substance active qui est l'aldicarbe, très dangereux par inhalation comme par ingestion ; la principale matière première en est l'isocyanate de méthyle — ou méthylisocyanate —, liquide volatile extrêmement toxique. À l'état de vapeur, le MIC est comparable à un gaz de combat, pouvant affecter de façon irrémédiable le système respiratoire, les yeux et la peau : le nuage de Bhopal en fournira une terrible démonstration.

La « pédagogie des catastrophes » semblerait avoir favorisé des mesures de sécurité plus importantes, en 1985, que les inquiétudes de 1977, qui avaient pourtant donné lieu à un conflit attirant l'attention de la presse nationale sur la sous-préfecture du département de l'Hérault (dans les 82 000 habitants). Mais c'était sans commune mesure avec l'ampleur de ce qui allait se passer dans la capitale de l'État indien du Madhya Pradesh, qui ne pouvait manquer de frapper les esprits : quelque 200 000 intoxiqués, 1 430 tués et 11 000 blessés graves, selon un premier bilan officiel de 1985 ; bilan qui sera porté dix ans après à 6 495 morts (16 000 selon les associations de défense des victimes).

Revenons à la France des années 1970. En 1975, la décision est prise par Union Carbide Corporation de créer à Béziers la nouvelle unité projetée en Europe de fabrication du Témik. L'unité Témik doit être mise en place par une filiale, La Littorale, une des plus anciennes entreprises locales. Affaire familiale créée en 1894, pour la fabrication de produits agricoles et œnologiques, elle a été rachetée en 1967 par la multinationale. Au milieu des années 1970, on vend en France 4 000 tonnes de Témik par an. Pour ce produit, c'est le troisième marché au monde derrière ceux des États-Unis et du Japon. Les betteraviers du Nord l'apprécient, notamment, et le marché est susceptible d'expansion : l'objectif de l'unité à implanter en Europe est de 12 000 tonnes par an. Il ne sera pas loin d'être atteint quand l'accident de Bhopal se produira… et en décembre 1984 sera accordée l'homologation du pesticide pour le traitement de la vigne.

La nouvelle usine de La Littorale à Béziers devait être opérationnelle en mai-juin 1977, installée près d'une ZUP (zone à urbaniser en priorité), La Devèze, comptant déjà quelque 13 000 habitants à l'époque (dans les 20 000 une dizaine d'années plus tard). En 1977, La Littorale était la deuxième entreprise de la ville en nombre d'emplois (485 dont 110 pour le Témik), avec un chiffre d'affaires de plus de cent millions de francs. C'est là qu'éclata ce qu'un hebdomadaire national, *La Vie*, qualifiera de « conflit exemplaire, précurseur des grands débats de demain ».

Apparemment, ce débat naissait à l'extérieur de l'usine : en février 1977, apparaissait dans le quartier concerné de La Devèze un Comité de lutte contre la pollution (CLCP). Avec un autre comité de quartier, le groupe Action entraide et animation (AEA), et l'antenne locale d'une organisation nationale de consommateurs, la Confédération syndicale du cadre de vie, ce CLCP allait mener un sévère combat.

Un « mythe de Béziers » sera complaisamment colporté, selon lequel l'agitation associative sur les questions de sécurité aurait fini par influencer les ouvriers de La Littorale — à la suite, il est vrai, de l'hospitalisation de quatre d'entre eux, sérieusement intoxiqués. Des cadres auraient même été entraînés dans les actions de revendication, dont la plus spectaculaire sera une grève de douze jours débutant le 7 novembre 1977. Dans la réalité, les cadres en question, animant dans l'entreprise les sections syndicales de la CFDT et de la CGT, avaient participé à la création du CLCP : la jonction des luttes internes et externes à l'entreprise n'était pas fortuite. Sur une trentaine de militants, près d'un tiers provenait du personnel, six ou sept trotskistes de la LCR et un du PCI, plus, selon certains témoignages, des ex-maoïstes.

Ce CLCP avait une composition particulière, regroupant en majorité des membres de plusieurs organisations : Amis de la Terre, Collectif « Cité future » de Béziers, CFDT, CGT, CSCV, Ligue communiste révolutionnaire, Parti communiste internationaliste, PS, Parti socialiste unifié. Il y avait un certain nombre de cas de double ou triple appartenance, par exemple : CSCV-PS, CFDT-PSU, AT-CSCV, AT-CFDT, CGT-LCR-Collectif « Cité future »...

Le résultat de la pression sur la direction de La Littorale, accompagnée d'une mobilisation de la population et d'un appel aux élus locaux, sera la création d'une structure inédite, quadripartite : elle comprenait des représentants de la direction, des administrations concernées, de la municipalité, des syndicats et de services particulièrement sensibles de l'usine (avec quatre experts dont deux choisis par les syndicats). Cette section Témik fera modifier profondément les installations industrielles, pour un coût évalué à une dizaine de millions de francs dans une usine dont la mise en place en avait nécessité une vingtaine : soit 50 % de l'investissement initial en sus (ce dont la direction tirera argument pour démontrer sa volonté d'assurer la sécurité).

Comment expliquer cette issue ? Par le marché florissant du Témik, particulièrement en France ? Par le souvenir de l'accident de Seveso (Italie), en juillet 1976[1], qui pouvait susciter un écho dans la population ? Par le bruit qui courait — au-delà du cercle contestataire paraît-il — que l'usine aurait eu bien du mal à fonctionner dans sa conception originelle ? Les militants de l'écologisme ne la disaient-ils pas calquée sur... le « modèle indien » ?

Plusieurs explications peuvent se combiner. Mais il n'y avait pas à Union Carbide qu'un « modèle indien ». La multinationale avait développé un « modèle américain »...

---

1. Dans cette ville, une fuite de dioxine dans une usine de produits chimiques avait contraint à évacuer la population.

À la fin des années 1960, un certain nombre de petites villes des États-Unis connaissaient une pollution néfaste pour la santé de leurs habitants, qui pour la plupart n'y voyaient qu'une fatalité inhérente à l'activité économique et le prix à payer pour l'emploi. Arrive 1970, année importante pour la défense de l'environnement : c'est la date de parution chez Grossman Publishers du rapport nadérien *Vanishing Air* ; c'est la date d'adoption par le Congrès du Clean air act, et du Solid waste disposal act, du National environmental policy act. C'était l'époque où Ralph Nader envisageait de canaliser l'énergie contestatrice de la jeunesse : après les grandes causes des années 1960, l'écologisme était plus approprié pour ce faire que le consumérisme, et cette reconversion était amorcée.

Dépendant pour 20 % de son chiffre d'affaires de la vente de produits de consommation, Union Carbide était de ce point de vue plus vulnérable vis-à-vis de l'opinion publique que la quasi-totalité des firmes de l'industrie chimique. C'est à l'assaut de cette entreprise que Nader devait envoyer des *raiders*, deux jeunes juristes qui porteraient un intérêt particulier à certaines usines : en Virginie (Anmoore, Alloy), dans l'Ohio (Marrietta). UCC avait investi aussi au Canada, et les militants de l'écologisme dénonçaient un protocole d'accord avec le ministre québécois de l'Environnement, en décembre 1970, comme « le moins strict de tout le continent nord-américain[1] ». Les « raiders » de Nader donneraient à l'affaire un certain retentissement dans la presse canadienne puis américaine (le *New York Times*). C'est dans la création de plusieurs associations, dont celle des « Citoyens pour la responsabilité sociale dans la science (pour lutter contre la pollution de la Union Carbide à Beauharnois) », que sera situé le démarrage du mouvement écologique québécois[2].

Dans les exemples américains répertoriés, les faits considérés nous ont conduits à trois constatations :

— l'échec des réactions individuelles d'un certain nombre d'habitants, même quand elles atteignent l'ampleur d'une protestation collective contre la pollution industrielle (dès 1965 à Vienne en Virginie, ville polluée par l'usine de Marrietta qui lui fait face sur l'autre rive de l'Ohio).

---

1. C. Mc Carry, *Citizen Nader*, 1972 ; trad. française, *Ralph Nader*, Seuil, 1973.
2. Par J.-G. Vaillancourt. Voir *Écologie et Sociétés*, « Écologie sociale et mouvements écologiques », Université de Montréal, avril 1981.

— l'échec de la tentative de relais administratif de ces réclamations par les services fédéraux des USA (chaque État étant responsable de la mise en application de la législation interétatique sur la pollution).

— le succès du relais nadérien, facilité par l'accélération et la généralisation de la prise de conscience (organisation militante de la mobilisation, recherche du soutien syndical — pouvant aboutir à l'échelon local). Mais la véritable clé de ce succès aura été dans la *popularisation nationale de luttes locales au moyen des grands médias* (grâce au nom alors magique de Nader). C'est elle qui donnera au gouvernement une légitimation pour mettre UCC en demeure de réduire l'émission des polluants... et qui fera obtempérer la société assez *rapidement* (et non au bout de plusieurs années).

Toutes proportions gardées, compte tenu des différences politiques, administratives, associatives, le renforcement des conditions de sécurité obtenu en 1977 dans l'usine d'UCC à Béziers sera tributaire des mêmes mécanismes. Comme aux États-Unis, la clé du succès aura été dans la *popularisation au moyen des grands médias* (la presse nationale en France), facilitée ici par la mise en scène du « mythe de Béziers » d'un soulèvement ouvrier échappant au moins pour partie au relais syndical, dans la prise de conscience spontanée d'un intérêt qualitatif venu concurrencer — ou plutôt compléter — le quantitatif (les salaires). L'étude des cas évoqués renforce l'idée que la réussite de la lutte pour la sécurité industrielle dépend de plusieurs niveaux d'influence : *niveaux de qualification, de mobilisation, de communication.*

Le « facteur Bhopal »

Dans le cas de la filiale indienne d'UCC à Bhopal, que s'est-il passé ? La lecture d'enquêtes journalistiques, avec un tri des informations au travers de notre grille des trois niveaux d'influence, apporte quelques éléments. Si le niveau de qualification dans l'entreprise de Bhopal demeure une inconnue de taille, il n'en apparaît pas moins que la direction américaine avait plus que des doutes à ce sujet, à la suite de quatre accidents intervenus en 1981-1982, dont certains avaient provoqué des morts chez les salariés. Dix défauts en matière de sécurité avaient été mis en lumière par le rapport de trois experts venus des États-Unis, qui aurait entraîné une intervention auprès de la filiale indienne quant aux risques présentés par les conditions de stockage. En vain pourrait-on croire, étant donné la catastrophe de 1984, suivie d'un nouveau rapport d'expertise qui fera conclure au P-DG d'Union Carbide, Warren Anderson, que l'usine fonctionnait « apparemment sans aucun respect des règles de sécurité » (20 mars 1985) ? Mais la multinationale n'aurait-elle pas cherché de la sorte à dégager sa responsabilité ?

Pour ce qui est du niveau de mobilisation, il semblait avoir été élevé, avec une pression associative en faveur du déplacement de l'usine depuis plusieurs années, accentuée par les accidents du début des années 1980. Élevé également, le niveau de communication, l'évocation du relais journalistique faisant se référer à l'*Indian Express*, et au journaliste Rajkumar Keswani, ainsi qu'à l'article prémonitoire paru en juin 1984 dans un journal hindi local : « Bhopal est assis sur un volcan. » Mobilisation et communication n'auront pas débouché sur la recherche d'une plus grande sécurité, le mécanisme de pression mettant les pouvoirs publics en face de leurs responsabilités ayant été privé de son dernier élément : la prise en compte de la contestation par les acteurs politico-administratifs. La raison avancée dans le journal précité : la corruption.

Est-ce à dire que la situation était devenue exemplaire aux États-Unis ou en France depuis les années 1970 ? Par ricochet, l'accident de Bhopal en fera fortement douter. Pire encore, dans l'usine d'Institute, en Virgine occidentale, où était produit le MIC, une fuite dans les installations de stockage se produira en 1985, peu après l'installation d'équipements supplémentaires de sécurité (pour un coût avancé de sept millions de dollars). S'il y aura controverse quant au (x) produit(s) en cause, le nuage toxique n'en aura pas moins touché plusieurs centaines d'habitants, dont 135 hospitalisés, souffrant de nausées, de troubles oculaires et de difficultés respiratoires. 1,3 million de dollars : telle sera l'amende imposée à UCC par le gouvernement américain pour avoir enfreint à Institute les lois fédérales de protection de l'environnement et de la santé... à deux cent vingt et une reprises.

Parmi les facteurs susceptibles de réduire l'exposition au risque industriel, un certain niveau de *culture technique* concerne le monde des travailleurs ; un certain niveau de *conscience écologique* relève de la totalité de la population ; c'est de la maturité des citoyens, en définitive, que dépend un niveau cohérent et efficace de *contrôle technico-administratif*, de la responsabilité des services de l'État sous le contrôle des autorités politiques. Le problème est social, sociopolitique autant sinon plus que technico-scientifique. C'est dire que syndicats, associations et partis ont un rôle à jouer, et des plus grands. Comment une capacité trop faible de réaction ne risquerait-elle pas d'attirer l'implantation industrielle la plus dangereuse ?

Le tiers-monde a été présenté souvent, notamment après la catastrophe de Bhopal, comme une zone prédestinée à la pollution industrielle « exportée » par les pays développés. Mais ce peut être vrai ailleurs : c'est selon les pays, mais aussi selon les régions dans un même pays, et c'est selon les situations, selon les époques. Dans les exemples précités, même dans les cas de prise en compte étatique de la pression associative relayée par des médias importants, il était possible d'aller plus loin dans la recherche de la sécurité — la preuve en étant faite parfois par l'accident même que l'on pouvait redouter. C'est ainsi qu'à Béziers à la fin des années 1970, les améliorations obtenues n'allaient pas jusqu'à la résolution des problèmes. Mais ceci ne sera reconnu que longtemps après. Après Bhopal[1].

Les causes en sont multiples, mais peuvent se résumer en peu de mots : force et solidité, faiblesse et fragilité. Force d'une puissance économique capable de trouver des appuis solides. Faiblesse des acteurs sociaux réunis pour l'occasion en une fragile alliance. Union Carbide Corporation a su parfaitement maîtriser les mécanismes des politiques publiques en respectant les dispositions légales de... 1917, l'unité Témik se voyant autorisée peu avant le vote de la nouvelle loi, celle de 1976 (qui devra d'ailleurs attendre un peu plus d'un an son décret d'application) ; opération renouvelée après Bhopal avec la transformation du processus de fabrication, soumise à enquête en 1985... juste avant la publication au *Journal officiel* des décrets de la loi de 1983 relative à la démocratisation des enquêtes publiques (à l'entrée en vigueur repoussée de quelques mois).

Parmi les acteurs sociaux réunis dans les années 1970, on rencontrait une minorité de simples habitants du quartier de La Devèze (un tiers du CLCP à l'origine), une minorité de simples travailleurs, et surtout des militants de gauche et d'extrême gauche. Le noyau originel du CLCP était le Collectif « Cité future » créé à Béziers peu avant, en décembre 1976, dans le but de « réunir l'extrême gauche » autour du problème de l'unité Témik avant les élections (selon Robert Ménard, l'animateur le plus connu du comité). Le succès paraîtra plutôt celui de l'éco-

---

1. Voir notre double travail de recherche à Béziers, avant et après Bhopal, dans *Syndicats et écologisme*, ministère de l'Environnement, 1985.

logisme, et le CLCP comptera jusqu'à soixante à quatre-vingts membres au plus fort de la lutte. L'alliance avec le groupe AEA faisait aller au-delà de la gauche (avec des militants de l'Union des familles de l'arrondissement de Béziers et de l'Union féminine, civique et sociale) ; celle avec la section de la CSCV y ramenait (le socialisme autogestionnaire pour ce syndicalisme familial et consumériste). La tonalité trotskiste semblait importante dans la jonction entre CLCP et intersyndicale CGT-CFDT, du fait de la double ou triple « casquette » de militants de la LCR : mais ces personnalités, et d'autres, auraient été des francs-tireurs plutôt que des représentants de partis ou de syndicats.

La primauté du facteur politique comme élément déclencheur doit davantage être considérée du point de vue organisationnel qu'idéologique, l'ossature ainsi apportée à la pression sociale ne structurant que relativement un assemblage associatif hétérogène, et le reliant surtout tactiquement à un syndicalisme. Une fois les syndicalistes acceptés en qualité de personnalités qualifiées dans la réflexion sur la sécurité (avec la création de la section Témik), la jonction entre CLCP et intersyndicale allait cesser, le CLCP disparaître... et la section Témik ne lui survivre que peu de temps à la fin des années 1970. La crédibilité d'un syndicalisme ouvrier dans l'élaboration d'une culture scientifique et technique ne saurait empêcher son isolement ; et la pertinence de l'interpellation d'un syndicalisme de l'environnement livré à ses propres forces ne saurait dissimuler sa faiblesse. C'est la jonction des deux qui les renforçait. Cette fragile alliance finira par céder la place à l'habituelle controverse entre défense de l'emploi et défense de l'environnement.

Plus de deux cents corps étendus sur le sol, ceux de salariés de La Littorale : image impressionnante pour les Biterrois invités à une réunion publique, le 24 janvier 1985, elle ne symbolisait pas la « terreur industrielle » qu'entendaient dénoncer les tenants de l'écologisme, mais l'affrontement succédant à la jonction, l'intersyndicale de l'entreprise ayant trouvé ce moyen original d'empêcher l'accès à la salle de conférences du palais des congrès. Au premier plan de l'image, l'ingénieur Jean-Michel Villeroux, délégué syndical (CGT). En face de lui, le docteur Jean-Paul Coulouma, ancien membre du CLCP, qui avec d'autres a créé, à la fin de 1981, l'Association régionale d'écologie, ultérieurement plus ou moins rattachée au réseau des Amis de la Terre. C'est debout sur une chaise, dans le hall, que ce militant doit présenter un exposé technique, le couloir étant obstrué par les corps... À ses côtés, les animateurs des Verts, de la CSCV, du mouvement occitan et des AT, réunis sous la présidence du représentant de ces derniers, Jean-Louis Prunier, dans l'ARE. Celui-ci désignera peu après comme seul « adversaire » l'intersyndicale : « les alliés d'hier en 1977 ». La direction de La Littorale n'a-t-elle pas laissé aux travailleurs le soin de défendre l'entreprise ?

Le grand refus des uns, c'est celui de voir, à Béziers comme à Bhopal, une population en danger de mort « pour des betteraves », suivant l'expression de Jean Combès (les Verts). Ils ne croient pas à un renforcement de la sécurité sous contrôle ouvrier. Le grand refus des autres, c'est de voir sacrifier l'emploi à la sécurité : ils ne croient pas à la reconversion en cas de fermeture de l'unité Témik. Affrontement inutile ? La solution adoptée répondra à la fois à une recommandation du rapport d'expertise du Commissariat à l'énergie atomique pour le ministère de l'Environnement, et à la pétition signée par des milliers de personnes demandant l'arrêt de l'utilisation du MIC à Béziers. La Littorale décide le 5 mars 1985 d'importer des USA l'aldicarbe plutôt que ses constituants (dont le MIC), supprimant la première phase de la fabrication du Témik... et mettant la population à l'abri, sinon de tout risque, du moins d'un « autre Bhopal ».

Pourquoi l'affaire de Béziers aura-t-elle eu un tout autre dénouement au milieu des années 1980 qu'à la fin des années 1970 ? Comment ne serait-ce pas en raison de la « pédagogie des catastrophes », celle-ci donnant une ampleur nouvelle aux critiques entre-temps confinées dans la seule intersyndicale de La Littorale ? Car même dans le mouvement écologique, dans le courant politique de l'écologisme (comme dans les appareils politiques et syndicaux locaux en général, et dans les administrations), était acceptée l'idée que l'entreprise avait été aussi loin qu'on pouvait l'y forcer dans la recherche de la sécurité. Et peut-être était-ce vrai en l'absence du « facteur Bhopal »...

Les agriculteurs,
techniciens ou partenaires ?

MARC MORMONT

Le rapport des agriculteurs à l'environnement a été d'emblée posé comme conflictuel. Historiquement, deux courants d'analyse, très différents, rendent compte de cette tension.

D'un côté des analyses, issues souvent de la sociologie rurale, ont fait de l'environnement une construction de la société moderne et urbaine : l'environnement est alors une représentation, imprégnée d'un certain romantisme de la nature. Associée à des usages urbains de l'espace rural (tourisme ou conservation de la nature), elle véhiculerait des systèmes de valeurs étrangers aux ruraux et qui auraient pour effet, sinon pour fonction, d'exproprier les agriculteurs de leur mode d'usage de l'espace rural[1]. Certaines y opposent le rapport spécifique que les agriculteurs entretiennent avec l'espace et avec la nature. On est, dans cette optique, dans une logique d'affrontement culturel.

D'un autre côté, des analyses plus fréquentes dans le monde anglo-saxon prennent comme point de départ les pollutions d'origine agricole. Prenant acte des résultats des études scientifiques et des risques qu'elles révèlent pour les ressources en eau, la nature ou la biodiversité, ces recherches, plus politiques, examinent comment les politiques d'environnement entrent en conflit avec la politique agricole, et comment elles s'y intègrent ensuite.

---

1. Sur les relations des groupes sociaux à la nature, lire dans la première partie Jean-Louis Fabiani, « L'amour de la nature » et Yves Luginbühl, « Paysage modèle et modèles de paysage ».

Les agriculteurs sont évidemment largement du côté des défenseurs du productivisme, en dépit des recompositions de l'agriculture, par exemple de l'émergence de l'agriculture biologique.

Cette tension entre environnement et agriculture relève donc de deux grands types d'explication : l'approche « ruraliste » y voit davantage un conflit culturel, figure supplémentaire ou ultime de l'emprise du monde urbain sur le monde rural dont l'agriculteur est l'archétype, tandis que l'approche « écologiste » y voit plutôt un conflit économique entre un secteur de production et les intérêts supposés collectifs de l'environnement. Cette tension existe, mais d'abord comme fait politique. Les préoccupations environnementales émergent en effet de couches sociales plutôt urbaines, plutôt cultivées, et sur des arrière-fonds idéologiques (critique de la société de consommation, par exemple) largement étrangers au monde agricole.

Pour les agriculteurs, la préoccupation pour l'environnement vient de l'extérieur et leur paraît dévaloriser leur pratique professionnelle et leur métier ; la critique écologique est reçue non comme une critique technique, mais comme une critique morale et sociale qui réactive chez les agriculteurs un sentiment d'infériorité à l'égard de la ville, de la culture cultivée. Alors que l'épandage des lisiers est pour eux une pratique agronomique rationnelle, ils se voient accuser de polluer et donc, implicitement, de mal se conduire.

Si c'est la politique agricole qui est accusée de productivisme, la critique n'est pas mieux reçue car les agriculteurs y sont fortement attachés : cette politique encadre si fortement leur activité qu'elle constitue une référence à la fois pratique et idéologique de leur vision du monde. Produire plus est un idéal et souvent un modèle d'excellence, d'ailleurs récompensé par des soutiens à la production.

Or les préoccupations environnementales émergent en même temps que la mise en cause progressive de cette politique agricole. Les réformes apportées à celle-ci s'appuient aussi sur des légitimations environnementales. En effet réduire la production peut être aussi présenté comme une manière de réduire les impacts environnementaux ; et soutenir les agricultures des régions défavorisées s'affiche parfois comme une manière de défendre des agricultures qui entretiennent l'espace rural, particulièrement en montagne.

Au-delà donc même des discours écologistes qui pointaient les dégâts occasionnés par les pratiques agricoles, les préoccupations environnementales sont politiquement associées à une critique d'un modèle que les agriculteurs défendent parce qu'ils y trouvent une sécurité et parce qu'ils s'y identifient en tant que producteurs de produits alimentaires. La tension est politique, et elle s'alimente évidemment d'une série de multiples conflits locaux qui opposent agriculteurs et non-agriculteurs autour de questions qualifiées d'environnementales. Elle est relayée par les médias, renforçant des représentations stéréotypées des uns et des autres.

Si elle explique la répulsion que l'environnement et l'écologie suscitent dans les milieux agricoles, cette tension est-elle le tout de la relation entre les agriculteurs et l'environnement ? L'approche ruraliste invite au moins à observer de plus près les rapports réels entre les paysans et les milieux où ils vivent et travaillent, tandis que l'approche politique suggère de chercher ailleurs que chez les agriculteurs (dans la politique agricole, la dépendance économique des exploitants) des raisons à cette opposition entre nature et agriculture.

Ce sont, en France du moins, principalement les mesures « agri-environnementales » (et d'abord le fameux « article 19[1] ») qui vont susciter une vague de recherches sur les relations nouvelles entre agriculteurs et environnement. Première forme officielle de politique environnementale dans ce secteur, elles sont une occasion d'étudier, dans un cadre défini, l'éventuelle recomposition de l'activité agricole. Dans cette perspective, la recherche sur les « formes d'encadrement environnemental de l'agriculture » veut examiner les formes d'activité proposées aux agriculteurs pour modifier leurs pratiques dans un sens favorable à l'environnement. Réussissent-elles et comment à modifier les pratiques et les attitudes des agriculteurs ?

Impliquant l'observation d'opérations nouvelles (plutôt expérimentales) induites par des dispositifs particuliers, cette recherche amène à réduire l'environnement à ce qui est pris en compte par ces dispositifs (et proposé aux agriculteurs comme « environnement »). D'autre part elle étudie des opérations limitées dans le temps et dans l'espace, innovatrices mais non généralisées : elle suppose donc un temps court, dominé par le temps des dispositifs politico-administratifs eux-mêmes.

Quatre modalités de définition de l'action à entreprendre ont été identifiées[2]. La première, et peut-être la plus classique

---

1. Article du règlement européen de 1985 qui a permis, pour la première fois, d'accorder des subventions aux agriculteurs pour des actions en faveur de l'environnement.
2. Les mesures « agri-environnementales » constituent un programme qui contient ces diverses modalités en puissance. Mais c'est davantage la pratique de mise en œuvre qui va relier une mesure particulière à un modèle.

car elle est très proche du contrôle des pollutions industrielles, consiste à définir des normes techniques — par exemple pour les bâtiments d'élevage —, accompagnées d'aides financières pour les atteindre.

La mise aux normes des bâtiments d'élevage consiste à imposer aux éleveurs des réglementations techniques sur le stockage des effluents. On impose la réalisation d'un silo étanche et d'un volume de stockage (proportionnel au cheptel) qui permettra à l'agriculteur de ne pas épandre fumiers ou lisiers durant les mois d'hiver. Le non-respect de ces normes peut conduire à payer des redevances à l'Agence de l'eau et les investissements nécessaires sont éventuellement subventionnés, au moins pour les jeunes qui s'installent.

De telles réglementations vont obliger l'agriculteur essentiellement à modifier ses équipements (et certaines pratiques techniques associées) de manière à diminuer des rejets supposés dommageables : l'identification du risque est faite par des experts, et souvent de manière très exogène. Le plus souvent la contrainte est appliquée avec souplesse (délais de mise aux normes, soutien accru aux jeunes, etc.). Ainsi l'adhésion des agriculteurs se fait le plus souvent parce que cette mise aux normes est intégrée à une modernisation technique de l'exploitation et que son financement est ainsi assuré.

Mais nombre de pratiques agricoles ne sont pas susceptibles d'une normalisation technique, notamment parce que le contrôle n'est pas possible. Un second modèle consiste à stimuler des innovations techniques dont on espère un double dividende. Il s'agit par exemple d'essais de compostage des fumiers, ou encore d'essais qui cherchent à mettre au point une méthode de diagnostic des besoins nutritifs des céréales de manière à doser finement des apports d'engrais : dans ces cas on espère trouver des techniques qui procurent un gain à la fois financier (économie d'engrais chimiques) et environnemental. Ces expériences concernent souvent une agriculture intensive. Mais on peut observer une même logique dans des tentatives de gestion de prairies avec une faible fertilisation.

Ces dispositifs sont souvent des expériences, des sites de démonstration soutenus par des incitations financières et font surtout appel à des essais qui valorisent les compétences tant techniques que de gestion des agriculteurs. Ils s'appuient sur des centres de recherche ou des instituts techniques. C'est donc à une maîtrise supérieure que sont invités les agriculteurs ; il s'agit ici avant tout du champ, de la prairie, des plantes et de leur croissance, bref d'un monde de pratiques familières aux agriculteurs les plus avancés techniquement. Ces dispositifs sont évidemment d'autant plus accessibles que les compétences des agriculteurs sont élevées.

Un troisième modèle est plus axé sur le développement de filières alternatives de production et de commercialisation des produits. Le développement de produits fermiers, de productions labellisées, misant sur différentes manières de définir la qualité, constitue une des réponses possibles aux réformes de la politique agricole, mais il peut aussi s'appuyer sur des argumentations « environnementalistes », à condition d'établir des liens — plus ou moins validés — entre une définition de la qualité et des pratiques agricoles plus favorables à l'environnement. Les initiatives prises se réfèrent souvent à des traditions (produits traditionnels, méthodes traditionnelles) bien qu'il s'agisse souvent de compromis avec des méthodes modernes de production ou de transformation des produits.

En Belgique, par exemple, des tentatives ont été faites pour développer des filières de produits fermiers dans le secteur de la viande (bovine et porcine), en s'appuyant sur des argumentations de qualité et d'environnement : les cahiers des charges prévoient en effet une alimentation du bétail à base locale (on limite donc les importations d'aliments, on oblige les agriculteurs à produire des céréales, production qui leur permet d'utiliser leurs effluents d'élevage) et une proportion raisonnable d'animaux (charge en bétail par hectare).

Ce modèle des filières est, du fait de cette référence dominante à des traditions, souvent lié à des initiatives de type territorial qui forment un quatrième mode de prise en compte de l'environnement touchant la petite région rurale. Il s'agit alors de développer les interactions entre les pratiques agricoles de production et des valeurs environnementales qui peuvent avoir du sens pour d'autres acteurs et d'autres activités. L'horizon est celui d'une économie rurale « reterritorialisée » qui privilégierait les échanges entre entrepreneurs locaux et avec des consommateurs proches ; tourisme, protection des paysages, valorisation directe des produits, pluriactivité fournissent quelques-uns des axes autour desquels se recomposerait cette économie locale. La validité environnementale de ces initiatives repose sur la constitution de complémentarités locales des activités autour de biens communs.

En Lorraine par exemple c'est le paysage, où se mêlent vergers (mirabelles), zones humides, prairies, étangs, coteaux parfois couverts de vignes, qui constitue le pôle de l'action : le Parc naturel régional cherche à préserver cette variété qui elle-même repose sur la diversité des usages agricoles. Il s'agit donc à la fois de soutenir certaines pratiques (l'entretien des haies) et en même temps de stimuler la valorisation (y compris touristique) des produits locaux. On s'inscrit ici de manière plus directe dans un environnement qui est à la fois produit des activités agricoles et producteur d'activités valorisantes : l'agriculture fait partie de l'environnement comme celui-ci de l'économie agricole locale ou régionale.

Ces quatre modèles construisent en fait des « environnements » différents et donnent une place différente aux agriculteurs. Si les deux premiers acceptent une définition scientifique des risques environnementaux imposée de l'extérieur, ils donnent une place plus active à l'agriculteur, comme technicien et presque comme expert de la gestion des impacts sur le milieu. Les deux derniers, au contraire, construisent un environnement beaucoup plus polysémique où les agriculteurs et d'autres acteurs (consommateurs, partenaires locaux, etc.) échangent autour de la définition d'un environnement où l'agriculteur est lui-même partie active.

Temps et espaces de reconfiguration

L'adhésion des agriculteurs aux propositions faites est variable. Elle est certainement liée au degré de proximité qu'un profil d'exploitant entretient avec chacun de ces modèles. Par exemple, le modèle d'innovation technique semble avoir des affinités avec des catégories d'exploitants prédisposés par leur niveau de formation à la recherche de l'innovation, mais aussi avec des profils d'exploitants plus intensifs comme les céréaliers ; la recherche de filières alternatives de production/commercialisation paraît plutôt le fait de « néo-ruraux » ou d'exploitants plus marginaux disposant de plus de temps que de capital.

Un second facteur d'adhésion est constitué par la position de l'agriculteur dans le champ social et le champ professionnel. Nous ferions volontiers l'hypothèse que l'adhésion est d'autant plus probable que l'exploitant est fortement engagé dans une vie associative extra-professionnelle qui le rend plus sensible aux demandes des consommateurs comme à celles d'autres catégories d'usagers de l'espace rural. Dans une commune vosgienne où les problèmes de qualité de l'eau sont avérés et où le maire, agriculteur, mais marié à une enseignante à la ville voisine, est en charge des problèmes de santé publique, la question de l'eau peut prendre du sens pour lui.

Mais ces facteurs ne doivent pas être considérés de manière statique. Ce qui importe est un double processus de construction. D'abord celui de construction de l'environnement tenu pour pertinent : de longues discussions entre fournisseurs d'eau, profession agricole et communes dans le cas du programme d'action Hesbaye en Wallonie peuvent conduire les représentants des agriculteurs à s'affirmer non plus seulement comme producteurs d'aliments mais aussi comme coopérant à la production de l'eau potable. Il y a donc un chemin à parcourir pour définir l'environnement qui doit être pris en compte. Plus les agriculteurs sont associés de manière active à cette tâche de diagnostics, et plus ce diagnostic les reconnaît comme groupe capable d'agir, plus leur adhésion est probable.

Un deuxième processus intervient alors : il s'agit ici de construire les médiations pratiques, accessibles aux agriculteurs, qui peuvent leur permettre d'intervenir sur cet environnement. Ces médiations sont souvent techniques : définir des pratiques de fertilisation, des méthodes d'entretien de certains espaces, évaluer leur efficacité et leur coût, définir des normes de qualité et les relier à des pratiques d'exploitation sont des étapes nécessaires. Mais ce sont aussi des médiations économiques comme la construction d'une filière labellisée ou de produits « du terroir ».

Les dispositifs étudiés sont non seulement expérimentaux le plus souvent, mais visent souvent plus un effet de démonstration (d'entraînement) qu'un effet écologique direct : on sélectionne les zones prioritaires en fonction des réseaux de relations qu'on peut mobiliser autant qu'en fonction des risques écologiques réels. Ainsi une opération « Ferti-Mieux » en Côte d'Or va privilégier des zones d'exploitants moins intensifs supposés plus réceptifs que les agriculteurs plus intensifs installés dans la zone plus sensible pour les ressources en eau. C'est qu'il s'agit de reconfigurer les systèmes agricoles et pas seulement de limiter des risques immédiats.

L'adhésion des agriculteurs à des programmes qui visent la protection de l'environnement suppose donc bien autre chose que des changements d'attitudes. Faire prendre en compte l'environnement par les agriculteurs procède souvent d'une définition exogène et technico-scientifique des contraintes environnementales. On est alors dans une logique d'imposition de normes et de négociation des coûts, donc une logique plus conflictuelle que coopérative. Tout repose sur la mise au point de techniques efficaces dans un contexte marchand. Dans les modèles de « filières » ou de « territoires », il semble plus pertinent de parler de création et recomposition de nouveaux environnements agraires ou ruraux : le paysage, le terroir renvoient à la fois à des produits (alimentaires, touristiques), à des identités et à des pratiques qualifiées de « traditions ». Dans tous les cas, selon les expériences étudiées, l'adhésion des agriculteurs suppose non seulement la construction spécifique d'un environnement pertinent, mais également une redéfinition des trajectoires techniques et économiques des exploitations : on crée ou l'on recompose un contexte à dominante tantôt marchande, tantôt technique, mais, dans chaque cas, il faut qu'émergent simultanément des techniques, des acteurs collectifs, des circuits économiques et des règles nouvelles.

Ce qui semble alors jouer un rôle clé, c'est la mise à disposition de connaissances (des milieux, des enjeux localisés, des techniques) et de ressources (financières, organisationnelles) de telle façon que ces éléments circulent entre les acteurs, soient reformulés et que puissent surgir des possibilités nouvelles d'action. Dès lors il faut inventer et tâtonner. Plutôt qu'une vision positiviste, qui prendrait pour données les connaissances et les principes de gestion de l'environnement, il semble que c'est un contexte d'incertitude relative, sur base de problèmes reconnus comme réels, qui peut stimuler l'innovation, technique, économique ou sociale.

Sortir de l'incertitude ne pourra se faire qu'en accompagnant ces expériences de connaissances nouvelles, tirées des expériences elles-mêmes. Cela implique des recherches axées sur la gestion et l'évolution simultanée des milieux (milieux naturels, paysages, ressources) et des activités agricoles, ayant pour objet des reconfigurations progressives plutôt que les ensembles *a priori* séparés que forment les « environnements » et les exploitations ou les systèmes de production agricoles.

BIBLIOGRAPHIE

MORMONT M., *Vers un encadrement environnemental de l'agriculture*, rapport au ministère de l'Environnement, Fondation universitaire luxembourgeoise, 1994.

MORMONT M., « Agriculture et environnement : pour une sociologie des dispositifs », *Économie Rurale*, n° 236, 1996.

MORMONT M., « Incertitudes et engagement : les agriculteurs et l'environnement », *in* Blanc M., Mormont M., Remy J. & T. Storrie (éds), *Démocratie et vie quotidienne, pour une sociologie de la transaction sociale*, L'Harmattan (coll. « Logiques Sociales »), 1994.

L'eau, terrain d'expérimentation

JEAN-PIERRE LE BOURHIS

L'eau n'est pas un élément qui se gouverne aisément. Elle ignore les limites institutionnelles, les frontières communales et départementales, les barrières entre segments administratifs. Au bord des cours d'eau, les fonctionnaires municipaux côtoient les agents du ministère de l'Environnement ou de la Santé, qui y rencontrent leurs homologues de l'Agriculture, de l'Industrie ou de l'Équipement, chacun suivant des objectifs et usant de corps de règles juridiques spécifiques... À cette complexité technique des problèmes à traiter, s'ajoute la variété des acteurs et des intérêts entre lesquels il faut arbitrer.

Les difficultés liées au gouvernement des eaux ont cependant favorisé l'innovation politique, sous forme de solutions institutionnelles et réglementaires originales.

C'est le cas en particulier des Commissions locales de l'eau, dites CLE, créées par la loi du 3 janvier 1992, qui tentent d'apporter une réponse — la plus récente — aux problèmes de gouvernabilité des eaux. Les CLE sont des institutions locales chargées de définir et de suivre l'application des schémas d'aménagement des eaux (SAGE), qui doivent permettre la mise en œuvre d'une gestion équilibrée de la ressource. On peut alors s'interroger sur la forme de décision qui naît de cette politique et, plus largement, se demander si un tel renouvellement peut offrir un modèle pour d'autres actions publiques[1].

---

1. Plus généralement, voir B. Latour, *Politiques de la nature. Comment faire entrer les sciences en démocratie,* La Découverte, 1999.

On trouve dans le domaine de l'eau un grand nombre d'institutions qui se distinguent des formules administratives classiques. Les premiers essais d'intervention collective « hydro-logique » émergent de façon révélatrice au cœur de la société industrielle, là où apparaissent les nuisances les plus sévères. Ce sont les industriels de la Ruhr qui forment les premiers groupements publics associant usagers et autorités locales, dans le but de traiter les questions liées à l'eau — pollution, drainage des terres. Surtout, leur action s'inscrit dans le cadre d'un territoire dont les frontières sont fixées par l'eau, le bassin versant. Ce territoire hydrologique couvre la zone de collecte des eaux d'une rivière, du point le plus haut d'une vallée jusqu'à la confluence ou l'embouchure du cours d'eau.

Ces « associations » ou « organisations » de rivière (*Genossenschaft* ou *Verband*) sont financées par les usagers et l'autorité publique et interviennent en matière de travaux d'aménagement et d'équipements de dépollution. Plusieurs décennies plus tard, la création de la Tennessee Valley Authority en 1933 privilégie une approche plus soucieuse d'aménagement ; celle-ci prend en charge les questions liées à l'eau et au développement local (navigation, hydroélectricité, inondations). Financé en grande partie par l'État fédéral, cet établissement public noue aussi des liens très étroits avec les pouvoirs locaux.

Ces formes territoriales de gouvernement de l'eau ne sont pas isolées. On peut citer en Europe nombre d'autres institutions dédiées à l'eau, des *Regional Water Authorities* britanniques — aujourd'hui fusionnées au sein de *l'Environmental Agency* — aux *Waterschappen* hollandais[1]. En France, la loi de 1898, fondatrice du droit moderne de l'eau, offre la possibilité aux riverains de se regrouper en associations pour l'entretien et le curage des rivières. En 1934, à la suite de longs débats, la Compagnie nationale du Rhône met en place un modèle qui sera repris par les sociétés d'aménagement régional des années 1950 (Société du Canal de Provence, Compagnie du Bas-Rhône Languedoc notamment). Grâce à ce dispositif, les pouvoirs locaux et centraux commencent à former des alliances institutionnelles et financières autour de la réalisation et la gestion de grands équipements hydrauliques.

Malgré des différences de compétences, d'organisation interne ou de taille, trois caractères se détachent, communs à l'ensemble de ces structures : un *ressort* territorial à base hydro-

---

1. Voir B. Barraqué, *Les Politiques de l'eau en Europe*, La Découverte, 1995.

logique, le bassin hydraulique ou la rivière ; une *institution* associant des usagers de l'eau ou leurs représentants ; un *lien*, financier, infrastructurel ou politique, qui prend appui sur l'interdépendance hydraulique et exprime la solidarité entre les usagers.

De ce point de vue, le système français de 1964 ne marque pas un changement radical. Il apporte cependant des infléchissements majeurs et innove quant aux *modalités* de la traduction institutionnelle du lien hydraulique.

Dans ses grandes lignes on retrouve dans le système des agences de l'eau les traits soulignés ci-dessus. Six territoires d'intervention sont créés, recouvrant pour l'essentiel les bassins des grands fleuves (Seine, Loire, Adour-Garonne et Rhône dans leur totalité ; tronçons français du Rhin, de la Meuse, et de la Somme, auxquels s'ajoutent divers fleuves côtiers, étangs littoraux, etc.). Sur ces territoires, les « Agences financières de bassin » sont chargées de lever une taxe sur les usagers de l'eau et de subventionner les activités de protection et de développement de la ressource aquatique. Cette imposition est approuvée par le « Comité de bassin » qui réunit des représentants de l'État, des collectivités locales et des principales catégories d'usagers (industriels, agriculteurs, pêcheurs et protecteurs de la nature).

La solidarité de fait qui unit les usagers est traduite essentiellement par un circuit de financement autonome. Les dispositions complémentaires de la loi sur les plans réglementaires ou opérationnels restent en effet sans suite : c'est le cas des établissements publics de bassin (art. 16), permettant aux collectivités locales de se regrouper pour mener ensemble des travaux d'aménagement (barrages, réservoirs, canaux notamment) ; ou des zones spéciales d'aménagement des eaux (art. 46), instaurant des règles sur les prélèvements ou les rejets, là où un contrôle continu est indispensable (zones de sécheresse ou de pollution chroniques).

Par ailleurs, les Agences de l'eau seront attentives par la suite à garder une certaine neutralité politique en mettant en avant leur fonction de « banques de l'eau », plutôt que de gestionnaires de la ressource. En centrant leur activité sur la collecte des redevances et la redistribution des sommes levées, elles laissent aux collectivités locales, aux usagers, et à l'État par le biais des règlements, la charge de définir le contenu des actions en matière de dépollution, d'économies d'eau, ou de développement de la ressource disponible. Si les agences développent progressivement à côté des actions de financements et de subventions, le conseil, l'assistance et l'animation, elles se refusent à porter la responsabilité d'une politique définie localement, à l'échelle du bassin versant. De même, les Comités de bassin, en tant qu'instance délibérative se focalisent principalement sur les paramètres de l'imposition et l'emploi du produit des taxes.

La question de l'eau est donc traitée durant cette période sur un mode technico-économique et le principe d'une solidarité entre usagers, traduite en termes financiers, pénètre peu l'espace public. S'il y a bien une *mise en commun* des coûts liés à la ressource, celle-ci n'émerge pas comme un *bien commun*.

Un ancrage local et politique

La loi du 3 janvier 1992 marque nettement un infléchissement de l'économique vers le politique. Près de trente ans après le texte fondateur de 1964, elle consacre un renouvellement de la politique menée, qui gagne le niveau territorial, grâce notamment à la création des Commissions locales de l'eau. Sa mise en œuvre apporte une nouvelle traduction des interdépendances aquatiques. Les hauts fonctionnaires des années 1960 envisageaient d'abord des flux et des circulations — à la fois hydrauliques et financiers. Ceux des années 1980 et 1990 s'efforcent de créer un cadre organisationnel aux interactions territoriales et environnementales. La nécessité d'envisager la solidarité hydraulique à l'intérieur d'un territoire et d'une société locale préexistante est donc affirmée.

L'infléchissement territorial se traduit tout d'abord dans le périmètre d'intervention des nouvelles Commissions de l'eau. Chacune gère les questions de sa compétence dans le cadre d'un bassin versant qui doit être politiquement viable : les textes d'application incitent d'une part au choix d'un périmètre « à taille humaine » (entre 1 000 et 2 000 km^2) ; d'autre part à mettre en avant, lors du découpage de ce territoire, les critères à la fois hydrologiques et sociaux, visant une communauté d'expérience dotée d'identité collective. C'est le modèle de la vallée, où la rivière crée à la fois une entité hydrogéographique, culturelle et politique, et où peuvent prendre place des échanges réguliers autour de l'eau commune.

La composition des Commissions marque également leur ancrage local. Le partage des sièges de représentants vise à regrouper les acteurs politiques, administratifs et sociaux intéressés au devenir de la ressource aquatique : les élus locaux des différents niveaux territoriaux disposent de la majorité avec la moitié des voix ; le restant est partagé entre les représentants de l'État (services déconcentrés et établissements publics), et les différents usagers concernés (industrie, agriculture, pêche, protecteurs de la nature). C'est donc le « monde de l'eau » local qui est ainsi à la fois délimité et manifesté.

Enfin, s'extrayant du registre économique dans lequel s'inscrivaient les Agences de l'eau, les Commissions de l'eau rédigent un document légal, opposable aux actes publics ayant des conséquences directes sur la ressource. L'accent est ainsi mis sur la constitution d'une « règle du jeu » collective et partant d'un intérêt général justifiant cette contrainte. Une fois mis en place, le système des Agences et des Comités de bassins avait fonctionné sans grands remous ; à l'inverse l'objectif affiché des Commissions de l'eau est d'inciter au débat local — voire de le créer — de multiplier les prises de parole et les interventions sur les objectifs de la collectivité vis-à-vis de l'eau. Il crée une scène locale où peuvent s'affronter les diverses visions de la fonction de l'eau et de la rivière, des usages prioritaires, ou de la nature des relations « normales » entre les hommes et celles-ci.

Au travers de ces caractéristiques apparaît la volonté de promouvoir une entité politique nouvelle dans l'espace local. La mission de l'institution est de prendre en charge la question de l'eau et de dire l'intérêt général. L'objectif est ambitieux : une communauté solidaire, travaillant à débattre et à s'accorder *in fine* sur l'insertion de l'eau dans la vie collective et sur les normes réglant une telle coexistence.

Après sept ans de mise en œuvre du dispositif CLE, un certain nombre d'enseignements peuvent être retirés, quant à la réalisation de cette ambition. Pour cela on doit porter attention aux pratiques territoriales concrètes plutôt qu'au seul dispositif légal. On rappellera ici que plusieurs dispositions de la loi de 1964 sont restées inappliquées, tels les établissements de bassin évoqués ci-dessus ; ou déviées de leur sens originel, comme la fonction incitative des redevances des Agences[1].

L'observation de Commissions de l'eau livre un bilan contrasté que l'on peut résumer à partir de deux constats principaux : d'un côté, on assiste bien au montage d'une action collec-

---

1. Il est reconnu aujourd'hui que celle-ci est inexistante, les niveaux d'imposition étant trop bas pour être dissuasifs. *Cf.* Commissariat général au plan, *Évaluation du dispositif des Agences de l'eau*, La Documentation française, 1997.

tive autour du problème de l'eau, qui devient un sujet de débat public ; d'un autre côté, une telle mobilisation ne se traduit encore que partiellement en interventions ou en pratiques de protection. Si une évolution nette se signale pour les activités directement liées à l'eau, les progrès demeurent limités pour les autres politiques sectorielles influant sur la ressource (développement urbain, aménagement du territoire, agriculture et industrie notamment).

L'émergence de l'eau comme enjeu local est le principal effet de la mise en place des Commissions locales de l'eau. Celles-ci suscitent des mobilisations à la fois politique, administrative et sociale et une prise en charge collective du domaine par les différents responsables locaux. C'est le cas par exemple sur des rivières comme l'Arc (Bouches-du-Rhône) ou la Drôme, ou pour des nappes souterraines comme celle du Bassin ferrifère (Alsace).

La création d'une Commission de l'eau suit généralement une impulsion donnée par un élu local agissant comme un « entrepreneur politique ». Celui-ci prend en charge la cause de la rivière et y associe son réseau relationnel : il négocie et garantit le soutien de ses pairs, maires et conseillers généraux et les aides financières nécessaires pour lancer l'action collective. La procédure exige aussi le montage d'une coalition de services administratifs, de l'État et des collectivités, apportant les compétences technico-juridiques et les moyens bureaucratiques. Elle est rendue particulièrement indispensable par l'éclatement des compétences et des règles relatives aux différentes eaux, chaque ministère concerné appliquant ses procédures dans son domaine.

S'y ajoute aussi la manifestation publique du soutien de la « société locale », associée de façon diverse à la définition de la politique. Ce support peut être assuré par les instances associatives ou corporatives (nature, agriculture, pêche notamment) et leurs réseaux ; il peut aussi être entretenu par l'autorité publique : procédures de concertation, regroupements des « acteurs de l'eau », événements festifs médiatisés (fêtes de l'eau et de la rivière). Cette conjonction de mobilisations tend à accroître la présence du thème de l'eau dans le débat public. La question s'impose peu à peu comme un sujet de préoccupation légitime. C'est un processus de cet ordre que l'on peut observer sur une décennie, dans la Drôme ou l'Arc provençal. Ces cours d'eau longtemps surexploités et dégradés sont aujourd'hui au centre de toutes les attentions et l'objet de programmes importants de protection et de gestion.

Par cette prise de conscience, la ressource aquatique devient un objet à interroger, dont l'identité et les évolutions doivent être cernées par des études et des inventaires. Cette accumulation de connaissances sur un objet délimité (l'eau, la rivière) aide à en donner une représentation unifiée et cohérente, qui réduit d'autant la disparité des points de vue liés aux usages particuliers de l'eau. L'image publique de la ressource se modifie également : matière invisible et commercialisée (eau potable), ou nuisible (inondations, rivières polluées ou insalubres), elle tend à devenir une valeur en soi et un intérêt à protéger : comme milieu vivant, espace paysager, ou partie intégrante d'un projet plus large (développement touristique, amélioration du « cadre de vie », reconquête du milieu naturel).

Dans le même temps cependant, cette *mise en valeur* ne débouche pas sur un programme d'action univoque. D'un côté, certes, les interventions directement liées à la question de l'eau relaient concrètement la vision de l'intérêt général défini au sein des CLE. Prolongeant souvent les programmes des contrats de rivières, l'action publique issue des Commissions de l'eau renforce un mouvement de reconquête des espaces aquatiques initié durant la décennie 1980, partie prenante d'une prise de contrôle plus générale sur la nature[1].

D'autres politiques sectorielles ou territoriales, en revanche, comme les politiques d'urbanisme des communes, les politiques industrielles et agricoles de l'État sont encore loin de prendre en compte systématiquement les interdépendances créées par l'eau. Une telle évolution impliquerait en effet une réorganisation du système politique et administratif local : modifications des zones de compétences et des allocations budgétaires, changement d'affectations de personnels, révision de routines bureaucratiques et des normes d'intervention. La régulation et le guidage administratif des activités agricoles, industrielles, et d'urbanisme demeurent sous le contrôle de départements ministériels indépendants : pour ceux-ci, malgré des évolutions récentes et une réappropriation du discours environnemental, la question de l'eau est souvent pensée en opposition avec celle du développement économique et reste une priorité annexe.

Certaines limitations inhérentes aux Commissions de l'eau sont aussi en cause. Les CLE sont des lieux de débats dans les-

---

1. P. Lascoumes, *L'Éco-pouvoir. Environnements et politiques*, La Découverte, 1994.

quels des décisions d'orientation sont prises, mais qui n'ont pas de pouvoir direct sur les administrations de l'État ou les collectivités locales. Leur mission principale réside dans la production d'un schéma destiné à fixer les objectifs de gestion des eaux (le SAGE), dont le contenu est soumis *in fine* à l'approbation du préfet. La capacité d'action du dispositif dépend alors de la formation d'un consensus, de la mise en place de réseaux de coopération durables, et, en dernière analyse, de l'engagement des acteurs réunis dans ce cénacle. Sans le soutien du système politico-administratif local, la CLE est impuissante à donner corps à sa politique et à assurer sa mise en œuvre concrète. L'unique disposition législative visant à pallier cette faiblesse n'a pas été suivie d'effet sur le terrain à l'heure actuelle (art. 7 de la loi de 1992). Elle prévoyait la création de « communautés locales de l'eau », établissements publics maîtres d'ouvrage du programme de travaux voté par la commission.

Le projet politique porteur des Commissions locales de l'eau se trouve donc à mi-chemin. Là où ces instances sont en place, le débat sur l'eau est engagé et l'enjeu inscrit sur l'« agenda » politique local. Par contre, l'instrumentation administrative autorisant une mise en œuvre effective fait toujours défaut. La transition vers un « traitement politique » local de la question de l'eau, entamé en 1992, n'est donc pas achevée. La réussite de cette forme de décision publique locale nécessite désormais de travailler à réduire ce déséquilibre entre un débat public dynamique, créateur de nouvelles valeurs et une structure de mise en œuvre publique, encore limitée dans ses pouvoirs d'intervention[1].

---

1. B. Latour, J.-P. Le Bourhis, *Donnez-moi de la bonne politique, je vous donnerai de la bonne eau*, CSI-École des mines, 1995. J.-P. Le Bourhis, *L'eau, sujet politique. Les politiques territoriales de l'eau en France*, thèse de sciences politiques en cours, Paris-I-Sorbonne.

III

RISQUES ET DÉVELOPPEMENT DURABLE

L'opacité des scènes locales

Geneviève Decrop, Christine Dourlens,
Pierre A. Vidal-Naquet

Tant qu'il se présentait sous la forme d'une « force », le « risque majeur » n'avait pas droit de cité. La « force majeure », en effet, était considérée, selon le droit, l'assurance ou le dictionnaire de la langue française, comme « une situation, un événement qui empêche de faire quelque chose et dont on n'est pas responsable ». Avec l'évocation de la *force majeure*, tout était dit. L'action humaine frappée d'impuissance, la responsabilité sans sujet.

L'adoption de la notion de « risque majeur », au début des années 1980, signale une modification sensible du traitement des événements catastrophiques. Ou plutôt, elle introduit une prétention. Celle de traiter, précisément, ce qui était traditionnellement réputé « intraitable ». Avec la création d'une « délégation aux risques majeurs » et une production législative et réglementaire assez fournie (trois grandes lois-cadres, une multitude de décrets et de circulaires, des rapports de missions et de commissions, etc.), sont mis en place les premiers outils destinés à ne plus exclure de la gestion certains fléaux, sous prétexte de leur démesure. À l'image de son objet, le dessein est, lui aussi, majeur, puisqu'il ne vise rien moins qu'à replacer dans le champ des « procédures routinières » les situations extraordinaires, qu'à impliquer les acteurs sociaux dans leur maîtrise, c'est-à-dire dans la définition négociée des mesures de protection.

Nul besoin de souligner l'audace d'un tel projet. La domestication de la catastrophe ne s'opère pas, en effet, « par décret ». Elle suit au contraire des voies complexes et insoupçonnées. Le risque majeur ne se laisse pas facilement connaître ni encadrer par de nouvelles procédures routinières. Quels que soient les efforts entrepris ou l'énergie mobilisée, le risque majeur ne cesse d'offrir des résistances de toute nature, parfois les plus sourdes, parfois les plus éclatantes, parfois encore les plus inattendues. Tant qu'il garde son statut de « majeur », le risque reste encore une « force » considérable qui emporte tout sur son passage ou même qui — paradoxalement — peut amener ceux-là mêmes qui entendent la soumettre, à l'amplifier encore, du fait même de leur propre intervention... Il ne suffit pas, en effet, de délibérer dans ce que nous avons appelé, des « scènes locales de risques[1] » pour parvenir effectivement à conjurer la catastrophe.

L'intention de traiter la question du risque complexifie à l'extrême le fonctionnement des scènes, les soumet à des processus de construction/déconstruction, les font entrer dans des zones de turbulences aiguës qui rendent celles-ci très fragiles. Les « scènes de risques » ont la particularité, non seulement d'être animées et conflictuelles mais aussi particulièrement instables, labiles et plurielles. Beaucoup de discussions se produisent sur une scène ou simultanément sur plusieurs et sont donc visibles. D'autres sont plus discrètes, se déroulent en coulisse, mais peuvent influencer malgré tout le jeu des acteurs. D'autres encore échappent au monde de la théâtralisation, sont carrément hors scène, invisibles, jusqu'au jour où elles surgissent sous les feux de la rampe...

Un objet sans limite

C'est que, contrairement à ce que l'on pourrait croire, l'objet supposé être à la source des négociations n'a pas d'existence en soi. Le risque est en effet malléable dans sa représentation. D'autant plus malléable qu'il est virtuel. Le risque contre lequel on veut se prémunir ne connaît donc pas de limite, même quand on en appelle à l'objectivité de la science, comme le montre

---

1. Nous désignons sous ce terme des lieux formels ou informels, où des acteurs sociaux se rassemblent en vue de gérer le risque, dans le domaine de la prévention, dans celui de la réparation ou encore dans celui de la crise. D'autres, dans le champ très voisin de l'environnement, parlent de « forums hybrides » (Michel Callon et Arie Rip) ou de « parlements du savoir » (Philippe Roqueplo).

l'exemple du « risque d'effondrement » de la montagne Séchi-lienne.

Depuis toujours, le secteur des ruines de Séchilienne, non loin de Grenoble, à l'articulation de la plaine de Vizille et de Bourg-d'Oisans, est réputé dangereux. Le versant nord du Mont-Sec s'effrite. La route nationale qui suit la vallée de la Romanche et qui relie Grenoble à Briançon est souvent encombrée de débris rocheux. Quelques chutes de pierres ne font pas un risque majeur. Jusqu'au jour où est annoncé que le danger résulterait non point d'un « éboulement en miettes » mais bien plutôt d'un éboulement en masse de la montagne. On découvre aussi, lié à ce risque d'effondrement, un risque bien plus terrible encore : le risque d'inondation et de submersion de la vallée de la Romanche. À cet endroit, en effet, la vallée de la Romanche forme un verrou (entre le Mont-Sec et Monfalcon). En cas de glissement subit, le Mont-Sec pourrait d'abord ensevelir une partie du village de Saint-Barthélemy, former un barrage sur la Romanche, générer un lac susceptible de noyer une partie de l'autre village concerné, Séchilienne, et isoler durablement toute la vallée de l'Oisans. Puis en cas de rupture intempestive, ce barrage pourrait produire une vague torrentielle d'une violence redoutable, capable de dévaster toute la partie aval de la Romanche jusqu'à Grenoble, de submerger les industries chimiques et de provoquer la pollution du Drac, de l'Isère et des zones de captage de l'agglomération grenobloise. On imagine même, avec l'occurrence d'un séisme, une catastrophe encore plus grave.

Mais ce sombre présage n'est assorti d'aucune certitude. Il n'est ni possible de prévoir la date de l'événement catastrophique, ni même son ampleur.

Pourtant, contrairement à toute attente, cette catastrophe annoncée ne précipite pas l'action. Elle la tétanise. Les décisions prises ne paraissent pas véritablement en phase avec le drame conjecturé. Loin de faire l'unanimité, la prédiction suscite des sentiments mêlés : peur, indignation, incrédulité. Nombre de résidents de Séchilienne et de Saint-Barthélemy, ainsi que certains fonctionnaires qui interviennent sur ces deux communes, ne sont pas sans expérience concernant le risque d'éboulement et le risque d'inondation et peuvent donc, d'une certaine manière « discuter » le diagnostic expert et opposer leur propre vision des choses aux « modèles » et aux « calculs » des scientifiques. L'annonce de l'événement rencontre une « culture » locale du risque qui n'est pas prête à accueillir un pronostic aussi catastrophique.

Pendant près de quinze années, va alors s'ouvrir un vaste débat, assorti de nombreux conflits. Tous portant sur l'identification du risque et la représentation qu'en donnent les experts. À l'issue de ce débat, le risque se trouve redéfini. Il aura surtout subi un certain nombre de « réductions », dont la plus importante est probablement celle du territoire « objectivement » concerné par la menace de l'effondrement. Il s'étendait sur toute une vallée urbanisée, en 1985. Il s'est peu à peu réduit à l'espace d'un hameau d'une centaine de familles, dont l'expropriation est aujourd'hui en cours.

À Séchilienne — comme dans de nombreux autres sites — le risque n'est donc pas une donnée objective. Il est le résultat des rapports de force en présence. Faute de pouvoir vraiment définir, *a priori*, quel est le risque contre lequel se prémunir et à partir duquel discuter de l'optimisation de la protection, les acteurs s'engagent dans de multiples procédures, formelles et informelles qui assurent implicitement le calibrage du risque. Ainsi, leur nombre, leur qualité, leur statut dessinent en fait les limites de la scène et par voie de conséquence le contour des risques censés être traités. Celui-ci est aussi fortement déterminé par la légitimité des acteurs en présence ou encore par l'incertitude qui plane sur ce qu'ils représentent exactement.

La « localisation » même des « scènes » joue encore un rôle non négligeable dans la désignation du risque retenu ; elle semble préserver de la démesure dans la construction sociale du risque. En revanche, la délocalisation autorise toutes les représentations. Détaché en quelque sorte du territoire concret, le risque ne connaît plus que les limites de la raison, que celle-ci soit savante ou vernaculaire. En fait, les mécanismes qui amplifient le risque ou le réduisent restent relativement opaques et ne sont pas maîtrisés.

Mais il y a plus. Il paraît difficile de s'affranchir de cette opacité. En effet, de quoi est-on censé parler ? Il s'agit, *grosso modo*, de définir, par l'échange et la discussion, non seulement l'aléa mais aussi les systèmes de protection ou de prévention que l'on souhaite mettre en place pour réduire le risque. Or ces systèmes de protection ou de prévention ont un coût, économique, social, politique, écologique, esthétique, humain, etc. Par ailleurs ils dépendent aussi de l'avancée de la science et de la technique et ne sont donc pas aussi extensibles que la représentation que l'on peut avoir du risque. La protection et la prévention sont donc forcément limitées, ce qui s'exprime par le fait que le risque nul est un horizon inaccessible.

Les discussions qui s'ébauchent portent alors essentiellement sur la définition des « seuils de risques acceptables » soit sur les niveaux de sécurité que l'on entend mettre en place, compte tenu des contraintes du moment. En clair, il s'agit de définir le seuil à partir duquel — pour des raisons de coût — on renonce à augmenter les dépenses de sécurité. Soit le risque est insignifiant et les seuils sont très vite atteints. Le risque résiduel est alors acceptable car il est mineur. Soit le risque est exorbitant, mais les moyens sont limités. Le risque résiduel devient alors — par la force des choses — acceptable ; mais cette fois-ci, parce que les moyens sont limités.

En général, c'est la rareté de l'occurrence du risque qui le rend acceptable. Mais pas toujours : des risques importants et relativement fréquents sont, par exemple, acceptés dans certains départements d'outre-mer. C'est évidemment ce second type de « risque acceptable » qui est socialement problématique. Il oblige d'envisager à nouveaux frais les enjeux de la négociation autour du risque. Car choisir des seuils de protection et de prévention, c'est aussi choisir des seuils de non-protection. C'est donc, concrètement, choisir quels sont les populations, les biens, les espaces, etc., que l'on renonce à protéger.

L'enjeu de la paix sociale

C'est cet implicite de la négociation qui pose problème et qui fait que les scènes locales de risque baignent dans une certaine opacité. Or, elles ne peuvent faire l'économie de cette opacité. Mettre en lumière les ambiguïtés de la notion de risque acceptable, mettre à plat ses contenus aurait pour effet de bloquer toute discussion et de figer des oppositions irréductibles. On ne voit pas, en effet, comment il serait possible, à un acteur quel qu'il soit, et plus particulièrement à un acteur public, de nommer et d'énumérer les groupes sociaux dont il est décidé qu'on ne protégerait pas leurs biens et leurs vies.

Les débats sur les zones rouges dans les cartographies de risques naturels et industriels renvoient au fond à cette question, au-delà des résistances locales à la dévalorisation foncière. Quand on délimite une telle zone — qui traduit indistinctement un risque fort sur les personnes et sur les biens — et que l'on n'a pas, dans le même mouvement, la possibilité technique ou légale de déplacer les populations anciennement installées, ni celle de supprimer l'aléa, l'affichage public du risque revient à désigner une catégorie de personnes abandonnées à la menace — une population en sursis.

D'où les aménagements parfois consentis par l'administration dans cette zone, comme dans ce « Plan d'évaluation des risques inondation » qui concède que là où un tissu urbain existe en zone rouge, il n'est pas illicite d'en combler les trous. Manière de dire aux résidents qu'il n'est pas tout à fait absurde de vivre dans un espace réputé à haut risque. Le flou qui entoure la zone rouge, où l'on ne démêle pas le risque pour les vies humaines et le risque pour les activités et les biens, atténue la charge explosive que recèle l'affichage de risques que les parades disponibles ne réduisent pas de manière significative.

Prise dans l'étau d'une politique qui promeut l'affichage radical du risque tout en affirmant que le risque nul n'existe pas, la société choisit implicitement le maintien de la paix sociale, en « formatant » le risque affiché aux dimensions de ce qu'elle est susceptible d'assumer. La posture héroïque — regarder sans ciller le danger en face — ne peut être celle d'aucun des acteurs impliqués.

Des instances à faible légitimité

Que ce soit du point de vue des acteurs impliqués ou que ce soit du point de vue des objets traités, les scènes locales de risque sont donc des instances à légitimité faible, précaire. Le phénomène peut surprendre, et l'on aurait pu croire que dans des sociétés frappées par la crise généralisée des systèmes de référence et la perte d'efficacité des normes, les liens sociaux se resserreraient autour de la valeur minimale que représente l'enjeu vital, l'alternative vie/mort.

Claude Gilbert, s'interrogeant sur le sens de cette saisie d'« objets extrêmes » que sont les risques majeurs par des politiques publiques émergentes, fait l'hypothèse qu'au travers de ces objets se réaffirmait une nature du politique traditionnelle, voire *archaïque*, que la complexité de la société et les grands dispositifs de gestion publique routiniers ont eu tendance à dissoudre. « À partir d'une hypothèse extrême que nul ne peut écarter, toute la société est ainsi convoquée, en même temps qu'un pouvoir défini dans la forme la plus classique est appelé à assumer pleinement ses responsabilités, y compris hors des normes habituelles », écrit-il[1]. Il apporte cependant un correctif de taille à cette hypothèse en montrant que le pouvoir dont il s'agit a perdu la plupart de ses armes, et que son efficacité est à comprendre dans l'ordre du symbolique, voire de la rhétorique. Mais en observant le fonctionnement des « scènes de risque », on peut constater que les instances de débat constituées autour d'une hypothèse extrême sont aussi sujettes au même effritement du politique, au même brouillage des normes et des références que celles qui ont pour objet des questions plus routinières.

Ce qui maintient ces scènes dans le clair-obscur où s'élaborent les consensus mous, tient probablement au caractère vital de la menace et au risque de décohésion sociale qu'elle comporte. Les sociétés démocratiques ne peuvent admettre en leur sein, sans se renier elles-mêmes, une part sacrificielle. L'interdiction du sacrifice, le tabou dont il est l'objet, alors même que la détermination de seuils de protection est inhérente au processus même de prise en compte des risques, explique à la fois les obscurités et les non-dits dans lesquels baignent les discussions et la grande fragilité des scènes de risque.

---

1. C. Gilbert, *Le Pouvoir en situation extrême. Catastrophes et politique*, L'Harmattan, 1992.

De principe en principe

Jean Brenot, Marie-Hélène Massuelle

Au cours de ce siècle, la nature des risques inhérents aux activités industrielles et humaines a connu de profondes modifications. Les risques des industries anciennes (chimie, exploitation de matières premières) ont globalement diminué, mais ils se manifestent à plus vaste échelle du fait de la mondialisation des échanges et de la consommation de masse. Les risques du transport qui affectaient les modes ferroviaire et maritime concernent maintenant surtout les modes automobile et aérien. Même les risques naturels sont revus aujourd'hui à la lumière de facteurs anthropogéniques.

Des risques nouveaux sont apparus qui appellent de nouveaux principes et modes de gestion. Pour le risque nucléaire, la radioprotection s'est dotée de trois principes : justification des expositions, limitation des doses, et optimisation de celles-ci. Pour les activités les plus récentes aux risques mal cernés, comme les sciences de la vie et les biotechnologies, la gestion peut s'appuyer sur des avis de collèges d'experts ou de comités d'éthique. La diversité des modes de gestion dépend étroitement de l'état des connaissances sur le risque, c'est-à-dire de son évaluation.

L'émergence et la montée en puissance de la thématique risque/évaluation/gestion doivent beaucoup à l'information qui, au niveau planétaire et jour après jour, montre l'extrême variété des risques et leur permanence. La prise de conscience collective qui en résulte met au premier rang la protection de l'homme et de son environnement et la préservation des ressources naturelles.

Les individus questionnent les situations à risques et demandent avec force que soient étudiés et réduits tous leurs effets, certains invoquant même le risque « zéro ». Ces demandes se sont multipliées dans un contexte devenu favorable à la démocratisation des institutions, permettant ainsi aux individus-citoyens de participer à la gestion des risques.

Pendant longtemps, les modes de gestion basés sur le respect de procédures et de valeurs limites d'exposition, par exemple les normes de qualité de l'eau potable, conduisaient, dès lors que celles-ci étaient respectées, à déclarer le risque comme nul ou négligeable. Dans les années 1970, ceci devint insuffisant pour les substances, notamment celles cancérigènes (radionucléides, amiante, benzo [a] pyrène...), dont le niveau d'innocuité ne pouvait être déterminé. Les gestionnaires se tournèrent alors vers la recherche d'un niveau de risque qui serait socialement et économiquement acceptable, c'est-à-dire d'un risque tel « que l'on consente à y être exposé compte tenu des avantages escomptés et que l'on ait entièrement confiance dans le mode de contrôle » *(The Tolerability of Risk from Nuclear Power Stations, Health and Safety Executive*, Royaume-Uni, 1992).

À titre d'exemple, une probabilité de décès, du fait de l'exposition aux rayonnements, égale à 1 pour 100 000 sur toute la durée de la vie, est souvent citée comme niveau de risque acceptable. Cette démarche, qui prône l'évaluation des risques puis leur comparaison à des niveaux acceptables, ne suscite pas l'adhésion des populations lorsqu'elles ne sont pas parties prenantes dans le processus qui mène de la définition des risques, des avantages et de ce qui est « acceptable », jusqu'au choix du mode de gestion.

Le souci de ne négliger aucune exposition, de prendre en compte de multiples effets (sur la santé, sur l'environnement), de considérer de nombreuses cibles (populations, espèces animales et végétales) est louable. Il a sa contrepartie dans la montée des incertitudes afférentes et des hypothèses qu'il faudra poser pour conduire la démarche d'évaluation, sans pouvoir d'ailleurs éviter qu'elle ne soit fragile. Une évaluation « faible » condamne-t-elle pour autant à l'inaction ? Le « principe de précaution », « selon lequel l'absence de certitudes, compte tenu des connaissances scientifiques et techniques du moment, ne doit pas retarder l'adoption de mesures effectives et proportionnées visant à prévenir un risque de dommages graves et irréversibles à l'environnement à un coût économiquement acceptable » (d'après les termes de la loi Barnier du 2 février 1995) fournit ainsi une porte de sortie. Au prix de l'implication de l'ensemble des acteurs sociaux, puisqu'il s'agit de bâtir une décision politique. Mais tout cela ne participe-t-il pas du développement durable qui met en regard risques et bénéfices, pour la communauté d'individus la plus large et dans une perspective de moyen et de long terme ?

L'évaluation

La notion de risque est ambiguë et de fait, il en existe plusieurs définitions, de la plus générale — « situation susceptible de conduire à des conséquences non désirées » — à la plus complète — « probabilité d'occurrence et conséquences associées » — pour une situation bien spécifiée. Aussi, les techniciens, les gestionnaires (économistes, administrateurs) et le public ont chacun leurs propres acceptions du terme ainsi que des modes d'évaluation différents. Les techniciens ont une vision très opératoire du risque, quantifié à l'aide de probabilités et de nombres associés aux conséquences néfastes. Les économistes et administrateurs ont une vision plus large où s'opère l'arbitrage entre les coûts et les bénéfices induits par la situation. Le public, ou plutôt les individus qui le composent appréhendent et perçoivent chacun la situation sur un mode plus qualitatif et narratif, en termes d'inconvénients multiples et d'avantages rares.

L'évaluation d'une situation à risques requiert quatre étapes successives : d'abord l'identification des effets néfastes et de leurs sources ; puis, pour chaque effet et chaque source, l'évaluation des expositions (ou doses), l'établissement d'une relation dose-effet et enfin l'estimation du risque de survenue de l'effet. Chaque étape implique des choix.

L'effet sur l'individu se focalisera sur le décès, la morbidité, une cause de maladie telle que le cancer, ou une incapacité physique. Pour un écosystème, il s'agira d'une pollution de l'air, du sol ou de la destruction de la faune ou de la flore. La source pourra être une substance nocive (dioxine, plomb, substance cancérigène...), ou un événement accidentel. L'exposition pourra être chronique ou accidentelle, décrite par une concentration volumique ou massique (µg de dioxide de soufre par mètre cube, Becquerel par kilo...) ou par une dose (millisievert, milligramme de toxique incorporé par kilo de poids de corps...), l'indicateur utilisé pourra s'exprimer en termes d'exposition instantanée ou cumulée sur l'année, sur la vie... La relation dose-effet pourra être avec seuil ou sans seuil, définie de manière statistique ou épidémiologique, reposer sur une modélisation complète des transferts dans les milieux et des modes d'incorporation... Les modèles d'estimation du risque peuvent traiter du risque relatif ou du risque absolu.

Cette courte liste, très incomplète, des choix possibles illustre les limites de l'exercice de quantification qui, pour être conduit à terme, nécessite un cadrage strict tenant compte des données accessibles. De plus, l'évaluation dépend étroitement de la culture technique de l'analyste. La remarque est banale, mais elle explique les différences qui se manifestent quand on passe d'un analyste à un autre. Par exemple, un analyste de formation expérimentale privilégiera toujours l'information apportée par les mesures tandis qu'un analyste théoricien accordera de l'importance aux modèles. Dans le domaine du transfert atmosphérique des effluents radioactifs gazeux, deux modèles sont disponibles et ils ne conduisent pas aux mêmes résultats dans certains cas. On comprend mieux dès lors l'insatisfaction que montrent en général ceux auxquels l'évaluation est présentée, notamment quand la démarche n'est pas clairement explicitée.

La gestion des risques est la façon concrète dont le contrôle est exercé dans les entreprises et par les administrations, avec le respect de prescriptions techniques et de procédures. Mais elle est aussi le processus d'appréciation des différentes actions de réduction des risques et de sélection des options les plus appropriées. Trois principes de base guident la gestion des risques : a) principe de justification : aucune activité impliquant des expositions ne peut être adoptée à moins que son introduction ne produise un bénéfice social net positif ; b) principe de limitation : les expositions ou les doses individuelles ne doivent pas dépasser des limites fixées ; c) principe d'optimisation : « toute activité susceptible d'entraîner une exposition de l'homme doit s'exercer dans des conditions de protection telles que les expositions aussi bien des travailleurs que du public soient maintenues aussi bas qu'il est raisonnablement possible, compte tenu des facteurs économiques et sociaux », selon la Commission internationale de protection radiologique (CIPR) dans ses recommandations[1]. Ces trois principes furent énoncés dans le domaine des rayonnements pour lesquels il n'existe pas de seuil d'innocuité, mais ils peuvent s'appliquer tout aussi bien dans les autres domaines.

---

1. CIPR, 60, 1993, p. 29.

Le principe de limitation requiert l'établissement de limites d'exposition (ou de dose). La donnée de base est la valeur du risque à ne pas dépasser. Dans le choix des limites et de leurs valeurs, interviennent des considérations techniques mais aussi économiques et politiques qui font qu'elles sont jugées socialement acceptables ou tolérables. L'outil que constitue la relation dose-risque (ou exposition-risque) permet d'associer une dose ou une exposition qui sera elle aussi à ne pas dépasser. En se rapprochant encore de la source du danger, apparaissent des prescriptions techniques qui concourent à l'objectif initial.

Le choix initial, la valeur acceptable du risque, est évidemment le point crucial. La démarche utilisée consiste à comparer les risques acceptés ou du moins tolérés dans les industries ou activités similaires. Ainsi on considère en général qu'un excès de risque de décès par an est inacceptable à 1 pour mille et devient acceptable au taux de 1 pour un million. S'agissant du risque des accidents majeurs (ceux dont les conséquences sont très importantes dans l'espace et dans le temps), l'acceptable est alors défini pour le couple probabilité d'occurrence — conséquences, comme précédemment à l'aide d'une démarche comparative.

Le principe d'optimisation introduit dans la réduction du risque une dynamique du mieux faire, car en effet, si les valeurs d'exposition (ou de dose) au-dessus de la limite sont interdites, les valeurs en dessous ne sont considérées comme acceptables que dans la mesure où les expositions (doses) individuelles ou collectives ont été optimisées.

La précaution

Mais l'incertitude est inhérente à la complexité. Si elle est au cœur de certaines situations à risques — Organismes génétiquement modifiés (OGM), maladie de la « vache folle », « faibles doses »... — elle est aussi caractéristique de certains phénomènes (métabolisme des substances toxiques, transfert dans la biosphère...). Elle se manifeste de trois façons : l'incomplétude généralement associée à la méconnaissance, l'approximation sans laquelle il n'y a pas de modélisation, la nature aléatoire des effets et de certains facteurs et paramètres constitutifs des modèles. Par exemple pour la dispersion d'un cancérigène dans l'atmosphère, le facteur météorologique qui la conditionne n'est jamais totalement connu. La dispersion est modélisée en partie à l'aide d'équations dont les solutions sont approchées, le vent (en vitesse et direction) étant variable comme le sont d'ailleurs l'inhalation et le métabolisme du cancérigène ainsi que la potentialité de cancer chez l'individu exposé.

Longtemps négligées, la description des approximations et la prise en compte de l'aléatoire font maintenant de plus en plus partie de l'évaluation. Reste l'incomplétude dont il est difficile de juger l'étendue. Comment garantir l'absence de dommage dans le long terme pour une activité dont les effets néfastes sont peut-être imaginables mais impossibles à préciser ? L'effet de serre et les OGM en sont des exemples. Le principe de précaution vient ici à point nommé.

Ce principe prend acte du fait que la science ne peut fournir l'ensemble des connaissances nécessaires à la prise de décision. Largement débattu dans divers cénacles, théorisé par le penseur Hans Jonas (*Le Principe de responsabilité*, Le Cerf, 1990), introduit dans les droits international et européen de l'environnement, il apparaît en droit français dans la loi Barnier de 1995.

Comment gérer un risque quand son évaluation est incertaine et quand les principes de prévention et de protection qui régissent d'ordinaire la décision en situation de risque, sont inopérants ? Il convient alors d'adopter des « mesures proportionnées à un coût acceptable » pour reprendre les termes de la loi Barnier, ce qui peut rappeler à certains égards le principe d'optimisation utilisé en radioprotection. Tout est affaire de mesure. Entre l'instauration de systèmes de vigilance et d'anticipation, le moratoire sur une décision de mise sur le marché (par exemple pour le soja génétiquement modifié), le retrait momentané d'un produit (comme dans l'affaire Coca-Cola) et la mise en œuvre éventuelle d'actions correctives, la gamme des actions envisageables est large.

Implication moins évidente, la précaution conduit à intégrer plus étroitement les diverses parties concernées au processus décisionnel : privée de rationalité scientifique, la décision, positive ou négative, sera légitimée par la participation des populations et de leurs associations, mais aussi par la consultation redéfinie des experts. L'instauration de débats publics à l'image des « conférences de citoyens », le renouvellement des procédures d'information du public, la mise en place de débats contradictoires entre experts afin de restituer toutes les thèses en présence, y compris celles minoritaires ou dissidentes, habituellement écartées de la discussion au profit d'une pensée vue souvent comme « unique », constituent autant de moyens de rendre finalement acceptable la situation à risques et les actions envisagées pour la protection des populations.

À l'instar d'autres grands principes naissants, la précaution n'est pas exempte d'ambiguïtés. Faut-il réserver son application aux seuls risques de développement (i.e. risques associés à des situations nouvelles d'aujourd'hui ou futures) ou faut-il, au contraire, l'élargir à tous les risques connus ? Peut-on penser que la précaution est la reprise des principes de prévention et de protection appliquée à un risque présumé, ce qui revient à gérer un tel risque comme un risque avéré, ou intervient-elle en amont de ces principes ? Où commence et s'arrête la précaution ? En d'autres termes, à quel moment les connaissances scientifiques sont-elles (jugées) insuffisantes puis suffisantes ? N'est-ce pas rétrospectivement que l'on peut apporter une réponse à ces interrogations ? On le voit, la précaution est une notion étroitement liée au temps.

Le principe de précaution manque également, pour l'instant, de moyens pour se faire respecter. En témoigne la position, non définitive, du Conseil d'État qui le relègue au rang de « standard de comportement » ne revêtant pas de portée juridique très affirmée, dans ses réflexions sur le droit de la santé[1]. Ainsi, la précaution nécessite d'être mise à l'épreuve pour s'étoffer. En attendant, elle peut se prêter à des interprétations extrêmes, comme celle qui prône l'arrêt de toute activité « suspecte » en dépit du caractère irréaliste de la recherche du risque zéro, ou celle qui retient la définition radicale de la précaution pour mieux rejeter son application.

Le développement durable, cadre intégrateur

La gestion des risques, comme la précaution s'inscrivent dans la recherche d'un développement durable et annoncent une responsabilisation, voire une responsabilité, accrue des décideurs publics et privés. Le principe du développement durable, élaboré lors de la conférence de Rio en 1992, a été porté dans la loi française avec pour objectif de « satisfaire les besoins de développement des générations présentes sans compromet-

---

1. Rapport public 1998 : « Réflexions sur le droit de la santé », p. 260.

tre la capacité des générations futures à répondre aux leurs » (loi du 2 février 1995).

Bien que la mise en œuvre du développement durable ne se résume pas à la gestion des risques technologiques, naturels et environnementaux, favoriser ce développement impliquera néanmoins l'analyse et la gestion de nombre de ces risques. Les thèmes du développement durable débattus dans les forums publics recouvrent en effet explicitement la protection de la santé et du bien-être de l'homme dans ses milieux de vie, au présent et au futur, précisant ainsi les « besoins » auxquels le principe énoncé dans la loi fait référence.

Plus avant, la stratégie nationale arrêtée par le Premier ministre en février 1997 définit comme tout premier objectif : « Placer l'être humain au cœur de la décision publique ». Ainsi la décision doit servir les intérêts de l'être humain, sa santé et sa sécurité, et elle doit aussi intégrer les apports et les préférences des personnes traditionnellement éloignées de la décision. Cette intégration est prévue à travers un double mécanisme de « l'action éducative au service du développement durable et de la solidarité civique » et « des nouveaux processus de décision intégrant... la démocratie participative » selon la Commission française du développement durable[1].

Les principes de précaution et de développement durable, avec leur inscription dans la loi, élargissent le champ du risque, vont au-delà des bénéfices pour ouvrir au bien-être et introduisent de façon explicite dans le processus de décision les individus du public et les associations auxquels ils proposent un rôle actif. Il ne s'agit pas ici d'écarter des acteurs qui étaient habituellement en charge de la maîtrise des risques — analystes, scientifiques, économistes, experts — qui restent indispensables à bien des égards, et notamment pour la phase de l'évaluation. Ces acteurs dont les avis ont longtemps valu décisions apportent maintenant leurs points de vue au même titre que d'autres acteurs de la société civile. La décision n'en sort pas simplifiée, ce serait même plutôt le contraire. Le gain se trouve par contre dans la démocratisation du processus décisionnel et dans l'acceptabilité de la décision finale.

---

1. Rapport 1996.

Changement climatique :
le jeu de la communication scientifique

MARC MORMONT

L'incertitude scientifique est-elle communicable ? Les médias peuvent-ils en parler ? Cette question est devenue très actuelle à la suite d'une série de crises et d'accidents dans lesquels l'imprévoyance des experts autant que des décideurs a été mise en cause. Le recours au « principe de précaution » — selon lequel on ne doit pas attendre une certitude forte avant d'agir si une menace grave est vraisemblable — est une réponse politique de plus en plus fréquente à l'incertitude, particulièrement quand l'opinion publique est alertée et mobilisée et qu'il y a dramatisation du problème. Mais comment communiquer avec le grand public en situation « froide », précisément quand le public est ignorant d'une menace à long terme ?

Le changement climatique a émergé comme question publique au début des années 1990, parallèlement à la préparation et au suivi immédiat de la conférence de Rio sur l'environnement et le développement en 1992. Le changement climatique a été un des problèmes globaux qui ont alimenté cette conférence. Nous avons suivi l'émergence de ce problème dans les médias de trois pays européens (Allemagne, France, Belgique) en 1992 et 1993, en nous fondant moins sur une analyse de contenu des articles que sur une analyse des modes de communication entre les scientifiques, les associations et la presse sur cette question[1].

---

1. C. Dasnoy et M. Mormont, *L'Institutionnalisation du changement climatique : France, Allemagne, Belgique*, Rapport au Comité ECLAT, ministère de l'Environnement, 1993.

Notre hypothèse de travail était en effet que la communication publique en situation d'incertitude dépend des interactions entre les acteurs susceptibles de porter cette question dans l'espace public. À contre-courant des hypothèses classiques sur la puissance des médias, nous estimons que ceux-ci ne peuvent agir qu'en référant à des sources dont il s'agit d'analyser les stratégies et les interactions[1].

Une série de dilemmes

En situation d'incertitude le scientifique se trouve face à une série de dilemmes. Son dilemme général est bien sûr de parler ou de ne pas parler du risque — parler publiquement c'est-à-dire jouer le rôle d'alerte à l'égard de l'opinion publique. Ce peut être évidemment un choix personnel, mais le chercheur est rarement un être solitaire qui pourrait jouer au prophète par sa seule volonté ou son seul charisme. Parler d'un risque sur lequel il n'a que des hypothèses peut s'avérer utile notamment quand l'incertitude identifiée appelle à d'autres recherches, à des efforts nouveaux en termes financiers ou en termes d'organisation. Si les institutions scientifiques ne répondent pas à ces demandes et ne les traduisent pas au plan politique, l'appel à l'opinion publique, le relais d'associations militantes peut offrir des atouts et des risques. Le chercheur peut alors être accusé d'utiliser des moyens illicites de faire valoir ses recherches, de chercher des appuis voire des soutiens financiers.

Un second dilemme est celui de la perte de crédibilité que toute alerte fait peser sur celui qui la profère du fait même des résultats de la recherche future. Faut-il attendre plus d'indices, de présomptions, de preuves avant d'alerter ou faut-il intervenir dès maintenant pour une action préventive plus précoce ? La recherche future peut conduire à relativiser la menace, voire à l'annuler. Cela provoque alors un effet en retour sur la crédibilité de cette recherche et du chercheur. Il y a une difficulté à expliquer l'incertitude en des termes simples alors que souvent les médias cherchent des formulations qui font événement.

---

1. Sur cette hypothèse : P. Schlesinger, « Repenser la sociologie du journalisme, les stratégies de la source d'information et les limites du média-centrisme », *Réseaux*, n° 51, janvier-février 1992.

Un troisième dilemme réside, de manière plus complexe, dans la rupture que la communication risque d'établir avec la communauté scientifique. La logique du champ scientifique conduit à soupçonner facilement celui qui s'adresse aux médias pour alerter ou pour mettre en évidence une découverte. Combien plus si le champ scientifique est lui-même divisé et en état de controverse ! Le succès médiatique est alors vu comme un signe de déficit car, dans leur confrontation au monde social et politique, les communautés scientifiques sont hiérarchiques.

Un quatrième dilemme — plus politique — se trouve dans l'exagération du risque que peut produire sa médiatisation, menant ensuite à des mesures disproportionnées ou mal adaptées au risque réel.

Certains scientifiques — et bien sûr certaines associations environnementales — craignent par exemple une alerte qui conduirait à mettre en évidence les avantages de l'énergie nucléaire. La médiatisation ouvre aussi la porte à des polémiques avec des acteurs qui ont une légitimité médiatique plus que scientifique. Et combien plus si certains personnages, à la frontière de la science et des médias, se prononcent de manière polémique — comme c'était le cas en France avec les déclarations contradictoires d'Haroun Tazieff ou du commandant Cousteau.

Finalement le scientifique se trouve nécessairement amené à penser la réponse qu'il espère du monde politique ou du monde social en général. Le dilemme peut ici paraître plus existentiel : faut-il prendre le risque de n'être pas ou mal entendu, ou vaut-il mieux ne pas être déçu ? Le scientifique est alors amené à émettre un jugement sur la réceptivité du champ social à son message. Ici interviennent forcément des éléments conjoncturels autant que des opinions personnelles : c'est finalement une foi dans le changement social qui est en cause. Le monde politique n'apparaît pas souvent fiable au scientifique quand il s'agit d'enjeux à long terme, mais certains doutent aussi plus largement de la capacité de la société à changer.

La communication scientifique n'est pas une simple transmission de messages stabilisés. Elle suppose toujours que le chercheur, pour s'adresser à un public, fasse des hypothèses sur les réactions de ce public. Il va alors moduler ce message en fonction de l'anticipation qu'il fait de ces réactions. Cette démarche est alors mobilisation d'un public, mais à travers des médias qui s'emparent de ses dires.

Connivences et incompréhensions

Beaucoup d'auteurs, en particulier anglo-saxons, ont à maintes reprises montré que les médias construisent les événements dans un langage qui leur est propre : les questions tendent à être dramatisées, construites comme des histoires qui opposent des adversaires. La controverse scientifique, personnalisée par des personnages publics, se prête bien à ce traitement. Mais selon une comparaison internationale, le traitement d'une question est d'autant plus nourri par les médias eux-mêmes qu'il l'est faiblement par d'autres acteurs.

Le rôle des médias est d'autant plus mal perçu par les acteurs scientifiques (mais aussi par les associations) que ces acteurs ont un faible contrôle et une faible capacité d'initiative en matière de communication publique. Ce qui, à l'inverse, peut signifier que les médias vont d'autant plus influencer et modeler le message qu'ils sont les seuls à orienter cette information. Et comme la peur des médias conduit à s'en écarter, ceux-ci sont d'autant plus libres...

Scientifiques et associations se méfient des médias, de leur logique événementielle qui les pousse à oublier un problème aussi vite qu'ils l'ont mis en avant, mais ils cherchent à les utiliser pour divulguer une information sur les enjeux qu'ils jugent réels et qui se caractérisent par le long terme, le sérieux, la prudence des propos. Médias et scientifiques attendent des associations une capacité d'interpellation critique des pouvoirs en place mais limitent leur rôle à cette fonction critique qui doit être contrebalancée par le réalisme des politiques possibles. Médias et associations partagent une même vision de la recherche comme désengagée des enjeux sociaux ou trop liée à des intérêts particuliers, mais ils attendent tous des scientifiques une connaissance objective des choses.

Cette schématisation implique une sorte de partage des rôles. Chacun s'attribue comme qualité fondamentale des traits souvent mis en cause par les autres acteurs. S'en suit un jeu de connivences et d'incompréhensions réciproques qui fait le ressort même de la communication, pour autant que chacun puisse exercer un certain contrôle sur les autres.

En Allemagne, c'est une commission parlementaire publique qui va prendre en charge la question. Composée pour moitié de scientifiques et de parlementaires, elle va entendre les scientifiques mais également des associations, des représentants de pays en voie de développement et aussi examiner les mesures possibles, les actions envisageables. En France, comme en Belgique, ce sont au contraire des commissions interministérielles, composées d'experts et de fonctionnaires, qui vont rédiger des conclusions et des recommandations.

Les effets politiques des deux dispositifs sont très différents. En Allemagne, en effet, la communauté scientifique est assez fortement organisée, notamment du fait d'investissements antérieurs dans la recherche qui ont débouché sur la mise au point d'un modèle climatique qui concentre une série de recherches et de chercheurs autour d'un objectif. Ce n'est le cas ni en Belgique — où la communauté scientifique est trop petite et éclatée — ni en France — où plusieurs pôles de recherche cherchent à se constituer de manière concurrente. Si en Belgique un personnage domine la scène du fait de son savoir (paléo-climatique) et assure une certaine médiatisation, cela ne suffit pas à mobiliser une communauté très large. En France, on tente tout juste d'organiser cette communauté scientifique et aucun leadership n'est encore assuré.

Il y a donc une première condition à la communication qui est de constituer une communauté qui se reconnaît des porte-parole et peut stabiliser certains messages. C'était la fonction même de cet organe curieux qu'est l'*Intergovernmental panel on climate change* (IPCC), composé de scientifiques reconnus, mais désignés par leurs gouvernements et chargés de formuler un message consensuel (mettre les experts d'accord entre eux !).

La communication publique suppose aussi, dans ce cas tout au moins, que soient désignés des groupes concernés. L'appel à des chefs d'État étrangers — du tiers-monde en l'occurrence — donne un sens et une réalité aux victimes potentielles du changement climatique. Il inscrit celui-ci dans un contexte mondial qui organise le champ de la discussion. Dans cette ouverture peuvent alors s'engouffrer nombre d'associations — d'aide au développement comme d'environnement — qui vont devenir des acteurs de la médiatisation. Au sein même de l'IPCC, des discordances entre scientifiques de différents continents vont faire apparaître que le diagnostic est lui-même sous-tendu par un point de vue, c'est-à-dire par une attention à certains intérêts, certains groupes[1]... Cette ouverture à une multiplicité d'intérêts

---

1. Sur les points de vue des chercheurs des pays industrialisés et du tiers-monde, lire plus loin Jean-Luc Volatier, « Vision du Nord, vision du Sud ».

permet d'élargir l'univers des choses et des gens à prendre en compte.

Cet effet d'élargissement est évidemment renforcé dans le cas allemand par l'importance beaucoup plus grande que des associations environnementales majeures, comme Greenpeace ou le WWF, occupent dans l'espace public. Celles-ci disposent de moyens d'étude, d'accès à l'information et de relais internationaux qui permettent d'amplifier le problème et ses différentes dimensions.

Ces dispositifs n'annulent pas les dilemmes des chercheurs, en particulier leurs craintes de voir les médias déformer — par amplification ou par minimisation — leurs messages. C'est que le changement climatique — imperceptible par l'expérience commune, différé dans le temps, imprévisible dans ses conséquences locales — n'est pas facile à médiatiser.

Les chercheurs allemands vont alors déployer un certain nombre d'efforts pour vulgariser de manière contrôlée leurs hypothèses et leurs alertes. Ils vont notamment confier à un chercheur le soin de communiquer avec une série de journalistes et d'associations. Ceux-ci posent des questions et attendent des réponses. Les scientifiques relisent leurs articles et il y a ainsi une sorte d'élaboration collective du message public sur le changement climatique. Cette procédure, largement informelle, permet à la fois de maintenir la cohésion de la communauté scientifique et de stabiliser certains messages de référence pour le grand public.

L'ajustement des messages

Ce mode de communication — à la fois ouvert et contrôlé — comporte plusieurs avantages qui contribuent à neutraliser les dilemmes évoqués. En premier lieu, ils libèrent partiellement les scientifiques de la lourde tâche d'anticiper les réactions politiques à leurs messages. Une commission parlementaire, où ils sont représentés sans être majoritaires, permet en effet d'élaborer des scénarios politiques, de sonder les réactions des groupes sociaux, d'examiner les conséquences possibles ; mais tout ce travail, éminemment politique, est partagé avec des intervenants divers.

Ce mode de communication tend aussi à constituer le discours scientifique comme un discours collectif et non comme une initiative individuelle ; il permet alors à chaque scientifique de dire les raisons de son intervention. Le grand public, et avec lui les médias, demandent en effet au scientifique d'expliciter ses raisons, c'est-à-dire ses propres craintes ou espoirs, bref ce qui fonde moralement et politiquement son message. Une communication plus collective permet à chaque scientifique de dire ses raisons sans établir un lien trop étroit entre la connaissance et sa portée.

En second lieu, la communication suivie et presque quotidienne avec les médias et les associations permet d'ajuster progressivement les messages : s'il faut faire comprendre ce que seraient les conséquences concrètes du changement climatique, on peut expliquer que l'image spectaculaire de la cathédrale de Cologne envahie par les eaux, qui avait fait la une d'un hebdomadaire allemand, n'est pas adéquate ; mais on peut faire comprendre au public qu'une élévation de la température moyenne d'un degré c'est l'équivalent d'un été très sec dont plusieurs régions allemandes avaient souffert un peu plus tôt, pénuries d'eau à l'appui.

On permet donc un ajustement des messages qui compose, entre le dramatique — saisissable par le commun des mortels — et le vraisemblable, une condition de la crédibilité. On échappe ainsi aussi bien à l'insignifiance qu'au catastrophisme. Une des conditions nécessaires à cette communication est évidemment qu'existent — comme c'était le cas à la télévision allemande — des équipes stables de journalistes spécialisés capables de traiter ces questions dans la durée.

En troisième lieu, cette communication publique permet qu'émergent des propositions d'action autant que des refus. Bref, on peut mettre en évidence ce qui compte, par exemple la menace de catastrophes écologiques dans le tiers-monde, traduite, pour certains en accroissement du nombre de réfugiés, pour d'autres en injustice accrue des rapports internationaux. Le fait que des associations se mobilisent localement dans des programmes combinés de réduction de consommation d'énergie et de soutien à des actions de développement dans les forêts tropicales contribue également à structurer un espace public. Même pour les scientifiques c'est un signe encourageant d'un changement possible des styles de vie et de consommation.

La communication d'un risque est donc facilitée par toutes les actions qui permettent de penser que l'on peut gérer ce risque, donc par des anticipations de changement. Seules les associations et leurs relais politiques sont en fait capables de créer les cadres cognitifs (environnement, développement, solidarité avec le tiers-monde, innovation technologique, etc.) dans lesquels le problème du climat peut être pensé et appréhendé par le public, et d'abord par le public militant. Ces cadres cognitifs servent alors de points d'appui pour la communication scientifique, et non l'inverse. C'est donc moins la médiatisation du changement climatique qui est en cause que la possibilité de créer un espace de communication et d'échanges dont les médias se feront l'écho.

En situation d'incertitude, le message scientifique court deux risques opposés : un risque d'amplification et de dramatisation (parfois rapidement suivies d'une banalisation) et un risque d'indifférence et de rejet, voire de méfiance. Le message scientifique ne contient pas en lui-même sa pertinence sociale. Un message scientifique brut est comme un moule qui doit se remplir. Il faut, pour qu'il devienne agissant, qu'il se remplisse de toute une série d'éléments qui vont lui donner signification et portée et qui vont stabiliser des préoccupations multiples.

L'incertitude scientifique peut-elle être communiquée ? Ce que révèle le cas du changement climatique, c'est en fait que, dans la communication d'un savoir incertain, d'une hypothèse de menace, le monde social et politique est aussi incertain et imprévisible que le monde de la nature dont on se fait le porte-parole. En d'autres termes, un savoir incertain n'est pas recevable sans une transformation, parfois dramatique, du monde des humains qui doivent l'accueillir. La menace du changement climatique n'est pas recevable si n'est pas construit, dans la communication, un espace où des acteurs (associatifs, industriels, politiques) se manifestent avec leurs préoccupations, si également ne sont pas indiqués des programmes d'action qui indiquent la direction que peut prendre le changement.

On ne trouve pas à exprimer cela autrement qu'en termes d'engagements institutionnels, c'est-à-dire en termes de promesses mutuelles de prendre en compte les menaces et les victimes potentielles. Alors la communication publique assigne des rôles spécifiques et à la fois contradictoires et complémentaires aux différents acteurs. Il revient aux scientifiques d'être gardiens de l'incertitude autant que détenteurs du savoir : ils ont à laisser ouvert l'espace des possibles, des révisions du savoir et de l'évaluation future. Il revient aux associations, et aux militants en général, de porter les préoccupations du public et de les traduire en programmes d'action, en priorités et en questions de choix politique, de construire des événements qui donnent du sens aux hypothèses scientifiques. Et il revient finalement aux médias de populariser, de faire voir et sentir les dimensions concrètes du risque. Dans des questions aussi complexes que celle du changement climatique, tout cela suppose une certaine professionnalisation et dans les médias et dans les associations, ainsi que des formes de coopération suivie entre eux et les communautés scientifiques.

BIBLIOGRAPHIE

DASNOY C. et MORMONT M., « Expertise scientifique et action publique : le cas du changement climatique dans trois pays européens », *Natures-Sciences-Sociétés*, vol. 3, n° 1, Dunod, 1995.

MORMONT M., « Les conditions du débat public : le cas du changement climatique », *in* CRESAL, *Les Raisons de l'action publique : entre expertise et débat*, L'Harmattan, 1993.

MORMONT M. et DASNOY C., « The Media Politics of Science », *Media, Culture and Society*, vol. 17, n° 1, 1995.

Climat inquiétant, du Gard au Québec

Judith Epstein

Depuis 1990, les causes de changements climatiques (effet de serre, réchauffement, amincissement de la couche d'ozone) sont de plus en plus discutées publiquement. Elles donnent lieu à des conférences internationales, à des programmes gouvernementaux. Les discours se caractérisent par leur généralité : on met en avant la dimension planétaire des changements ; les risques sont renvoyés au futur, au long terme. Des thèses adverses sont défendues, présentant tantôt le réchauffement du climat comme un phénomène normal, cyclique, tantôt comme un changement irréversible dû aux actions humaines polluantes. Il y a dix ans, nous avons cherché à saisir les attitudes et opinions d'individus dans le présent, au jour le jour, de saisir leur degré d'information et leurs observations. Les individus perçoivent-ils des changements là où les choses sont présentées comme lointaines et incertaines ? Veulent-ils agir contre la pollution ? Quelle est leur opinion sur les politiques gouvernementales ?

Nous avons choisi deux régions du globe très différentes, l'une dans le département du Gard, près d'Alès, au pied des Cévennes ; l'autre au Québec, au nord de Montréal, les montagnes des Laurentides autour de Sainte-Agathe-des-Monts. Au pied des Cévennes, la vigne alterne avec le maïs, le blé, des cultures vivrières et des vergers. On trouve aussi un peu d'élevage. Le climat est sec, très chaud en été, l'eau a toujours été précieuse. Dans les Laurentides, le climat continental/subarctique est très froid de la mi-octobre à la fin avril. La région est humide, avec une multitude de lacs et de cours d'eau, des forêts de conifères. L'économie locale dépend presque entièrement du tourisme qui s'est développé surtout autour des sports d'hiver. La clientèle principale vient de Montréal et des États-Unis.

Dans le Gard, nous avons interrogé des viticulteurs, au Québec des professionnels liés à la pratique du ski (directeurs de centres de ski, responsables touristiques, fabricants ou vendeurs d'équipements), deux groupes dont le travail dépend fortement des fluctuations du climat.

Selon les données scientifiques, le réchauffement du climat et l'amincissement de la couche d'ozone seraient plus nets dans les régions plus rapprochées des pôles[1]. La situation nordique du Canada donne-t-elle lieu à des modifications déjà nettement perceptibles ? Comment réagissent les professionnels dont le métier dépend de l'abondance de neige ? Comment sont perçus les dangers de l'exposition au soleil ?

Dans les régions méditerranéennes, les risques identifiés à long terme sont une hausse du niveau de la mer pour les régions côtières et la sécheresse, la désertification. En France, pendant les étés 1989 et 1990 les régions rurales ont souffert du manque d'eau et de la pollution de nappes phréatiques. Dans le Sud-Est, l'utilisation de l'eau est réglementée. Comment les viticulteurs perçoivent-ils cette situation ?

Viticulteurs du Gard

Les problèmes posés par les pesticides, les herbicides et les fertilisants chimiques intéressent plus les viticulteurs que les changements du climat. La pollution de l'air est abstraite et lointaine, associée aux villes où ils vont peu. Lyon est la grande ville la plus proche qu'ils jugent très polluée, davantage que Marseille et Montpellier. Ils sont conscients du fait que la pollution urbaine et industrielle finira par avoir un impact sur la qualité de l'air dans les régions rurales, mais ils ne l'observent pas chez eux. Par exemple, s'ils voient la pollution des rivières et ses effets sur les poissons par les industries chimiques de Salindres, situées à 10 km, ils ne se sentent pas atteints par la pollution atmosphérique générée par ces usines.

---

1. R. Kandel, *Le Devenir des climats*, Hachette, 1990.

Cependant, les viticulteurs mentionnent tous l'adoucissement des hivers depuis vingt ou trente ans. Les plus âgés évoquent des souvenirs de cours d'eau gelés, ce qui ne se produit plus. Certains indiquent que les saisons sont « plus avancées » depuis quelques années, notamment que les printemps sont plus précoces. Mais ces observations ne sont pas affirmées comme des constats sûrs. Les viticulteurs ne rejettent pas l'idée qu'il y ait des changements climatiques en cours, mais ils constatent plus des *déséquilibres climatiques* que des indices d'un réchauffement. Si les hivers sont plus doux, la chaleur de l'été et la sécheresse ne sont pas perçues comme nouvelles. On évoque la grande sécheresse et la chaleur des années de l'après-guerre[1]. Certains se souviennent de périodes aussi sèches et chaudes, les plus jeunes le savent par leurs parents ou grands-parents. Un interlocuteur a évoqué « des étés où toute la famille s'installait pendant plusieurs semaines dans la cave pour être au frais, tant la chaleur était écrasante ». À deux ou trois reprises seulement, des observations mentionnent un « ciel, plus voilé et moins bleu », plus de brouillard. Aucune observation n'a été relevée sur des effets nocifs du soleil.

Les remarques sur les changements du climat et les variations atmosphériques restent donc très prudentes. Par contre les observations sont abondantes et très détaillées sur les modifications de leur environnement biophysique immédiat. Cela montre bien à quel point le regard des viticulteurs est porté sur les qualités de la terre, sur les variations lisibles sur le sol et ce qui l'habite. Ils décrivent les modifications du paysage, la disparition de certaines plantes, l'apparition de nouvelles espèces et surtout les modifications de la faune : diminution du nombre d'insectes utiles comme les abeilles ; moindre présence de cigales, de certains oiseaux, de chouettes, de grenouilles, de belettes, de gibier. Ces disparitions sont associées à l'épandage d'herbicides et de pesticides. Mais plusieurs viticulteurs les relient aussi à d'autres facteurs comme l'extension des terres cultivées qui a entraîné la disparition de terrains boisés, comme les déviations de cours d'eau qui ont asséché des zones humides, des marécages, des broussailles. Ils décrivent avec de grandes précisions techniques les effets de ruisseaux nettoyés, bétonnés et canalisés.

---

1. Ces souvenirs sont corroborés par les chiffres de la station météorologique de Nîmes-Courbessac qui font état de deux grandes périodes de sécheresse vers 1922 et vers 1945.

Même si la culture de la vigne ne souffre pas directement du manque d'eau[1], une grande importance est donnée à de petites « guerres de l'eau » locales apparues depuis deux ou trois ans. Plutôt que d'y voir uniquement l'effet d'un manque de pluie, on lie cette carence en eau à la multiplication des résidences secondaires et aux besoins des habitants (piscines, machines à laver, etc.). Dans le même sens, on attribue la pollution de l'eau surtout à la densification de l'habitat autour d'Alès avec les problèmes de déchets ménagers et sanitaires qui lui sont liés. En agriculture, l'importation d'espèces non locales aurait accru les besoins en eau et changé la perception des rythmes des saisons.

L'impression que les printemps sont plus avancés, les modifications dans les périodes de plantation et de récolte ne seraient donc pas dues à un changement de climat, mais aux conséquences très spécifiques de l'implantation de nouvelles cultures dans cette région. Par exemple, l'importation de plants du Bordelais, mûrissant plus vite avec le climat du Sud-Est, peut faire croire à un changement de cycle saisonnier. L'implantation de cultures vivrières demandant plus d'eau que les cultures traditionnelles (l'olivier, la vigne) peut aussi donner l'impression que la sécheresse est plus grave alors que ce sont les nouvelles cultures qui créent une demande plus forte en eau.

Ces explications quasi « sociologiques » et historiques demeurent dans une logique connue, rassurante, rationnelle. Mais elles ne sont pas exprimées froidement. Les constats de modifications sont associés à un souci de savoir ce qui va se passer dans l'avenir et à une grande inquiétude pour l'appauvrissement du sol, pour le seuil limite que peuvent atteindre les changements. Néanmoins, les viticulteurs ont du mal à relier avec clarté ces observations directes à la notion de changement climatique global dont ils entendent parler, surtout à la télévision. Il y a des changements, mais est-ce le climat, est-ce le sol qui est atteint ? Leur connaissance des risques climatiques dans d'autres régions du globe est pratiquement inexistante. Leurs vues sur l'avenir sont vagues. Ils en parlent avec réticence, avec inconfort. Certains évoquent un environnement devenant inhabitable, où l'air serait irrespirable dans les villes et où la terre serait infertile. C'est là qu'ils expriment les vues les plus stéréotypées. Parallèlement, ils perçoivent mal les possibilités d'actions individuelles et collectives contre la pollution. Ils sont

---

1. Au contraire, la sécheresse diminue les risques de mildiou. Mais ils sont loin de s'en réjouir. L'inquiétude est là.

prêts à faire des changements, — certains utilisent déjà des méthodes organiques de culture —, mais ne voient pas comment ils pourraient lutter contre la pollution de l'air.

La plupart des attitudes expriment un mélange flou d'implication individuelle et de mise en cause du gouvernement : le rôle des instances nationales et internationales est invoqué plus souvent que celui des instances municipales et régionales. Par exemple, on compte sur les ministères pour la diffusion de l'information et l'imposition de mesures, mais les acteurs sont mal identifiés. Quelques agriculteurs militants montrent une certaine maîtrise des niveaux politiques, mais sans relier de façon claire leurs objectifs aux risques climatiques.

Certains, surtout les plus jeunes, comptent sur l'avancée des découvertes techniques qui apporteront des outils novateurs et salvateurs. Ils débattent de ces questions en des termes parfois quasi métaphysiques : ils pensent que la science « empêchera l'humanité de s'autodétruire ». D'autres ne croient pas à des actions positives de la part des scientifiques qu'ils jugent impliqués directement dans la production de produits chimiques polluants et qu'ils associent au pouvoir politique, aux intérêts financiers, à la guerre, au nucléaire.

Professionnels du ski au Québec

Les professionnels du ski québécois font état de diminution des chutes de neige depuis cinq ou six ans, de variations brusques de températures et d'augmentation des chutes de pluie en hiver. Les hivers seraient plus doux depuis dix ou vingt ans. Mais, comme en France, *l'instabilité croissante du climat* est un constat exprimé de façon plus sûre que la perception d'un réchauffement graduel. Les abondantes chutes de neige et les records de froid atteints pendant l'hiver 1993-1994 sont perçus comme une anomalie par rapport à la constance du climat québécois traditionnel où les neiges abondantes et le froid duraient plusieurs mois, sans variations extrêmes.

Ces déséquilibres écourtent la saison de ski, contraignent à un plus grand usage de la neige artificielle et rendent plus coûteux le maintien de l'état des pistes. Les brusques oscillations de température, chutant ou augmentant parfois de 10 à 20 degrés en quarante-huit heures, empêchent souvent le recours à la neige artificielle et rendent aléatoire l'entretien des patinoires en plein air et des lacs gelés. Autant de conséquences négatives et inquiétantes pour le métier.

Depuis deux ans, la fréquentation des stations de ski a baissé dans la région. Plusieurs centres de ski sont menacés de faillite. Certains ferment. De grands complexes nouveaux (Mont-Tremblant) prévoient un éventail d'activités hors ski. Fabricants et vendeurs de matériels cherchent d'autres débouchés, d'autres activités sportives de remplacement pour l'hiver (patins à roulettes, ski sur gazon, etc.). Ces difficultés sont liées à la récession économique sensible au Québec au moment de l'enquête mais surtout au manque de neige[1].

Certains cherchent des explications fonctionnelles à la baisse de la quantité de neige par rapport au passé : la plus forte circulation automobile. Le plus grand nombre de skieurs crée une demande accrue de neige sur les pistes, et rend les gens plus sensibles à des chutes moins importantes, qui auraient été jugées normales auparavant. Mais ces explications sont présentées sans conviction.

Pour les risques associés à l'amincissement de la couche d'ozone, on n'a pas relevé d'explications fonctionnelles. Les professionnels du ski parlent beaucoup des effets nocifs du soleil. Les commerçants de matériel sportif mentionnent l'usage généralisé de crèmes-écrans solaires tout au long de l'année et surtout en hiver. Au début de l'enquête, des informations alarmistes attestent d'un amincissement record de la couche d'ozone et d'un danger accru à s'exposer au soleil (risques d'insolation et de cancer de la peau) ; certaines annonces radio précisent qu'il est dangereux de sortir entre 10 heures et 15 heures ; dans les centres de santé on recommande aux parents de protéger les enfants des rayonnements du soleil. Depuis ces alarmes, un bulletin quotidien est diffusé dans la presse et à la télévision donnant l'indice des risques encourus selon la durée d'exposition au soleil.

Ces informations jouent certainement un rôle pour inciter les individus à observer des changements. Mais leurs constats sont

---

1. Dans les discours officiels, le réchauffement est surtout analysé en termes économiques (changement d'activités agricoles, périodes de transport fluvial). Certains gestionnaires évoquaient même les avantages que pourraient apporter certaines modifications du climat pour l'économie. Mais l'industrie du ski serait perdante. *Cf.* G. A. Sainte-Marie, « Avant-Propos », et Lamothe, Périard, Litynski, « Répercussion du changement climatique sur l'industrie de ski alpin au Québec » *in Sommaire du changement climatique*, Environnement, Canada, 1988.

aussi personnels et concrets. Plusieurs mentionnent leur crainte de s'exposer longuement au soleil : « Avant, il me fallait plusieurs jours pour bronzer, maintenant, en une heure je suis brun. J'évite plutôt de me mettre au soleil. » « La lumière est devenue plus forte, plus intense, je mets plus souvent des lunettes de soleil. »

L'échelle de leur milieu de vie est très différente de celle des viticulteurs. Ils sont souvent venus là récemment, et n'ont pas de connaissance ancestrale du climat local. Leur mode de vie nord-américain est mobile, étalé à l'échelle de régions étendues. Leur culture est urbaine, par leur origine et par leur profession. Ils sont directement touchés par le trafic automobile très chargé, surtout le week-end, sur l'autoroute de Montréal. Ils évoquent la disparition du « petit train du Nord[1] » et déplorent l'absence de transport en commun pratique.

Le lien est fait entre les risques environnementaux globaux et les actions locales, le rôle des différents acteurs est relativement bien identifié. Mais il y a une forte conscience des intérêts politiques et économiques en jeu et un scepticisme aigu sur la volonté d'agir des responsables au niveau du transport, de la pollution industrielle.

La volonté d'action est là, mais inappliquée. Les intéressés en restent à des mesures de protection individuelle, comme l'usage de la crème solaire, ou à des gestes qu'ils jugent quasi symboliques, comme le recyclage des déchets ménagers. Ils ne font pas confiance au gouvernement ni aux scientifiques pour la mise en place de mesures collectives.

Leur vision de l'avenir est sombre. Certaines plaisanteries amères sont faites sur le « climat tropical » qui sera bientôt celui du Québec. Et les connaissances restent confuses sur ce qui se passe ailleurs, dans le reste du Québec et du Canada et à l'échelle planétaire. Ils pensent que la situation doit être plus grave dans les régions pauvres, de façon très vague.

Certains relient environnement et dégradation sociale : « Je peux tout à fait imaginer que le Québec soit sans neige dans quelques années... et j'imagine aussi que la pauvreté sera encore plus accentuée dans une grande partie de la société. » Ces vues correspondent dans une certaine mesure à la culture nord-américaine où il y a une sorte de tradition des visions apocalyptiques[2]. Déjà accoutumés à un climat difficile, les Québécois

---

1. Le train qui reliait Montréal aux Laurentides fut remplacé par l'autoroute dans les années 1960.
2. L.P. Samora, *The Apocalyptic Vision in America*, Bowling Green, Ohio, 1982.

seraient prêts à croire qu'il puisse devenir encore plus inhospitalier, et ils seraient prêts à s'y adapter. Cette manière d'« être prêt » est frappante, comme s'il n'y avait rien à faire pour empêcher les changements, même si les conséquences sont catastrophiques.

La conférence de Rio en 1992 a eu des effets sensibles sur les deux régions. Après la conférence, l'abondance des débats médiatiques et politiques sur l'écologie avait accru le sentiment que les décisions sont prises par des acteurs de plus en plus lointains et de façon incohérente. Le fatalisme déjà présent au Québec s'était accentué. Certains professionnels du ski qui parlaient auparavant de solutions, comme pour le transport, ne semblaient plus y croire. Et, de l'autre côté de l'Atlantique, la confiance exprimée auparavant par les viticulteurs semblait érodée. Comme disait l'un d'eux : « On attendait des pouvoirs publics qu'ils s'impliquent et on est déçus. » Ils parlaient de ces questions avec de plus en plus de détachement, comme d'un fait banal. Malgré les contextes climatiques fort différents, les informations reçues étaient les mêmes et les différences d'un milieu à l'autre étaient moins marquées, comme s'il y avait une uniformisation des attitudes.

Depuis la fin de la recherche, la réalité des changements climatiques est publiquement admise, les conférences se sont succédé, mais la gestion des actions polluantes n'a pas fait de progrès notable. Cette recherche avait été faite dans un esprit de dialogue entre les gestionnaires et le public, dans un esprit d'implication des individus et d'attention aux savoirs individuels. Mais le climat est de plus en plus traité comme un problème technique, la gestion de l'environnement est prise en charge par des institutions. Nous continuons pourtant à croire à l'importance d'une prise en compte des perceptions individuelles. En effet, des changements sont constatés, des risques sont redoutés mais les individus ont de la difficulté à relier leurs expériences locales aux enjeux globaux. La volonté d'action est là mais reste inaboutie faute d'informations et faute de moyens.

Les enquêtes ont montré aussi la grande emprise de l'information médiatique sur les opinions et les attitudes.

La responsabilité des médias et des gouvernements est donc établie : diffuser une *information claire* sur l'état des connaissances et sur les phénomènes climatiques locaux reste à faire. De même, les changements d'activités polluantes sont à appuyer par la diffusion d'une information plus claire. Certaines actions individuelles sont faites dans le domaine de l'automobile, du chauffage, des déchets (chauffage au gaz, covoiturage, recyclage). Mais la valeur des actions locales face à l'effet de serre global reste mal comprise.

Dans une optique ethnologique, la perception du climat reste un domaine à découvrir. Les individus bricolent leurs opinions avec des bribes d'observations personnelles, des informations météorologiques, des données scientifiques saisies ici et là. Il reste à analyser comment les informations météorologiques, les prévisions officielles s'entremêlent avec des éléments de coutumes traditionnelles ou se substituent à elles pour prédire le climat. Dans quelle mesure les coutumes, les dictons, les rites paysans liés au climat sont-ils supplantés par les informations médiatiques, dans quelle mesure sont-ils encore pratiqués mais perturbés ? Et quels genres de connaissance du climat trouve-t-on en milieu urbain ?

Dans les deux régions, on parlait plus de déséquilibres climatiques que de réchauffement. Les constats de risques environnementaux étaient plus nets au Québec, surtout en ce qui concerne la détérioration de la couche d'ozone. Dans les deux cas, les gens observaient une instabilité, remarquaient des variations de plus en plus brusques plutôt qu'un réchauffement. Dans les deux cas, les effets relevés n'étaient pas spectaculaires. Les observations n'étaient pas schématiques mais subtiles. Cette dimension est cruciale.

Une plus grande finesse dans la prise en compte du climat et des changements climatiques serait utile à la gestion qui tend à être concentrée sur les risques majeurs et les catastrophes[1]. Les médias qui ont tendance à chercher le spectaculaire, parlent à ce moment de changements climatiques alors que ceux-ci n'ont pas toujours des effets graves. La science a aussi tendance à ne considérer que les phénomènes extrêmes. Si bien que l'absence de catastrophe mensuelle peut être interprétée comme une absence de risque, ce qui fausse encore le débat.

---

1. Sur la perception locale des risques, voir plus haut Geneviève Decrop, Christine Dourlens, Pierre A. Vidal-Naquet, « L'opacité des scènes locales ».

Lanceurs d'alertes : dioxine, plomb, benzène

Francis Chateauraynaud

Ces dernières années, une nouvelle figure sociologique s'est affirmée : celle du lanceur d'alerte. Cette qualité peut être empruntée par toute personne qui s'efforce de faire reconnaître un danger avant qu'il n'ait eu des conséquences dramatiques. Qu'elle émane d'experts ou de personnes ordinaires, l'alerte prend forme sur fond de vigilance, convoque des précédents, et fait de l'acte présent une épreuve de réversibilité : faire en sorte qu'il ne soit pas trop tard. La forme sous laquelle un cri d'alarme est adressé, l'instance visée, les types de supports cognitifs et d'appuis collectifs utilisés sont des éléments décisifs dans la reconnaissance officielle d'un ou plusieurs « mauvais signes[1] ».

Une fois qu'elle a émergé publiquement, l'alerte engendre des discussions sur l'origine et l'étendue des dangers. Il s'agit alors de suivre les transformations, les passes, les traductions qu'elle subit. Car, au fil des controverses et des affaires, les acteurs développent de nouvelles prises et inventent d'autres dispositifs. Ainsi, à partir du milieu des années 1990, sont apparus de nouveaux lieux communs : « transparence », « vigilance », « traçabilité », « expertise collective », « communication de crise » ou « principe de précaution ». Ce texte explore les caractéristiques de cette configuration, les ressources

---

1. Voir F. Chateauraynaud et D. Torny, *Les Sombres Précurseurs. Une sociologie pragmatique de l'alerte et du risque*, Éditions de l'EHESS, 1999. Sur l'aspect local de la discussion des risques, voir plus haut Geneviève Decrop, Christine Dourlens et Pierre A. Vidal-Naquet, « L'opacité des scènes locales ».

qu'elle offre aux acteurs mais aussi les contraintes qu'elle leur impose, en prenant appui sur trois dossiers, qui n'ont pas donné lieu aux mêmes types de processus : la dioxine, le plomb et le benzène.

La dioxine rattrapée par la traçabilité

À la fin de l'année 1987, une controverse oppose des experts sur les conséquences de l'accident de Seveso en 1976. Au centre de ce débat, un chercheur de l'INSERM, P. Lesca, qui constate que « dix ans après, aucun effet durable, aucun cancer induit, aucune malformation congénitale, n'a été relevé chez les victimes de la catastrophe » (*Le Monde* du 11 novembre 1987). Selon lui, à l'issue de multiples études, les effets à court terme de la dioxine, dont la chloracnée, apparaissent réversibles et la mortalité observée n'est pas différente de la mortalité de la population générale. En 1999, lors de la « crise du poulet belge », de multiples commentateurs insistent encore sur les « effets mal connus des dioxines » sur la santé humaine.

L'incertitude scientifique n'est donc pas transitoire mais véritablement chronique. Faute de pouvoir réaliser des épreuves à partir de faits tangibles, les protagonistes s'en remettent à des agencements variables. Ainsi, le 22 septembre 1994, l'Académie des sciences rend public un rapport selon lequel « la dioxine ne serait pas un risque majeur pour la santé publique[1] ». Cette conclusion se démarque de celle de l'Agence américaine pour la protection de l'environnement (EPA), selon laquelle, la dioxine est un facteur cancérigène « probable », via l'altération du système immunitaire à faible dose.

En mai 1996, Greenpeace dénonce les rejets des incinérateurs, qui « contaminent, via les bovins, de nombreux aliments ». Selon l'organisation écologiste, « la France commet une erreur monumentale en utilisant l'incinération pour résoudre la problématique des déchets ». Le ministère de l'Agriculture répond que la situation « n'est en rien alarmante » et que « les résultats obtenus sur les échantillons de lait cru sont conformes aux valeurs limites admises dans la plupart des pays ». En septembre 1997, une étude, commandée par le même ministère,

---

1. *La Dioxine et ses analogues*, rapport commun, n° 4, Académie des sciences, CADAS, Technique et documentation, Lavoisier, septembre 1994.

conclut à la présence de dioxine dans de nombreux produits laitiers fabriqués en France. Les autorités sont donc conduites à revoir leur appréciation. Le Centre national d'information indépendante sur les déchets déclare alors que « les chiffres sont beaucoup plus inquiétants que ne le laisse entendre le ministère », puisque « une alimentation normale de produits laitiers conduit à absorber des quantités de dioxine supérieures aux recommandations du Conseil supérieur d'hygiène publique ». On voit ainsi le dossier de la dioxine redevenir problème de santé publique.

En janvier 1998, des analyses effectuées par les services vétérinaires du département du Nord révèlent une teneur en dioxine trois fois supérieure aux normes dans le lait d'élevages situés près d'une station d'incinération. La préfecture du Nord met aussitôt en demeure les exploitants de cesser toute consommation familiale et toute vente de lait, et la communauté urbaine de Lille suspend l'activité des usines d'incinération de l'agglomération. Or, la presse révèle que ces incinérateurs constituaient depuis longtemps la cible des écologistes et que des contrôles avaient déjà été effectués en 1997, à la demande du ministère de l'Environnement. Aux yeux des édiles, cette affaire « jette la suspicion sur les produits laitiers » et « transforme les agriculteurs en victimes ». Ce changement de régime temporel — passer d'un processus lancinant à une urgence — est dénoncé par ceux qui sont « mis devant le fait accompli ».

En mai 1998, nouvelle alerte : les analyses du Centre national d'information indépendante sur les déchets (Cniid) découvrent des taux de dioxine anormaux dans des viandes achetées dans des supermarchés parisiens. Ce qui produit une inflexion de la série antérieure : « Après le lait, c'est au tour de la viande d'être soupçonnée... » À nouveau, on assiste au réalignement des preuves : désormais, il ne fait aucun doute que la dioxine est cancérigène et que « l'exposition à une dose de dioxine de 1 picogramme par kilo et par jour entraîne une surmortalité par cancer de l'ordre de 1 800 à 2 900 cas par an ». Une formule marque le caractère de précédent de cette affaire : « Jusqu'alors, la présence de dioxine dans la viande n'était que suspectée. » Toute une série d'événements est alors exhumée, ce qui montre que l'actualité n'est pas actualité en soi, mais par référence à une série passée, dont elle réactive les potentiels, et une série future, dont elle prépare les développements.

De fait, en juin 1999, la dioxine occupe à nouveau la scène médiatique. Le 26 mai 1999, le ministère français de l'Agriculture est informé que quatre lots de poulets en provenance d'élevages belges, potentiellement contaminés par la dioxine, ont été importés en France. Dès le 27 mai, les services vétérinaires sont mobilisés, les animaux identifiés et mis en quarantaine. Le 28 mai, le gouvernement belge bloque la commercialisation des poulets et des œufs produits sur son territoire. Toutefois les responsables sanitaires français ne cachent pas leur « perplexité devant l'attitude de leurs homologues belges qui n'ont pas, en temps et en heure, activé le réseau d'alerte européen ».

Cet événement montre que l'existence de dispositions formelles ne garantit pas qu'une alerte soit lancée : il faut non seulement des agents capables de se désolidariser des réseaux d'intérêts qui, dans l'activité de routine, conduisent à minimiser les alertes, mais disposant d'une crédibilité suffisante à la fois au plan cognitif — ils savent ce qu'ils font — et au plan politique — ils savent pourquoi ils le font. Or ces conditions sont rarement réunies, d'où le sentiment de crise observé dès qu'une alerte surgit dans un organe de décision.

Face aux doutes, l'État français contraint les distributeurs « à fournir la garantie que leurs produits ne sont pas contaminés ». Ces derniers retirent de leurs rayons les produits avicoles suspects, avec des états d'âme pour tous les aliments à base de poulet et d'œuf : les pâtes fraîches, les glaces, les sauces ou les biscuits... Toute la chaîne alimentaire est secouée par l'exigence de traçabilité. Se répète sur la dioxine le scénario qui avait secoué l'Europe lors de la crise de la « vache folle », ce qui provoque d'innombrables prises de parole pour « sauver l'image de la filière ». Parmi les arguments qui surgissent, on peut noter la remise en cause des farines animales que l'affaire de la « vache folle » n'avait visiblement pas suffi à imposer.

Plomb : le retour du saturnisme

La lutte contre l'intoxication au plomb — ou saturnisme — s'organise dès le début du siècle. Reconnu par la loi en 1919, le saturnisme est une des premières maladies professionnelles. Puis l'attention se porte sur les enfants exposés aux peintures au plomb, qui furent d'abord réglementées (1915), interdites à l'usage professionnel (1926), puis enfin à la vente (1948). Éradiqué à la source, le saturnisme régresse. De 1956 à 1981, moins de dix observations font l'objet de publications. Les cas de saturnisme infantile aigu réapparaissent entre 1984 et 1986. On dénombre alors une vingtaine d'enfants traités par les hôpitaux parisiens et on déplore même deux décès. Depuis, les enquêtes se multiplient. D'abord centrées sur les intoxications par les peintures des habitats vétustes de la capitale, elles s'élargissent à l'ensemble du territoire et aux plombémies inférieures à 250μg/l.

En 1999, la toxicité du plomb est liée à deux affaires marquantes. D'abord le conflit qui se déroule à Bourg-Fidèle (Ardennes) autour de l'entreprise Métal Blanc. À la suite de la fermeture administrative de l'usine pour mise en conformité, ses salariés et le patron, soutenus par les autorités locales, se battent contre la décision judiciaire obtenue par une association écologique locale, alliée aux Amis de la Terre. Les premiers veulent sauver les emplois d'une entreprise qui ne pollue plus ; les seconds dénoncent la mise en danger des salariés et des habitants.

Parallèlement, un autre dossier émerge avec l'organisation par la Direction départementale des affaires sanitaires et sociales (DDASS) du Rhône d'une campagne de dépistage de la plombémie des enfants près d'une usine de Metaleurop, à Villefranche-sur-Saône. Lors de la présentation de cette campagne, la DDASS transmet des informations inquiétantes : une plombémie, supérieure aux taux rencontrés dans la population générale, a été constatée chez deux adultes résidant à côté de l'entreprise. Une enquête environnementale autour du site met en évidence des concentrations élevées dans les poussières.

Des recommandations contraignantes sont diffusées : « Laver les légumes, nettoyer les chaussures, se laver les mains fréquemment, se couper les ongles courts... » Reprises par les médias, et notamment le *Quotidien du Médecin*, ces précautions relancent l'inquiétude sur le plomb. Les associations réclament l'ouverture d'une commission d'enquête au ministère de l'Environnement. Conjointement, une famille de riverains de Metaleurop porte plainte contre l'entreprise pour « empoisonnement d'enfant mineur » et contre la direction régionale de l'industrie et de l'environnement, « pour complicité d'empoisonnement ».

Avec le passage du saturnisme en « maladie à déclaration obligatoire », qui signe une véritable prise en charge en santé publique, l'avancée de la pathologie sur le territoire national est rendue clairement visible. Si, pour les politiques, alertés depuis longtemps par des associations comme Droit au logement, le saturnisme est lié à l'exclusion, la reconnaissance de cas de plombémie élevée accélère la prise au sérieux du problème. Une expertise collective de l'INSERM est publiée en février 1999. On parle désormais de « plomb dans l'environnement », de « sources insidieuses » et d'« imprégnation saturnienne ».

Ce rapport valide les cris d'alarme sur l'eau : dans certains milieux, elle peut être l'unique source d'un dépassement de la norme journalière de plomb. Aussi, l'INSERM lance « une campagne d'information dans tous les corps de métier du bâtiment et auprès du public ». Parallèlement, est rédigée la nouvelle directive européenne sur l'eau potable qui vise à réduire la part de l'eau dans la plombémie : des 50 µg/l actuellement autorisés, le plafond doit tomber à 25 µg/l en 2003 et 10 µg/l en 2013.

Le 24 août 1999, la revue *Que choisir* publie un dossier sur le plomb dans les canalisations en produisant ses propres mesures : « Le plomb est un poison. Même à faible dose, sa responsabilité est clairement établie dans les troubles du système cérébral, en particulier chez l'enfant. [...] Les analyses effectuées par *Que choisir* dans une vingtaine de villes révèlent des résultats préoccupants [...]. L'OMS recommande de ne pas dépasser les 10 µg/l alors que les normes européennes n'imposeront ce seuil qu'en... 2023 ! Attendre cette échéance relève, dans certains cas, de non-assistance à personne en danger. »

On retrouve ici un procédé analogue à ceux utilisés par les laboratoires indépendants de mesure de la radioactivité : les normes en vigueur servent de points d'appui pour étalonner des mesures qui attestent de nombreux dépassements. Cette intervention de *Que choisir* conduit à une série de reprises en cascade dans la presse à partir du 25 août 1999. Le remplacement des tuyaux ne pose pas seulement des problèmes de coût, car des protagonistes pointent déjà l'absence de normalisation des matériaux de substitution (PVC, polyéthylènes) dont « aucun n'est exempt de doutes ». Néanmoins ce dossier ne donne pas lieu à un basculement dans la crise.

L'étrange cas du benzène

Le cas du benzène ne parvient pas au même degré de visibilité publique. Peut-on expliquer cette forme particulière de « somnolence » ? Ce polluant ne peut-il faire l'objet tout à coup d'une intense mobilisation — comme ce fut le cas avec l'affaire Perrier en 1990, un des grands précédents en matière de retrait de produit ? Il est vrai que le benzène est noyé dans le dossier de la « pollution atmosphérique ». Pourtant, le 13 mai 1996,

Le Monde publie un texte d'alerte : selon des experts de la Société française de santé publique, le fait de remplir de carburant le réservoir d'une automobile peut entraîner des expositions brèves mais élevées. Ce « codage » du benzène comme problème de santé publique n'est pas le fruit d'un acte de normalisation de l'administration mais de l'action d'un groupe d'experts qui interpellent l'État et les groupes pétroliers. Si l'on retrouve la figure de l'incertitude sur le niveau de risque, l'article se réfère à une situation d'exposition très précise, dont la capacité d'extension est *a priori* redoutable puisque tout un chacun peut faire l'expérience directe du danger : « Alors que l'exposition au benzène est strictement contrôlée dans le cadre professionnel, les concentrations à l'air libre n'ont, jusqu'à présent, pas été suivies par le réseau de surveillance de la qualité de l'air. [...] Pour Mireille Chiron, épidémiologiste [...] le benzène est cancérogène, il faut y être exposé le moins possible. Quel que soit le risque mesuré, il y a un risque, et cela en soi est déjà inacceptable. »

L'épidémiologiste prend la place du lanceur d'alerte en exigeant que des mesures soient prises au plus vite. Le benzène est constitué comme facteur de risque de la leucémie, et la pompe à essence comme une source tangible d'exposition. Bernard Festy introduit quant à lui une modalité temporelle que nous connaissons bien : « Pourquoi attendre ? » Il existe en effet des techniques, utilisées à l'étranger, permettant de réduire l'exposition des personnes sans exiger de compétence de leur part — ce qui constitue la situation idéale. Mais, l'absence de dénonciateurs ou de victimes, et *a fortiori*, de reprises médiatiques, ne pousse pas les protagonistes en charge du dossier à en accélérer le traitement. Comme pour l'amiante, l'absence de mobilisation collective maintient le dossier dans une phase muette.

Le 2 décembre 1998, l'Association pour la prévention de la pollution atmosphérique (APPA) déclare à la presse que « le risque relatif lié à la pollution atmosphérique peut se traduire par des centaines de décès annuels et plusieurs milliers d'hospitalisations ». Bernard Festy et William Dab entendent « montrer, sans dramatiser, que la pollution atmosphérique va devenir un des problèmes de santé publique majeur du siècle prochain ». Le benzène surgit dans la liste des émanations dangereuses : « [...] la mortalité doit être considérée comme un marqueur de maladie — la pointe d'un iceberg. [...] il n'existe pas de limite en dessous de laquelle on pourrait considérer que l'homme est totalement protégé. [...] les mesures effectuées par les organismes de surveillance sont encore insuffisantes, notamment pour les particules fines [...] et les photo-oxydants en période estivale (acide nitrique et benzène). Une attention particulière doit être portée aux interactions des différents polluants. »

Cette référence à l'interaction des polluants est unique dans les dossiers du benzène, du plomb et de la dioxine. De ce point de vue, le benzène suscite une connexion originale. De son côté, l'Institut national de recherche et de sécurité (INRS) consacre une fiche toxicologique au benzène, et note que certains salariés (chauffeurs-livreurs, conducteurs de bus et de taxi, agents de police...) sont exposés au même niveau que le public, mais de façon répétée. C'est bien la première fois que surgissent les taxis ou les agents de police comme victimes potentielles de risques environnementaux. Mais cette information n'est pas reprise. D'ailleurs, en 1999, le benzène ne semble pas rebondir.

En février, le mensuel *Testé pour vous* analyse trente-neuf échantillons d'essence sans plomb et estime que ce carburant, « s'il respecte le moteur de la voiture, pollue encore beaucoup trop l'atmosphère [...] particulièrement pour ce qui concerne la teneur en benzène ». Cette nouvelle alarme ne connaît pas de suite notable. À quand donc une « crise » autour du benzène ? Il manque à ce dossier l'existence de victimes authentifiées capables d'ester en justice ou d'être représentées dans une arène publique. À l'instar du cas de l'amiante, on peut imaginer qu'un mensuel mette en avant un pompiste ou un automobiliste atteint d'une leucémie, en l'imputant aux vapeurs d'essence...

Au fur et à mesure que s'enchaînent les alertes, la production argumentative sur les liens santé-environnement tend à se stabiliser[1]. Mais ce qui entre en scène de manière marquante, c'est une exigence d'authenticité des mesures promises par les industriels et les autorités. Et de fait, c'est une question de confiance décisive pour la poursuite de la relation de représentation politique et le crédit des experts. Pour les autorités, il s'agit d'une affaire de « transparence » et de « communication en temps réel ». La mise en place de nouveaux dispositifs : systèmes d'alerte, expertises collectives, agences spécialisées et outils de normalisation, ne réduit pas pour autant les inquiétudes, les polémiques et les crises qui font l'histoire des dossiers. Car le traitement administratif d'une alerte suppose des condi-

---

1. Sur les liens santé-environnement-pollution dans l'opinion, voir plus haut dans la première partie, Georges Hatchuel, « Dans l'opinion, une préoccupation généralisée depuis dix ans ».

tions draconiennes pour éviter l'émergence de configurations critiques. En dépit des cortèges de normes et de formules de communication, les configurations visées par les acteurs ne sont jamais totalement concordantes.

La réalité accordée au risque varie autant selon le degré de présence du danger dans la vie quotidienne que selon l'état du consensus scientifique. En outre, les modalités temporelles installées par l'alerte — urgence ou possibilité d'un délai, phénomène ancien ou en cours d'émergence, conséquences immédiates ou différées d'une exposition —, créent des écarts d'un dossier à l'autre, favorisant des périodes de repli ou d'oubli, et des périodes de rebondissement ou d'agitation publique. Enfin, en vertu du nouveau Code pénal, il y a toujours des victimes, réelles ou potentielles, pour recourir au droit, ou pour alimenter les polémiques médiatiques. Autrement dit, il y aura toujours du jeu dans le traitement public des alertes, même si les nouvelles arènes laissent envisager une relative pacification des épreuves.

———

Les permis négociables,
une option crédible en France ?

OLIVIER GODARD

La plupart des Français et des Européens ont découvert l'instrument des permis négociables à l'occasion de la préparation de la conférence de Kyoto sur l'effet de serre en décembre 1997. Plusieurs responsables se sont dits scandalisés par cet instrument demandé par les États-Unis, qui leur paraissait moralement et politiquement incorrect. Y avait-il une meilleure preuve que les Américains cherchaient avec cynisme à échapper à leurs responsabilités et à entraîner le monde entier dans leur folie libérale ? L'incompréhension était à la hauteur de l'indignation. L'émotion retombée, la réflexion a cependant pu trouver place ici ou là, si bien que la position européenne, lors des négociations de Kyoto, ne fut pas celle d'un refus catégorique mais d'un accord de principe assorti de conditions visant à obtenir des garanties sur l'honnêteté des transactions et à restreindre la portée de ces « mécanismes de flexibilité ».

De là à envisager l'utilisation de cet instrument en France même, il y avait un pas difficilement franchissable. Posant la question il y a quelques années à divers responsables de l'administration et à d'éminents collègues spécialistes des sciences politiques à propos de la lutte contre la pollution atmosphérique, domaine pour lequel l'instrument est *a priori* le plus adapté, la réponse était convergente : impossible ! Ce serait contraire à la morale, à « l'esprit français », aux principes fondamentaux du droit administratif dans ce pays et à toutes les pratiques établies dans ce monde de la pollution où se croisent administratifs, experts, responsables d'entreprises industrielles, élus locaux et militants associatifs.

Quels étaient donc ces obstacles qui faisaient qu'un instrument ayant déjà été expérimenté sous différentes formes depuis plus de vingt ans aux États-Unis était jugé inconcevable en France ?

Les instruments économiques des politiques publiques[1] se distinguent à la fois des instruments réglementaires et de simples instruments d'information. Là où les premiers contraignent, imposent ou interdisent (normes d'émissions, normes technologiques, procédures administratives d'autorisation) et où les seconds informent (affichage quotidien de la qualité de l'air, étiquetage, labels), les instruments économiques combinent information et incitation économiques à travers des mécanismes de prix et des transferts financiers. Ils visent à modifier le contexte économique des choix faits par les agents économiques sans leur dicter ce qu'ils doivent faire. Parce qu'elle limite les contraintes et préserve le libre exercice du jugement des agents, cette approche peut être défendue sur le terrain des libertés. Sur le terrain économique, cette approche permettant la meilleure utilisation de l'information détenue de façon privée par les agents et la mettant au service d'un objectif d'intérêt général incarne dans son principe une façon souple et efficace d'articuler les choix individuels et les choix collectifs.

En Europe, le seul instrument économique qui servait spontanément de référence intellectuelle était, jusqu'il y a peu de temps, la taxe ou la redevance, même si les schémas de taxation en place qui répondent aux canons de la théorie économique de l'incitation sont rares : un peu partout, on utilise les taxes et redevances d'abord pour des raisons budgétaires et pas pour infléchir les comportements, comme le montre par exemple le fonctionnement des Agences de l'eau françaises : des redevances sont établies sur les prélèvements d'eau et sur les rejets polluants, mais elles sont calibrées en fonction des besoins budgétaires dérivés d'un plan quinquennal d'action, dont la mise en œuvre est assurée par la distribution de subventions ou de prêts bonifiés aux entreprises et aux collectivités locales.

Mais, aux côtés des taxes, il existe une deuxième famille d'instruments : les permis négociables. Pour l'analyse la plus abstraite, les deux instruments ont des propriétés similaires d'effi-

---

1. Sur l'usage de ces instruments, voir OCDE, *Gérer l'environnement. Le rôle des instruments économiques*, 1994.

cacité économique. Tous deux aboutissent à la fixation d'un repère économique commun : le prix d'équilibre d'une unité de pollution. La différence porte sur la variable de commande dont peut jouer l'autorité publique. Avec une taxe, les pouvoirs publics ont la responsabilité directe de fixer un prix, celui d'une ressource naturelle ou d'une émission polluante, par exemple 600 francs la tonne de carbone émise sous forme de gaz carbonique. Les agents répondent à ce signal-prix en ajustant les quantités demandées ou émises, qui sont donc la variable libre du système. Avec les permis négociables, les pouvoirs publics définissent les quantités d'émissions autorisées, par exemple en définissant un plafond annuel pour un territoire donné (un bassin industriel, une région, un pays). Puis ils répartissent ce plafond entre les sources, de façon gratuite ou en vendant les permis d'émission aux entreprises ; ils laissent ensuite ces dernières libres du choix des moyens qui leur permettront de réduire leurs émissions à hauteur du quota à leur disposition, mais également libres de s'échanger entre elles lesdits quotas. De cet échange résulte la formation d'un prix de marché, qui est ici la variable libre du système : le prix doit s'élever jusqu'au point où offre et demande de quotas parviennent à s'équilibrer.

Au total, les mécanismes à l'œuvre dans un système de permis négociables ne sont pas fondamentalement différents de ceux que mobilise une taxe. On n'en est que plus étonné par l'opprobre jeté sur les permis négociables par ceux-là mêmes qui défendent un plus grand recours aux écotaxes.

Les difficultés du régime traditionnel

Depuis plusieurs décennies, le régime français de lutte contre la pollution atmosphérique fait coexister deux démarches. La première, à visée locale, prend place dans le cadre de la législation des installations classées visant les installations industrielles pouvant présenter des problèmes pour la santé et la qualité des milieux ; elle est centrée sur l'amélioration technologique. La seconde, à visée nationale, répond à des objectifs sanitaires et prend la forme d'un ensemble de normes de qualité de l'air et d'émissions de référence qui servent de valeurs guides à l'administration responsable pour délivrer les autorisations d'exploitation.

En effet, les installations classées sont soumises, suivant leur importance, à une procédure de déclaration (cas des installations légères) ou d'autorisation préfectorale. Ce sont les services régionaux communs au ministère de l'Industrie et de l'Environnement, les Directions régionales de l'industrie, de la recherche et de l'environnement (DRIRE), qui instruisent les dossiers et préparent les décisions prises par les préfets sous forme d'arrêtés. La doctrine qui inspirait leur action de longue date était la suivante : amener progressivement les entreprises à réduire leurs pollutions sans porter atteinte à leur viabilité économique. Il s'agissait là d'une démarche pragmatique et intégrée, prenant en compte les impacts sur les différents milieux, et gérant dans la durée l'interaction avec les entreprises en calant l'évolution des exigences en matière de pollution sur leurs rythmes d'investissement.

Cette organisation a cependant été soumise à la pression croissante d'une autre approche, centrée sur la qualité des milieux, en fonction des engagements internationaux de la France et de la montée en puissance de l'encadrement européen de la protection de l'environnement. Il en résulte aujourd'hui une multiplication des niveaux de décision et la confrontation de logiques différentes qui fragilisent la cohérence de la politique d'ensemble et lui font perdre sa souplesse initiale : le régime des installations classées organise la lutte contre la pollution au niveau de l'entreprise ; des mesures communautaires fixent des normes de qualité de l'air ambiant de plus en plus contraignantes[1] ; la meilleure technologie économiquement acceptable tend à se confondre avec la meilleure technologie disponible ; enfin, les engagements internationaux de réduction globale de la pollution acide (SO_2) ne sont pas directement reliés aux performances techniques des installations ou aux concentrations ambiantes, mais libellés en pourcentages de réduction des émissions globales du pays par rapport à une date de référence.

Jusqu'à présent, la structure d'ensemble s'est maintenue en absorbant les nouveaux éléments sans réelle réorganisation. Cependant l'attitude de l'administration tend à devenir plus légaliste[2] et les contraintes se resserrent, faisant perdre au

---

1. Il s'agit des directives du conseil n°s 80-779, 82-884, et 85-203 instaurant des limitations de concentration dans l'air ambiant du SO_2 et des particules en suspension, du plomb, et des NOx.
2. Cette évolution générale de l'administration en France est notamment attribuable au nouvel équilibre des pouvoirs entre le pouvoir judiciaire et le pouvoir exécutif et à l'évolution de l'interprétation par les tribunaux des règles de responsabilité des fonctionnaires et des élus.

régime de régulation sa flexibilité pratique antérieure. Les DRIRE ont perdu une partie de leur pouvoir d'appréciation et doivent de plus en plus se cantonner à un contrôle du respect de la réglementation. Le processus de négociation qui permettait d'adapter la politique au contexte local tend paradoxalement à régresser au moment où la préoccupation pour les coûts économiques des politiques d'environnement se fait plus pressante. Or une approche réglementaire centrée sur l'amélioration des techniques ne peut pas garantir un niveau donné de qualité globale de l'air, qui dépend de multiples sources. Ainsi, de façon analogue à ce qui s'est passé aux États-Unis dans les années 1970, le resserrement de contraintes réglementaires multiples engendre le besoin de retrouver les moyens de la flexibilité.

En fait, de manière encore très informelle, certaines DRIRE commencent à recourir à des pratiques qu'on peut assimiler à des *échanges réglementaires* : par exemple lorsque l'inspecteur des installations classées accepte de desserrer les contraintes pesant sur une installation au vu de l'accord d'une installation mitoyenne pour ramener ses émissions au-dessous de ce qui lui a été autorisé ; de même, l'encadrement des émissions des raffineries a-t-il été globalisé pour un site donné, selon le principe de la *bulle*. On peut voir là l'amorce d'une évolution vers l'approche des permis négociables.

Cette évolution trouvera-t-elle dans le contexte institutionnel plus général un milieu favorable à son développement ou des conditions hostiles qui la maintiendront dans la marginalité ? Beaucoup de choses ont changé en France depuis vingt ans. Certains changements ont été spectaculaires. D'autres, non moins profonds, sont passés inaperçus en dehors des cercles des protagonistes et des spécialistes. Il est très remarquable que, s'ajoutant au poids croissant d'une approche normative de la qualité des milieux, plusieurs de ces évolutions, sans avoir de liens directs entre elles, convergent de façon objective et encore souterraine pour préparer le terrain au type d'instrument que sont les permis négociables. Ainsi, le droit public économique français est aujourd'hui dirigé par trois grands paramètres : « Une contrainte : l'apparition des préoccupations d'environnement ; une recherche : la déréglementation ; une réalité : la décentralisation[1]. » Les mêmes mots

---

1. Voir D. Linotte, A. Mestre, et R. Romi, *Services publics et droit public économique*, Litec, 1992.

pourraient être employés pour caractériser l'essence d'un système de permis négociables !

Les mouvements récents de déréglementation et d'entrée des services publics dans l'ère de la concurrence ne manifestent pas un désengagement de l'État, mais un changement profond des modalités de son intervention : il s'agit de mobiliser la puissance des mécanismes de concurrence et de marché au service de l'intérêt public pour assurer un service moins coûteux, en prise avec les dynamiques d'innovation. La négociation entre des agents décentralisés y prend la place de règles rigides, une fois énoncés les objectifs d'intérêt public qui demeurent de la responsabilité de l'État. La visée des permis négociables n'est pas différente.

Pour accompagner le développement de nouveaux marchés dans des domaines jusqu'alors gérés par l'administration d'État, des organismes originaux sont apparus, avec un statut d'autorités administratives indépendantes. C'est par exemple le cas de la Commission des opérations de bourse (COB) ou de l'Autorité de régulation des télécommunications. Or un système de permis négociables nécessite une autorité de régulation de ce type pour assurer le bon fonctionnement et l'équité du marché.

L'intégration des objectifs de qualité de l'environnement dans les politiques et actions sectorielles de l'industrie, des transports, de l'agriculture, etc. est l'un des principaux objectifs affichés par la politique communautaire, après avoir été une des priorités défendues par l'OCDE. Or l'utilisation de permis négociables stimule une telle intégration en introduisant les considérations d'environnement au sein des calculs économiques et financiers des entreprises et en les sortant des seules directions spécialisées dans la sécurité et la protection de l'environnement.

Néanmoins, l'insuffisance des volontés et différents obstacles peuvent encore empêcher l'adoption de permis négociables en France.

Des obstacles divers

D'une façon générale, les permis négociables risquent moins en France de voir leur développement empêché par des obstacles dressés que par un manque de motivation positive des acteurs les plus directement concernés, du moins lorsqu'il s'agit des problèmes classiques de pollution atmosphérique (la situation est en effet différente pour le problème de l'effet de serre). Compte tenu des efforts consacrés dans le passé à la lutte contre la pollution atmosphérique d'origine industrielle, les principales sources de cette pollution se trouvent désormais dans la circulation automobile. Du coup, personne, pas plus dans l'administration que dans les entreprises, ne perçoit une urgence à bouleverser le cadre existant de régulation de la pollution industrielle. C'est par des aménagements progressifs, ne demandant pas un lourd investissement institutionnel, que chacun envisage l'évolution du système.

Les obstacles les plus immédiats tiennent aux réticences, voire à l'hostilité manifestée par certains protagonistes du monde de la pollution atmosphérique. Les motifs avancés appartiennent au registre des valeurs morales plus qu'à celui d'une évaluation rationnelle des avantages et des inconvénients de l'instrument. Ainsi des réserves fortes sont exprimées contre la reconnaissance explicite de *droits à polluer*[1], bien que la réglementation ne fasse pas autre chose lorsqu'elle n'impose pas la pollution zéro. Pour d'autres, c'est la dimension commerciale et financière de l'instrument qui pose problème, comme si la protection de l'environnement devait rester associée aux idées de gratuité et de désintéressement.

Certains vont jusqu'à y trouver la privatisation d'un bien commun devant par essence rester disponible à tous, sans voir que les permis négociables ne peuvent entrer en action sans que soit défini par les autorités publiques un rationnement de l'usage industriel de la capacité de l'atmosphère à recevoir des émissions polluantes et que c'est par ce biais que la qualité de l'air peut être protégée comme bien commun accessible à toute la population... Il faut aussi compter avec des paramètres à connotation plus corporatiste : pour l'administration en particulier, l'instrument s'accompagnerait certainement d'une perte de son pouvoir discrétionnaire.

Deux obstacles cités sont *a priori* des plus sérieux. Le premier a trait à la nature même des problèmes à résoudre. Les phénomènes de pollution atmosphérique sont d'abord perçus comme des problèmes locaux, ce que rappellent périodiquement les épisodes de « pics » de pollution dans certaines régions comme la région lyonnaise ou le site de Fos-sur-Mer. En principe, cela

---

1. En fait, aux États-Unis, les permis d'émission demeurent des autorisations administratives et ne sont pas de véritables droits. Un vote du Congrès peut les remettre en cause sans avoir à indemniser leurs détenteurs, ce qui ne serait pas le cas pour de véritables droits de propriété.

n'empêche pas l'organisation de systèmes de permis négociables, comme l'atteste le programme RECLAIM mis en place dans le district de Los Angeles, mais cela limite certainement l'extension géographique des échanges possibles. Par ailleurs, si un système analogue au système d'échange de permis d'émission de SO_2 établi en 1990 aux États-Unis entre les centrales thermiques sur l'ensemble du territoire américain est *a priori* concevable pour régler le problème de la pollution à longue distance en Europe, il serait moins attractif sur notre continent pour deux raisons :

— En France, la production électrique n'est pas la principale source d'émission de SO_2, puisque les sources « non fossiles » (centrales nucléaires notamment) assurent 90 % de cette production ; de plus un producteur public unique ayant encore un quasi-monopole de la production a donc la capacité à organiser de façon planifiée les réductions des émissions du parc des centrales thermiques.

— Au niveau européen, l'orientation a été prise, dans le cadre de la convention de Genève et de ses protocoles d'application (Helsinki, puis Oslo), de planifier les efforts de réduction en fonction d'un objectif central à long terme : ramener les dépôts acides en dessous des charges critiques pour chaque zone élémentaire, de 150 kilomètres de côté, du territoire européen. Les charges critiques n'étant pas les mêmes d'une zone à l'autre et la propension des émissions d'une centrale à se déposer sur différentes zones étant variable selon leur localisation, cela complique singulièrement la mise en place d'un système de permis négociables, puisqu'il n'est plus possible d'organiser des échanges sur la base d'un taux de compensation de 1 pour 1.

Ces deux objections ne sont cependant pas dirimantes. De la même façon que la compagnie BP organise de manière expérimentale des échanges internes de permis d'émission de gaz carbonique entre ses différents sites, EDF pourrait répartir les efforts entre ses gestionnaires d'unités décentralisées par un système d'échanges. Au niveau européen, il a été possible de concevoir sur le papier différentes formules de permis d'émission négociables de SO_2 qui satisfassent à la fois des contraintes d'objectifs nationaux de réduction des émissions et des contraintes locales de dépôts.

Que cela soit possible ne signifie pas que cela soit très intéressant ou prioritaire. C'est pourquoi, hormis des systèmes locaux à l'échelle de bassins industriels, c'est certainement pour les émissions de gaz à effet de serre que les permis négociables sont aujourd'hui le plus prometteurs : l'impact sur le climat est en effet indépendant de la localisation des émissions, ce qui permet, d'un point de vue technique, d'envisager des échanges à l'échelle planétaire. Le principal problème est alors de trouver le moyen de mettre dans le coup les sources mobiles (les transports automobiles ou aériens) qui représenteront en France plus de 45 % des émissions de CO_2 du pays à l'horizon 2010. Là aussi, la tâche n'est pas impossible car on peut greffer des permis négociables sur les objectifs de consommation unitaire des véhicules retenus par les constructeurs automobiles européens pour 2005 et trouver des formules qui impliquent les collectivités territoriales en charge de la planification spatiale, des infrastructures et de l'aménagement urbain.

Le deuxième obstacle potentiel se loge dans les principes du droit administratif français. Celui-ci considère en effet les autorisations administratives comme des parcelles de la souveraineté publique qui ne sauraient faire l'objet de transactions (principe de non-cessibilité et de non-vénalité des autorisations administratives). Mais le législateur peut trouver la parade lorsqu'il le juge nécessaire, par exemple pour les licences des bars et cafés ou, plus significatif encore pour les autorisations de stationnement sur la voie publique nécessaires à l'exercice de la profession de taxi : pour éviter la cession de licences au marché noir, une procédure a été trouvée pour faciliter légalement les cessions de fonds de commerce incluant un accès quasi automatique aux licences administratives nécessaires. La même ingéniosité pourrait se déployer pour rendre négociables les permis d'émission, qui resteraient néanmoins des autorisations administratives.

Les permis négociables représentent un instrument particulièrement intéressant chaque fois que les politiques d'environnement doivent s'adosser à des contraintes quantitatives qu'il faut respecter de façon rigoureuse à l'échelle d'un territoire et qu'elles ont une dimension économique significative de par l'échelle des coûts en jeu. Ils incarnent également une mise en forme de l'action publique qui correspond bien au modèle qui émerge aujourd'hui en Europe et dont la caractéristique est de chercher une articulation explicite entre des objectifs d'intérêt général ou de service public et des mécanismes concurrentiels de marché. Certes des obstacles sont encore sur leur route, mais les plus sérieux ne résident pas là où les protagonistes de la gestion de la pollution les voient spontanément.

Bien que les permis négociables soient souvent tenus pour contraires à l'esprit français des lois, ou au droit administratif, l'examen de la question montre que ce n'est pas le cas, si l'on veut bien prendre en compte les évolutions institutionnelles les plus récentes et l'existence de plusieurs précédents. D'ici 2010, ce sera sans doute l'action dans le domaine de l'effet de serre qui sera le cheval de Troie des permis négociables en Europe.

BIBLIOGRAPHIE

Commissariat général du Plan, *Évaluation du dispositif des agences de l'eau*, La Documentation française, 1997.

CROS C., « Public Policy and Institutional Trajectories : What About Introducing SO_2 Emissions Trading in France ? », *in* S. Sorrell and J. Skea (eds), *Pollution for Sale. Emissions Trading and Joint Implementation*, Cheltenham, Edward Elgar, 1999.

GODARD O, « Economic Instruments and Institutional Contraints : Possible Schemes for SO_2 Emissions Trading in the EU », *in* S. Sorrell and J. Skea (eds), *Pollution for sale. Emissions Trading and Joint Implementation*, Cheltenham, Edward Elgar, 1999.

GODARD O. et HENRY C., « Les instruments des politiques internationales de l'environnement : la prévention du risque climatique et les mécanismes de permis négociables », *in Fiscalité de l'environnement*, Conseil d'analyse économique auprès du Premier ministre, La Documentation française, 1998.

HENRY C., *Concurrence et services publics dans l'Union européenne*, PUF, 1997.

LINOTTE D., MESTRE A., et ROMI R., *Services publics et droit public économique*, Litec, 1992.

OCDE, *Gérer l'environnement. Le rôle des instruments économiques*, OCDE, 1994.

Vision du Nord, vision du Sud

Jean-Luc Volatier

Quels sont aujourd'hui pour les chercheurs, — ceux des pays industrialisés et ceux des pays en développement — les problèmes majeurs de l'environnement ? Les visions diffèrent-elles ? Varient-elles d'un pays à l'autre ? Et les visions de l'urgence sont-elles les mêmes au Nord et au Sud ?

L'enquête *Recherche et Environnement* a été la première enquête mondiale sur la hiérarchisation des problèmes d'environnement par les chercheurs, elle utilisait une méthode d'interrogation originale laissant une large place à l'expression libre des scientifiques. Mille trente chercheurs de toutes disciplines — de la physique théorique à l'anthropologie en passant par la médecine ou la géologie — ont témoigné de leur vision des problèmes environnementaux.

Aucune discipline n'était dominante : les chercheurs en sciences humaines et sociales ont fourni un quart des réponses, ce qui correspond dans plusieurs pays à leur part réelle dans les effectifs de la recherche publique. 33 % des chercheurs étaient Français, 38 % Européens, 13 % Américains et 16 % Asiatiques ou Africains. En grande majorité, ils appartenaient au secteur public. Le recours à une analyse lexicométrique a permis de mettre en évidence onze groupes de problèmes organisés autour de trois pôles : le pôle nature (changement climatique, biodiversité, sol et agriculture, rareté et pollution de l'eau, mer et littoral), le pôle technologie (énergie, risques industriels ou nucléaires et déchets) et le pôle société (démographie et développement, vie urbaine et transports, santé, solidarité, éthique et citoyenneté).

Parmi les problèmes les plus cités figurent ceux des groupes *démographie et développement*, *changement climatique* et *rareté et pollution de l'eau*. Les problèmes d'environnement des pays du Sud sont très fréquemment évoqués y compris par les chercheurs du Nord, puisqu'ils correspondent à 40 % des 7 767 problèmes cités contre 37 % pour ceux des pays occidentaux, 10 % pour ceux des nouveaux pays industrialisés d'Asie et 7 % pour ceux d'Europe de l'Est.

La plupart des problèmes d'environnement considérés comme radicalement nouveaux ou « émergents » appartiennent au pôle de la technologie (génétique et nouvelles biotechnologies, usages des technologies de l'information et de la communication, effets sur la santé des produits toxiques et contaminants, maîtrise et maintenance des procédés technologiques complexes) ou au pôle « politique et social » (efficacité des systèmes politiques, modes d'évaluation scientifique et fiabilité de l'information, conflits pour les ressources, terrorisme environnemental et conflits armés). Sans surprise, les thèmes du pôle « nature » sont moins souvent considérés comme neufs.

Un des résultats inattendus de l'enquête réside dans le fait que les points de vue des chercheurs dépendent plus de leur origine géographique que de leur discipline scientifique. On aurait pu en effet s'attendre à ce que chacun plaide pour sa chapelle ou son domaine, les climatologues parlant plus du changement climatique ou les écologues de biodiversité. Il n'en est rien. Les scientifiques ont plutôt démontré leur aptitude à s'abstraire de leur recherche propre, au profit des visions d'ensemble des problèmes environnementaux.

De même, les points de vue des scientifiques dépendent beaucoup de leur appartenance culturelle. Les chercheurs d'Amérique du Nord évoquent davantage les problèmes de limitation des ressources quelles qu'elles soient (nourriture, eau, énergie) et les menaces que fait peser sur ces ressources la croissance ou l'*explosion* (selon les cas) démographique. Cette angoisse peut s'expliquer par la façon dont a été exploité le territoire américain, par la conquête de nouveaux espaces inexploités et par la recherche de *nouvelles frontières*. En Europe, à l'opposé, l'exploitation des ressources naturelles, plus ancienne, a été plus progressive. La crainte d'un tarissement, ou d'une surexploitation est donc moindre.

En France, le souci de l'aménagement du territoire fait écho à cette ancienneté de la relation homme-nature. Ainsi, les chercheurs français sont plus préoccupés par la relation de l'homme avec son environnement, et la nécessité d'aménager le territoire est une priorité environnementale bien française, accrue par la déprise agricole et l'intensification de l'agriculture[1].

Mais le point de vue des chercheurs du Sud (56 chercheurs d'Asie du Sud (Inde, Indonésie...) et 76 Africains ont répondu à l'enquête), tranche nettement avec les autres. Ce qui frappe le plus c'est leur optimisme qui s'oppose au pessimisme des chercheurs des pays industrialisés. Cet optimisme est particulièrement frappant en ce qui concerne les problèmes d'environnement des pays du tiers-monde. Il s'explique en particulier par une confiance dans la capacité des institutions internationales à parvenir à résoudre les déséquilibres environnementaux et plus généralement par une confiance dans l'action des systèmes politiques et sociaux pour favoriser des modes de développement plus durables.

Moins de catastrophisme

D'autre part, une série de quatre scénarios ont été élaborés par les chercheurs à partir d'un questionnaire *prospectif*. Ceux du Sud ont plutôt écarté les scénarios où l'environnement est *passif* et où les solutions dépendent des progrès des technologies, classiques (énergie, transport) ou nouvelles (biotechnologies, technologies de l'information). Ils ont plutôt privilégié un scénario de *développement durable* guidé par des choix politiques et des instances internationales. Cette conception *politique et sociale* donne l'initiative aux hommes politiques et aux citoyens. Elle s'oppose à une conception *faible* faisant confiance à la dématérialisation croissante issue des activités économiques par une substitution du capital économique au capital *naturel*.

Sur les problèmes d'environnement touchant les régions où ils vivent, les chercheurs du Sud sont aussi moins « catastrophistes » que ceux du Nord. En premier lieu, ils dramatisent moins globalement les facteurs démographiques qui polarisent l'attention des chercheurs du Nord : ils n'ont pas peur de la croissance démographique, ils sont moins préoccupés par la limitation des ressources alimentaires. Cette attitude peut être interprétée comme une forme de *réalisme démographique* fondé sur le constat

---

1. Sur les préoccupations de l'opinion publique française, voir plus haut Georges Hatchuel, « Dans l'opinion, une préoccupation généralisée depuis dix ans », et sur l'agriculture, voir Judith Epstein, « Climat inquiétant, du Gard au Québec ».

que les démographes révisent périodiquement à la baisse les prévisions de croissance démographique à venir. La plupart des pays en développement, les uns après les autres semblent suivre les étapes définies par la théorie de la transition démographique (en passant d'un régime de mortalité et de fécondité fortes à un régime de mortalité et de fécondité faibles, la croissance démographique s'accélère d'abord, puis se ralentit pour revenir à l'équilibre).

Cela amène d'ailleurs à s'interroger sur les raisons de l'inquiétude persistante des chercheurs du Nord sur l'évolution de la population de la planète, en particulier de ceux d'Amérique du Nord. D'où vient cette angoisse occidentale caractérisée par des expressions comme *explosion démographique, surpopulation, urbanisation chaotique* ? Est-elle le reflet des préoccupations suscitées par la transformation profonde de la structure de la population en Amérique du Nord et en Europe, avec la baisse de l'accroissement naturel et le développement de l'immigration ?

Dans le domaine de la sécurité alimentaire et des ressources agricoles, les chercheurs du Sud ont une vision plus dynamique des problèmes : ce sont moins les facteurs naturels et la limitation des surfaces cultivables qui les inquiètent qu'une régulation économique et sociale permettant ou non aux populations d'avoir accès à une nourriture satisfaisante tant en qualité qu'en quantité. L'impact de la pauvreté, les carences alimentaires qu'elle entraîne les préoccupent davantage que la quantité globale des ressources alimentaires. Ils semblent implicitement penser que le problème est celui de la répartition de la production, d'une politique économique et sociale plus efficace permettant à tous de se procurer des aliments, plutôt que la capacité des paysans à produire en quantité suffisante.

Dans ce même domaine alimentaire, les chercheurs du Sud pointent davantage des problèmes d'environnement précis comme l'érosion et la salinisation des sols suscitées par de mauvaises pratiques de culture. Ils citent d'ailleurs en priorité les problèmes d'environnement liés aux sols et à l'agriculture beaucoup plus souvent que la moyenne des chercheurs (21 % les placent en première ou deuxième priorité, contre 14 % pour l'ensemble des chercheurs). Cet accent mis sur des problèmes agronomiques précis peut aussi expliquer leur optimisme relatif. Connaissant mieux la nature des problèmes, ils peuvent aussi imaginer des solutions, sans entrer dans un schéma mécaniste du type : la croissance démographique provoque une surexploitation des ressources qui aboutit inévitablement à des catastrophes écologiques.

Parmi les problèmes de limitation des ressources, ils évoquent souvent les conflits pour la maîtrise de l'eau. Là aussi, c'est moins la rareté de la ressource qu'ils mettent en avant mais plutôt la façon dont les hommes la gèrent. Ils soulignent le risque de guerres entre pays, pour obtenir le contrôle des ressources en eau, ainsi que les conflits entre les différents utilisateurs agricoles ou non agricoles.

Enfin — et il faut évidemment voir dans cette perception spécifique une conséquence des pandémies actuelles, notamment l'expansion du virus d'immuno-déficience humaine (virus du sida) dans le tiers-monde —, les chercheurs du Sud sont particulièrement préoccupés par l'émergence possible de nouveaux virus ou de nouvelles maladies. Parfois ils y voient une conséquence des profondes modifications intervenues dans les milieux naturels.

Bref, les chercheurs des pays du Sud insistent sur les dimensions sociales et économiques des grands problèmes d'environnement auxquels leurs pays sont confrontés : dégradation des sols, partage de la ressource en eau, liens entre dégradation de l'environnement et santé des populations. De meilleures politiques, de meilleures pratiques leur semblent prioritaires par rapport aux angoisses sur l'évolution démographique et les craintes sur la limitation des ressources naturelles.

À cet égard, leurs positions sont en moyenne plus proches de celles des chercheurs européens, et en particulier des chercheurs français que de celles des chercheurs nord-américains. La poursuite et le développement d'une collaboration entre l'Europe et les pays en développement pour répondre aux problèmes environnementaux du Sud apparaissent donc soutenus par une assez large communauté de vues.

Mais les chercheurs du Sud ne se désintéressent pas pour autant des problèmes d'environnement globaux comme le changement climatique et des autres défis environnementaux auxquels les pays occidentaux sont eux aussi confrontés.

Parmi les problèmes d'environnement mondiaux, le changement climatique tient une place particulière — c'est, nous l'avons dit, le second groupe de problèmes cité par les chercheurs de toutes origines géographiques, ceux du Sud comme ceux du Nord (ceux du Sud le citent un peu plus que la moyenne en première ou deuxième priorité, 25,2 % contre 23,7 % pour l'ensemble des chercheurs[1]).

---

1. Sur la perception des changements climatiques dans les pays développés, voir plus haut Judith Epstein, « Climat inquiétant, du Gard au Québec », et, sur la communication, Marc Mormont, « Changement climatique, le jeu de la communication scientifique ».

Cette sensibilité peut sans doute s'expliquer par le fait que l'origine du changement climatique est clairement attribuée à la consommation d'énergie des pays développés alors que l'ensemble des continents en subira les conséquences. Sans doute aussi, les pays en développement économique pourraient être particulièrement touchés par certaines conséquences potentiellement désastreuses du changement climatique comme les sécheresses ou les typhons.

D'autres problèmes comme ceux de la préservation du capital naturel, la diminution de la biodiversité, ou les atteintes aux paysages marins ou ruraux préoccupent moins les chercheurs du Sud. Des positions qui contrastent avec celles des chercheurs originaires des pays occidentaux, qui ont fourni la grande majorité des réponses. La diminution de la biodiversité est perçue au Nord comme un problème spécifique du Sud alors que les chercheurs du Sud sous-estiment cette catégorie de problèmes. On peut sans doute relier cette différence à celle relative à la limitation des ressources naturelles. Pour les chercheurs du Sud, l'urgence est plus souvent dans la relation de l'homme à la nature et dans l'impact de cette relation sur les conditions de vie humaines. C'est une vision qu'on retrouve d'ailleurs souvent chez des grands spécialistes de l'environnement originaires des pays du Sud comme Agarwal.

Les chercheurs du Sud ayant répondu à l'enquête *Recherche et Environnement* ont donc manifesté une sensibilité environnementale particulière (moindre angoisse démographique, plus forte attention aux questions sociales et politiques qu'aux problèmes *naturels*). Ils sont particulièrement attentifs à certaines questions précises comme l'érosion ou la salinisation, mais sont sensibles aussi aux changements globaux, à cause des négociations internationales qu'ils nécessitent. Ils insistent d'ailleurs beaucoup sur l'importance du rôle des instances internationales pour résoudre les questions environnementales du XXIe siècle.

Cette confiance dans les institutions humaines les rend plus optimistes que les chercheurs occidentaux et notamment les Nord-Américains, plus sceptiques sur les capacités du politique. Les chercheurs du Sud croient moins aux seules technologies pour répondre aux défis environnementaux et mettent l'accent sur les dimensions politiques et sociales (notamment la lutte contre la pauvreté). Sans que l'on puisse généraliser les résultats de cette enquête, ceux-ci invitent néanmoins à prêter attention, à encourager des échanges entre Nord et Sud sur les priorités environnementales.

BIBLIOGRAPHIE

AGARWAL A., « Environment and the Future of Democracy : a View From India » *in L'Environnement au XXIe siècle,* vol. 1, Germes, 1998.

COURTET C., « Les chercheurs en environnement : objets de recherche et identité professionnelle », mémoire de maîtrise de sociologie, université de Versailles-Saint-Quentin-en-Yvelines, 2000.

PAVÉ C., COURTET A., VOLATIER J.-L., « Mille chercheurs hiérarchisent les urgences », *La Recherche,* n° 306, février 1998.

THEYS J., « L'environnement au XXIe siècle : entre continuités et ruptures », *Futuribles,* n° 239-240, février-mars 1999.

Un nouveau modèle urbain ?

Cyria Emelianoff

On assiste depuis la conférence du Sommet de la Terre, tenue à Rio en 1992, à une diffusion de la notion de développement durable[1] dans divers secteurs d'activités et à une aggravation, dans le même temps, de la plupart des problèmes discutés à Rio.

Les références au développement durable se multiplient, notamment dans les domaines de l'agriculture, de l'urbanisme, de l'aménagement du territoire, du tourisme, ou plus timidement, de l'industrie. Le développement durable devient un mot d'ordre, défendu aussi bien par certains acteurs économiques et par un nombre grandissant d'institutions publiques, que par des organisations non gouvernementales telles que Greenpeace. Comment démêler, dans cette confusion de bons sentiments, les évolutions réelles du discours écologiquement correct ? La tâche est difficile, d'autant que les saisies du concept de développement durable sont souvent des plus contradictoires[2].

Échec avéré du point de vue des décisions nationales et internationales, l'après-Rio a tout de même connu une floraison d'initiatives et une mobilisation récente mais significative

---

1. Héritier de l'écodéveloppement, conçu dans les années 1970, le développement durable est un développement respectueux des ressources naturelles et mieux partagé par l'ensemble des hommes et des sociétés. I. Sachs, *L'Écodéveloppement. Stratégies de transition vers le XXIe siècle*, Syros, 1993.
2. J. Theys, C. Emelianoff, « Les contradictions de la ville durable », *Le Débat*, Gallimard (à paraître).

des collectivités territoriales. Elles étaient plus de six cents au début de l'année 2000, à participer par exemple à la campagne européenne des villes durables, appuyée par la Commission européenne, dont une vingtaine en France à s'impliquer dans l'élaboration d'un « agenda 21 local ». Cet « agenda 21 local » est une stratégie locale de développement durable qui se réfère aux principes énoncés dans l'agenda pour le XXIᵉ siècle (baptisé « agenda 21 ») adopté à Rio et ratifié par 178 pays.

Qu'est-ce qui a éveillé l'intérêt des villes ? La rencontre est loin d'être fortuite. Elle s'explique d'abord par l'action de certains organismes internationaux, qui ont mis en place des relais pour sensibiliser les villes et les inciter à construire des politiques locales de développement durable. La fondation du Conseil international des initiatives environnementales locales (ICLEI) sous l'impulsion de l'ONU, en 1990, permet d'établir une première courroie de transmission en direction des collectivités locales. D'autres associations internationales de villes entreprennent un travail utile de sensibilisation : la Fédération mondiale des cités unies, l'Union internationale des autorités locales, Metropolis et le Sommet des grandes villes du monde. Elles ont notamment créé le « G4 + », qui veut discuter directement avec les représentants de l'ONU.

Au niveau européen, la création d'un groupe d'experts sur l'environnement urbain conduit en 1994 au lancement de la « campagne européenne des villes durables », un réseau de villes expérimental[1]. Même si l'engagement des villes est inégal, du simple accord de principe à des projets pilotes de développement durable, leur participation à cette campagne est un premier succès. Enfin, des gouvernements ou des associations nationales de collectivités locales, ont appuyé des campagnes nationales d'agendas 21 locaux. En France, le mouvement a été tardif, en raison de la pénétration assez faible dans la société française de la notion de développement durable. Jugée dans un premier temps trop anglo-saxonne, celle-ci suscite encore des querelles de vocabulaire, les mots « soutenable » ou « viable » étant aussi utilisés pour traduire l'anglais (*sustainable*).

Ces différentes incitations n'auraient pas suscité de mobilisations locales si elles n'avaient rencontré une demande, à un moment ou à un autre. Les motifs en sont très variables. En Amérique du Nord, les villes font appel à l'idée de développe-

---

1. *Villes durables européennes*, rapport du groupe d'experts, Commission des Communautés européennes, 1996.

ment durable pour résoudre des problèmes de croissance urbaine trop rapide, entraînant une congestion routière et une dilapidation de l'espace agricole et naturel. Le développement durable urbain est assimilé à une « croissance intelligente[1] », orientée vers une utilisation plus rationnelle de l'espace, grâce à des programmes de densification urbaine, aménagement de quartiers à l'européenne, reconquête des friches et des espaces centraux.

Le développement durable peut être aussi vécu comme une chance de redynamiser une région de vieille industrie, en proie à des problèmes de reconversion. C'est le cas de la région d'Hamilton-Wentworth, au Canada, ou du Nord-Pas-de-Calais en France. En Europe du Nord, la ville durable est plutôt une extension de la ville « écologique », sans que les questions économiques et sociales soient forcément abordées. Enfin, il ne faut pas négliger les politiques d'image et de marketing urbain.

La diversité des attitudes des villes est une donnée fondamentale. La notion de ville durable acquiert progressivement un contenu à partir de ces appropriations assez contrastées. Si le doute reste de mise chez la plupart des urbanistes et architectes[2], les acteurs des collectivités territoriales commencent en revanche à percevoir les enjeux du développement durable et son potentiel de renouvellement des politiques urbaines.

Des nuisances urbaines aux enjeux d'environnement global

La notion de ville durable introduit trois éléments nouveaux par rapport à la problématique plus ancienne de l'écologie urbaine[3]. Le premier élément est un changement d'échelle dans la prise en considération des impacts urbains sur l'environnement. Les politiques des villes durables cher-

---

1. « *Smart Growth* », concept développé notamment dans l'État de Maryland, Seattle, Portland, ou Calgary, au Canada, parlant plutôt de « croissance durable ».
2. À part quelques prises de positions individuelles ou collectives, comme celles de Christian de Portzamparc et Richard Rogers, ou de certains architectes catalans.
3. Sur la naissance et le concept d'écologie urbaine, lire plus haut dans la première partie Olivier Soubeyran, « Peut-il exister une écologie urbaine ? ».

chent à intégrer dans les choix de développement et d'aménagement la prise en compte du long terme et de problèmes d'environnement global, tels que l'effet de serre, la préservation de la biodiversité ou la pollution des bassins maritimes, par exemple.

Un second trait original est le couplage entre les préoccupations écologiques et sociales. À la différence de l'écologie urbaine, le développement durable s'attache aux inégalités écologiques : inégalités par rapport au cadre de vie, à l'accès à certaines ressources et à un environnement sain, inégalités aussi dans l'exposition aux nuisances et aux risques. En pratique, l'articulation entre politique sociale et politique d'environnement s'avère difficile. En raison de la sectorisation de l'action publique, les agendas 21 restent en majorité orientés vers les questions écologiques.

Enfin, une pensée de la ville comme environnement spécifiquement humain se substitue progressivement aux préjugés anti-urbains des premières approches écologiques. L'opposition tranchée entre nature et ville laisse place à une compréhension plus fine des interdépendances et à la conciliation des termes précédemment opposés. Les notions d' « urbanisme végétal » ou de « parc naturel urbain » (concept développé à Strasbourg) traduisent bien ces nouvelles représentations. Il ne s'agit plus de fuir la ville pour s'installer à ses marges, dans un cadre de vie « renaturé », mais de réhabiliter et développer la ville dense pour qu'elle offre des avantages comparables à ceux de la périphérie.

Il apparaît aussi plus clairement que la préservation du patrimoine naturel, à une échelle globale, dépend surtout des choix de consommation et de production, des pratiques de la vie quotidienne. Les politiques de développement durable s'attachent donc en amont au fonctionnement et à la structuration de la ville, le volet « nature » ou les nuisances urbaines n'étant que la pointe immergée de l'iceberg... Ces politiques portent d'autre part une attention aussi grande au patrimoine culturel, bâti ou non bâti, c'est-à-dire au maintien de cette forme d'organisation de l'espace que représente la ville, face aux scénarios de dissolution urbaine défendus par quelques urbanistes et internautes.

On peut donner comme exemple de cette réflexion les politiques de maîtrise de la mobilité urbaine, dont la croissance est due à « l'étalement » des villes. Les familles qui s'installent dans des banlieues pavillonnaires recherchent un gain d'espace à moindre coût et un meilleur cadre de vie, dans un environnement végétalisé, moins exposé aux nuisances sonores et à la pollution atmosphérique, et jugé plus « sûr » que la ville. Le coût de la mobilité induite par ce choix est cependant sous-estimé par les ménages comme par la puissance publique. Pour les familles, la multimotorisation souvent nécessaire peut compenser les économies réalisées sur le logement[1]. Pour les collectivités locales, l'étalement urbain est très coûteux, en termes d'infrastructures et d'équipements ou en termes écologiques. La pollution atmosphérique provoquée par la circulation a des incidences inquiétantes sur la santé des enfants, par exemple[2]. Les rejets de gaz carbonique contribuent d'autre part à aggraver le risque de changement climatique.

Si la ville sans voiture n'est pas encore légitime, de nombreuses solutions alternatives commencent à se mettre en place. L'association l'Alliance climatique, siégeant à Francfort, compte par exemple six cents villes adhérentes, qui tentent de limiter leurs émissions de gaz à effet de serre par une maîtrise de la mobilité et des consommations d'énergie. Le réseau des *villes sans voitures*, créé par l'association Eurocités, la *campagne des villes contre le changement climatique* dirigée par ICLEI, ou encore les *municipalités italiennes contre l'effet de serre* sont quelques exemples de la mobilisation qui s'effectue sur ce thème.

L'idée de mobilité douce fait ainsi son chemin, favorable aux transports publics, aux cheminements pour piétons et cyclistes et à l'intermodalité. Les villes qui s'équipent de tramways, par exemple Nantes, Grenoble, Strasbourg, Montpellier, Bordeaux offrent un exemple de ce type d'approche. Certaines collectivités allemandes prolongent cette démarche en étendant leur système de transport en commun au bassin d'emplois, notamment par la réfection d'anciennes lignes de chemin de fer, comme à Stuttgart ou Paderborn.

Une seconde stratégie consiste à intervenir en amont sur la localisation des zones d'activité, pour les rapprocher par exemple des axes de desserte en transports publics, démarche courante dans les villes néerlandaises. Dans l'espace rhénan, les villes travaillent plutôt à une organisation polycentrique de l'espace urbain, afin de raccourcir les déplacements centre-périphérie. La mixité des fonctions résidentielle, économique, commerciale et

---

1. A. Pollachini, J.-P. Orfeuil, *Dépenses pour le logement et les transports en Île-de-France*, INRETS/DREIS, 1998.
2. Selon une enquête sur 200 000 consultations pédiatriques en Île-de-France, 42 % des visites étaient motivées par des problèmes respiratoires, *Le Monde*, 8 octobre 1997.

de loisirs est d'autre part un principe qui tend à se substituer au zonage prôné par la Charte d'Athènes. Néanmoins, seules quelques villes parviennent à le rendre effectif[1].

La densification et le recyclage de l'espace urbain en déprise (notamment les friches portuaires, industrielles et militaires) constituent une troisième clé d'entrée pour maîtriser la mobilité, en freinant ou canalisant l'étalement urbain[2]. Le thème de la ville compacte est souvent associé à celui de la ville durable, particulièrement au Canada, aux États-Unis ou en Australie, où l'étalement urbain est de règle. L'Europe se trouve confrontée aujourd'hui à des évolutions similaires. Or, la densité urbaine est un héritage culturel des villes européennes, constitutif de l'espace public. Cet héritage transmis et transformé de génération en génération forme le substrat identitaire de la ville, un patrimoine dont la diversité et parfois l'existence sont menacées par la banalisation des paysages urbains et périurbains.

La maîtrise de la mobilité recèle donc différents enjeux, de la pollution atmosphérique à la préservation d'un modèle culturel de ville. Cet exemple montre le caractère multidimensionnel d'une politique de développement durable qui répond à un enjeu d'environnement global, en l'occurrence la limitation des émissions de gaz à effet de serre.

De nouvelles méthodes de participation

Les politiques des villes durables se caractérisent aussi par des méthodes très participatives, pour deux raisons : la formation d'un consensus démocratique sur les nouvelles orientations proposées paraît indispensable notamment sur les questions sensibles de maîtrise de la mobilité, et la recherche de synergies, les villes ne pouvant travailler seules sur des sujets aussi complexes. Mais cette démarche demande au préalable que soit redonné un

---

1. Sur le cas néerlandais, S. Tjallingii, *Ecopolis. Strategies for Ecologically Sound Urban Development*, Backhuys Publischers, Leiden, 1995. Sur le cas rhénan, J.-P. Orfeuil, *Je suis l'automobile*, éd. de l'Aube, 1994. Sur la Charte d'Athènes, lire plus haut l'article d'Olivier Soubeyran.
2. V. Fouchier, « Maîtriser l'étalement urbain : une première évaluation des politiques menées dans quatre pays (Angleterre, Norvège, Pays-Bas, Hong Kong) », *2001 Plus*, n° 49, 1999.

sens à l'action publique, fondé sur l'explicitation des enjeux collectifs.

C'est pourquoi les villes qui élaborent un « agenda 21 local » cherchent d'abord à construire une vision urbaine, sur la base d'une consultation des habitants, des acteurs professionnels et associatifs et des services administratifs. Certaines villes font appel à une élaboration collective de scénarios urbains alternatifs. La plupart mettent en place des groupes de travail thématiques ou transversaux, formés d'habitants et d'acteurs locaux, pour définir les premières orientations d'un développement local durable (comme les « ateliers 21 » à Grenoble et Athis-Mons). Faute de moyens, cette concertation ne touche cependant qu'une fraction de la population. Elle dure de quelques mois à quelques années, oscillant entre une simple information et un débat public.

Afin de sensibiliser un public plus large, les villes lancent parfois de vastes campagnes d'information, comme à Leicester ou Stockholm, ce qui permet d'accroître la participation du public. La ville de Bologne est parvenue au même résultat grâce à une concertation systématique sur les études d'impact environnemental, devenues obligatoires pour toutes les opérations d'urbanisme, qui a conduit à modifier substantiellement certains projets[1].

La complexité de cette démarche, intégrée et participative, peut susciter des doutes sur les marges d'action réelles pour les villes, en l'absence d'orientations politiques claires en faveur du développement durable et en l'absence, le plus souvent, d'appuis financiers nationaux ou européens. Comment dépasser l'effet d'annonce ? La démarche demande une appropriation locale, qui permet d'établir une continuité entre la politique de développement durable et les politiques précédemment menées. C'est par des clés d'entrée privilégiées, associées à leurs cultures respectives, que les villes européennes abordent le développement durable : la mobilisation des communautés de voisinage au Royaume-Uni, les écotechniques et la planification en Allemagne ou aux Pays-Bas, les modes de vie en Scandinavie, la qualité des espaces publics et du cadre de vie en Europe du Sud[2]. Les approches varient beaucoup selon les villes et leur pertinence est

---

1. G. Bollini, S. Tunesi, *Eurocities. Good Practices of Sustainable Urban Planning*, 1995.
2. C. Emelianoff, *La Ville durable, un modèle émergent, géoscopie du réseau européen des villes durables (Porto, Strasbourg, Gdansk)*, thèse de géographie, université d'Orléans, 1999.

fonction de cet ancrage contextuel et culturel. Les marges d'action dépendent donc de la capacité des acteurs locaux à traduire les enjeux formulés à Rio en questions qui éveillent de l'intérêt, ce qui suppose une connaissance approfondie du milieu. La portée d'un « agenda 21 » dépend ensuite de la volonté politique qui l'accompagne et qui déterminera son statut, dans la politique de la ville.

En France, le caractère écologique de la ville n'est pas un thème mobilisateur. En revanche, le mitage de l'espace périurbain, plus prononcé que dans d'autres pays européens, l'insuffisance des dispositifs intercommunaux ou l'aggravation des disparités sociales inquiètent plus d'un observateur ou d'un élu[1]. Ces thématiques commencent à être abordées par les villes françaises en termes de développement durable. En 1997, seize collectivités territoriales ont été choisies pour expérimenter une démarche de développement durable, dans le cadre d'un appel à projets du ministère de l'Aménagement du territoire et de l'Environnement ; d'autres (Valenciennes, Arras, Lille, Romans-sur-Isère...) élaborent de manière indépendante des « agendas 21 locaux », ou bien (comme les communautés urbaines de Dunkerque et Strasbourg) intègrent le développement durable dans les documents qui orientent les politiques urbaines tels que les contrats d'agglomération. Les seize expériences subventionnées se situent en majorité dans le nord-est de la France, marqué par les impasses de la mono-industrie et la dégradation de l'environnement. À Lille et Dunkerque, par exemple, les friches industrielles deviennent des ressources pour des projets de développement durable.

Se saisir de ce thème de manière positive, en se dégageant du registre conventionnel des « contraintes » environnementales, est peut-être l'évolution la plus intéressante de ces expériences clairsemées. Le développement durable est porteur de sens, par sa vision globale et à long terme, et sa recherche de synergies. Son potentiel mobilisateur se trouve souvent réduit cependant par une absence de volonté économique ou politique.

---

1. J.-P. Sueur, *Demain la ville,* rapport au ministre de l'Emploi et de la Solidarité, La Documentation française, 2 tomes, 1998.

Un urbanisme participatif

À travers ces expériences naissantes se joue un renversement des principes de la Charte d'Athènes qui sont au fondement de la modernité architecturale et urbaine. La démarche des villes durables implique une révision des principes de zonage urbain, — table rase, hypermobilité, grands ensembles, urbanisme rationnel — qui ont présidé à la construction des villes modernes. Elle y substitue la réhabilitation des patrimoines, la contextualisation des projets urbains, la mobilité choisie, la recherche d'une mixité fonctionnelle et sociale, ce dernier point constituant une véritable pierre d'achoppement dans une période d'étalement urbain et d'accroissement des ségrégations socio-spatiales.

Cette approche, qui a pu paraître à ses débuts technocratique parce qu'elle relayait les idées développées à Rio, a l'ambition de relancer un débat sur la ville, de réhabiliter les visions et les projets collectifs, à travers un urbanisme participatif. L'urbanisme « durable » cherche avant tout à mettre en relation des domaines d'intervention presque étanches, des acteurs qui communiquent mal, des échelles spatio-temporelles qui ne s'articulent pas, des demandes sociales et des populations qui se côtoient sans partager parfois un espace.

La notion de ville durable met en jeu un nouveau modèle urbain, dont la particularité est d'être décliné au cas par cas. Expérimental, très contextualisé, ce modèle travaille à une reconquête écologique, identitaire et politique de la ville. Les obstacles ne doivent pas être sous-estimés, qu'ils proviennent d'une compétitivité économique aveugle ou d'une absence de détermination politique et de mobilisation sociale, l'information étant distribuée avec une réelle parcimonie.

Malgré ces obstacles, le thème du développement durable urbain est voué à prendre de l'importance. Quatre-vingts pour cent des Occidentaux vivant aujourd'hui en ville, il est peut-être plus important de repenser le rapport à la nature, au sens large, en milieu urbain, que de créer des parcs ou des réserves naturelles. Si les dégradations écologiques s'accentuent dans les milieux habités, les sanctuaires écologiques ne seront pas d'un grand secours pour les équilibres planétaires ni pour le bien-être des êtres humains. L'urbanisation pose d'autre part un des défis les plus importants des décennies à venir dans les pays du Sud, selon les projections de l'ONU, en 2025, la majorité de la population de ces pays vivra dans les villes. Le manque d'eau potable, la pollution atmosphérique, l'habitat précaire ou au contraire fortifié, l'insécurité sont quelques-uns des problèmes qui s'aiguisent et appellent de tout autres projets de développement.

C'est aussi dans les villes que se renouvellent les modes de consommation, les modes de vie, que s'inventent les cultures qui sont à l'origine de l'évolution et de la diversification des problèmes d'environnement.

Pour ces trois raisons, les villes ont aujourd'hui un rôle central pour promouvoir et concrétiser l'objectif d'un développement durable, d'autant que les médias, l'éducation ou la recherche restent assez silencieux sur ce thème. On peut raisonnablement émettre l'hypothèse que l'avenir du développement durable dépend de sa mise en œuvre en milieu urbain, et notamment de l'ouverture d'un débat démocratique, tout comme il dépend de la prise en compte au cœur des processus de production agricole, industrielle et tertiaire de l'écologie de notre planète.

Les quatre natures de l'homme

DENIS DUCLOS

Relativiser la nature, c'est la mettre en rapport avec les pratiques différentes à travers lesquelles l'homme entre en interaction avec elle, pratiques qui orientent les perceptions et les sélectionnent, créant des mondes familiers de signes et d'objets. Seuls ces mondes intermédiaires instruisent la question de la nature pour l'homme. Mettre en relation la nature avec l'homme, ce n'est donc pas seulement constater l'action du second sur la première, objet passif, qu'on sera tenté d'halluciner bientôt en victime douée de sentiments : Gaïa, la grande déesse Mère-Terre bafouée par le progrès. C'est, comme le fit notamment en France Serge Moscovici[1], interroger les représentations culturelles qui inspirent, enveloppent et expriment les pratiques de la nature.

Quelles sont-elles ? Une visée empirique en trouvera une variété presque infinie, surtout si l'on se reporte au passé des petites sociétés étudiées par l'anthropologie et l'ethnologie. Une orientation plus théorique, que nous faisons nôtre, tente de découvrir un schéma organisateur de la pluralité.

En premier lieu, si l'on admet qu'il existe une logique culturelle humaine dont la consistance propre résiste à la réduction aux autres formes d'organisation vivante (postulat qui conditionne l'existence même des sciences de l'homme et de la société), on est conduit à poser qu'elle constitue l'unité même de l'humanité. Un pas de plus dans le raisonnement porte à

---

1. S. Moscovici, *Essai sur l'histoire humaine de la nature,* Flammarion, 1977.

déduire que, s'il existe une pluralité humaine, elle ne peut exister que dans le registre de la division de cette unité culturelle, et non pas comme bourgeonnement indéterminé.

Un pas encore, et nous devons supposer que, pour autant que la nature apparaît, pour les humains, à travers les filtres de leur culture, si celle-ci se divise, alors la nature est également divisée.

Or la culture humaine est fondamentalement divisée dans son unité même : en effet, elle doit essentiellement cette unité au langage symbolique, dont l'effet le plus constant est de séparer les mots et les choses. L'efficacité même du langage (on le sait depuis Wallon ou Saussure) ne tient qu'à ce que le mot, pour représenter des classes de choses, n'est jamais réductible à la chose même. Cette première division produit une résonance majeure dans toute culture humaine à propos de la nature : elle tend à se représenter elle-même comme division nature-culture. Dans cette séparation première, la culture tendra à représenter le monde des mots, et la nature, le monde des choses.

L'anthropologie structurale a remis à jour cette frontière symbolique essentielle, et personne, jusqu'ici, n'a réussi à en dépasser la manifestation, sauf dans des syncrétismes peu robustes ou des idéaux fusionnels mystiques. Faut-il accepter cette frontière ? La question est sans doute mal posée, dès lors que nous comprenons qu'elle est à la fois impossible et inacceptable.

Impossible parce qu'une frontière suppose la rencontre de deux domaines matériels, alors que les mots et les choses, la culture et la nature ne sont pas du même ordre de phénomènes, et ne sauraient par conséquent s'opposer à partir d'un bord commun ; inacceptable, parce qu'étant impossible, elle donne lieu, pour la représenter, à des propositions imaginaires qui sont toutes contestables.

La division culture-nature, parce qu'elle n'est pas représentable telle quelle, nous entraîne ainsi inéluctablement à la représenter à partir de quatre discours irréductibles les uns aux autres, quatre narrations proposant un imaginaire spécifique du rapport nature-culture :

— le discours « naturaliste » qui postule l'appartenance intégrale de la culture à la nature (nous le situerons comme *Métis*, jeu des forces en présence) ;

— le discours « culturaliste », qui postule l'inverse (nous le nommerons *Epistémé*, vision qui s'applique à une nature-objet) ;

— le discours de médiation I, qui accepte la coexistence culture-nature, mais en accordant le rôle hégémonique à la nature (*Tychè*, la rencontre fortuite, signalera ici comment les corps vivants se reconnaissent, à l'occasion de leurs actes, à l'aune d'une règle commune) ;

— le discours de médiation II, qui accepte la même coexistence, mais en accordant la prééminence à· la culture (nous l'appellerons *Thémis*, en référence à la justice qui fait prévaloir la loi sur les actes particuliers).

Commençons par les deux styles les plus totalisants, qui mettent l'accent sur la croyance plutôt que sur sa négociation avec l'Autre : celui de la nature absolue (*Métis*) et celui du savoir absolu (*Epistémé*).

Métis, la position consistant à affirmer la nature comme englobant entièrement la culture s'est d'abord réaffirmée dans le traumatisme créé par la science darwinienne : le fondateur de l'écologie, Ernest Haeckel[1], détourne en effet immédiatement le côté scientifique de l'évolutionnisme, — l'articulation du hasard et de la génétique — pour développer le thème quasi délirant de la lutte des espèces entre elles, comme si elles étaient des espèces... de héros porte-enseigne. Le débouché raciste explicite de cette orientation (Anglais et Allemands étant placés par Haeckel au sommet de la sélection naturelle) découle, comme l'a entrevu Luc Ferry[2], d'une volonté de faire primer l'action en force, sur la pensée, nécessairement partagée.

Aujourd'hui, toutefois, il serait exagéré de déduire un type d'attitude politique précis de la continuation de cet idéal naturaliste : des pratiques opposées peuvent découler de filiations très proches. Par exemple, le succès électoral des listes *Chasse, pêche et tradition* n'est pas facilement insérable dans la scénographie politique droite-gauche, et témoigne indubitablement d'une pratique populaire de la nature assez spécifique de la France, à la fois comme nature et comme culture. L'idéal eugéniste naturaliste d'un Édouard Goldsmith[3] se situe à l'opposé, dans l'appel à une ascèse mystique des comportements de production, et pourtant, il provient d'une affirmation très proche de la nature comme rapport de défi de l'homme à lui-même. C'est toute l'ambiguïté du mot *sauvage* (habitant de la sylve, de

---

1. E. Haeckel, *Histoire de la création naturelle, ou doctrine scientifique de l'évolution*, Costes, 1922.
2. L. Ferry, *Le Nouvel Ordre écologique. L'arbre, l'animal et l'homme*, Grasset, 1992.
3. É. Goldsmith, *Le Défi du XXIe siècle, une vision écologique du monde*, éditions du Rocher, 1993.

la forêt) qui est à la fois l'inverse de *domestique* et de *civilisé*. Comme envers de « domestique », le sauvage suppose un code d'honneur. Comme envers de « civilisé », il implique la brutalité sans limite.

Cette affinité entre le combat et le naturel a été stigmatisée par le discours de la culture, aujourd'hui dominant. Elle résiste de façon résiduelle parmi les élites, anciennes ou nouvelles : ainsi, alors que la chasse au renard est rendue illégale en Angleterre, elle est pratiquée en Californie par une nouvelle aristocratie peu visible. Tandis que la défense du droit constitutionnel à porter les armes s'accompagne fréquemment d'entraînements dans la *wilderness*, certains mouvements mystiques de *renouveau masculin* ont également recours, aux États-Unis, à la symbolique du sacrifice ou du rite initiatique, tandis qu'en Europe, chez les franges rurales atteintes par les affres du chômage, on est tenté de réinventer les mythes celtiques du savoir forestier.

On discerne, trop clairement, le danger de ces fascinations. Mais voit-on aussi, en même temps, celui de les réprimer au nom du savoir ? Que faire, par exemple, d'une jeunesse masculine privée de service militaire ? L'affirmation virile de la rencontre sauvage doit-elle être absolument effacée ? Le peut-on, d'ailleurs ? Nos fameuses *banlieues perdues* où les jeunes hommes arborent fièrement leurs molosses, ne sont-ils pas des interprètes qui s'ignorent, des éphèbes, ces *chasseurs noirs* antiques, consacrés à Diane chasseresse, et dont le *stage* de vie sauvage se terminait par l'épreuve qui les consacrait comme citoyens ? Et l'on dit désormais : la jungle des villes. Peut-être la responsabilité de ce renversement incombe-t-elle aux missionnaires d'une cité céleste qui voudrait partout imposer sa lumière crue et sa transparence ?

Parlons donc de ce parti de la culture (*Epistémé*), aussi intransigeant que le précédent : il croit dans la capacité des mots bien formés (exacts) à effacer la rupture corps-esprit. Il milite pour cela depuis quelques millénaires, dans une sorte de fanatisme de la raison. La nature, son objet de haine absolu (sous les dehors d'un amour scientifique dévorant), doit être entièrement consommée dans la pensée. Comme l'a montré Michel Tibon-Cornillot, les dernières prouesses de ce culturalisme intégral ont consisté à *découvrir* (à inventer) les codes linguistiques formels à l'œuvre dans la nature, de façon à traduire celle-ci en information. Par exemple, la fascination du codage génétique, du clonage (désormais appliqué à nos vignes et à nos forêts relève de l'affirmation de la loi de la pensée sur la loi de la nature. Or la pensée a été largement informatisée et automatisée, de façon à rendre possible la simplification garante de certitude, et ennemie de l'aventure. Le délire cybernétique de Norbert Wiener, identifiant exactement l'homme à l'information en perpétuel apprentissage rétroactif[1], précède et rejoint l'appel de Francis Fukuyama à abolir l'humanité par le progrès scientifique.

Dans l'écologie, les échos de cette épuration spirituelle du réel sont fréquents : tel le projet de créer un double virtuel de tous les ADN des organismes en voie de disparition. Ou encore, les énormes sommes dépensées en pure perte pour la modélisation du climat (sauf découvertes incidentes sur le très long terme), puisque la théorie des catastrophes prévoit l'impossibilité de ramener sans paradoxe au calculable des phénomènes hypercomplexes. Ou enfin la poussée permanente vers la rationalisation du vivant, notamment à travers son industrialisation, en dépit des risques majeurs que cette pratique générale multiplie.

Le profit attendu ne semble fasciner autant les acteurs de l'arraisonnement technique de la nature, que parce qu'il est soutenu par un idéal : celui du miracle de la nature transfigurée par la pensée. C'est cet idéal qui autorise éthiquement l'exigence d'un contrôle de la reproduction des semences, en s'attaquant au *privilège du paysan*, par exemple, ou en substituant peu à peu des hybrides stériles aux plantes fécondes. L'autocratie technologique constitue l'exaspération contemporaine de l'idéal cartésien de l'homme maître de la nature.

Toute la science n'est pas du côté de ce culturalisme absolutiste, même si, par essence, elle est volonté de capture de la nature dans les rêts de la raison.

Passons maintenant aux deux autres positions de la pluralité possible, dans cet univers humain centré et travaillé par la séparation des mots et des choses, de la culture et de la nature : les positions acceptant l'altérité, ou l'acceptant relativement dans le cadre d'une rivalité tempérée par la *philia*.

Thémis, la position médiatiste constituée à partir d'un idéal de *leadership* modéré de la culture sur la nature correspond à ce mouvement, extraordinairement développé depuis la fin des trente glorieuses, et qu'on appelle aujourd'hui la *gestion*. Se voulant justice bien tempérée par les savoirs techniques, cette tranquille obsessionnalité admet qu'il existe des comportements

---

1. N. Wiener, *The Human Use of Human Beings, Essay on Cybernetics and Society*, Avon Books, 1967.

sauvages, humains et non humains, qui ne doivent pas être interdits, mais doivent seulement être arbitrés et contrôlés à partir d'indicateurs. Par exemple, le passionné de gestion affirmera que la libre reproduction des grands mammifères sauvages des parcs africains les a mis en danger, ce que l'expertise des populations corrobore. Il faut les protéger à la fois des chasseurs et de l'absence de chasse. On va donc créer un personnel chargé à la fois de tirer sur les braconniers (militairement organisés), et de tuer les animaux en excédent, afin de restaurer un *équilibre cynégétique*, constamment vérifié.

La gestion reprend les fonctions classiques de l'administration mais tente de se fonder scientifiquement, en exposant à la transparence et au calcul ses critères et ses procédures. Elle dissimule ainsi derrière des techniques neutres l'intervention humaine et ses enjeux de pouvoir.

Elle est aussi, *a minima*, surveillance, production de données, proposition de solutions techniques évitant le conflit politique majeur. Dans nombre de cas, la gestion est d'ailleurs la dernière forme d'implication humaine dans des aires désertifiées. C'est un côté *indispensable*, qui reste l'atout majeur de cette position, même s'il est constamment question de justifier de cette indispensabilité. Par exemple, l'exploitation de forêts domaniales en France est une justification de l'Office national des forêts (ONF), alors que d'autres valeurs, éventuellement contradictoires, peuvent se proposer, impliquant des modifications plus ou moins profondes du personnage du forestier.

Sous sa modestie apparente, le gestionnaire ressemble plus à Dieu que les tenants d'une nature ou d'une culture absolues, car ces derniers sont les prêtres d'un culte, alors que le *manager* doit être lui-même le décideur des critères de vie et de mort.

Deux évolutions fatales guettent ainsi les sociétés ou les organisations qui se vouent à la religion de la médiation des pratiques « par la pensée ». La première est la prise de pouvoir du bureaucrate. La seconde est l'abdication de la souveraineté de l'homme de terrain au profit d'une grande doctrine cognitive, mobilisatrice des fanatismes collectifs. L'économisme est une de ces doctrines, et la captation de la vie au profit de visées eugéniques ou de mises en catalogues *pédagogiques* pourrait en être une autre.

Le compromis entre social-démocratie et écologisme de gestion pourrait constituer l'idéologie « naturelle » des milieux appelés à promouvoir ces conceptions. On repérerait celle-ci à sa façon d'interpréter la faille nature-culture en une combinaison de force de vente et d'autorité éducative. Le gestionnaire de cette société serait ainsi chargé de transformer les gens en vendeurs-acheteurs (d'équipements de camping, de bases de loisirs, de semences pour jardins, de programmes de *trekking*, de parts de sociétés de chasse, etc.), tandis qu'il leur ferait *apprendre* la série des objets *naturels* qu'ils sont supposés reconnaître sur les panneaux forestiers vers lesquels convergent des marches en groupes, sagement rangés par catégories d'âge.

Tychè, la dernière position envisagée dans notre modèle pluraliste est celle de la pensée maintenue *au service de la vie* : le corps vivant y conserve la prééminence, bien qu'il accepte une certaine traduction de ses mouvements et de ses actes en mise en ordre intellectuelle. Cette disposition se laisse assez facilement résumer par les expressions *laïc* et *autonomie*, la première s'opposant aux excès de charisme et d'ascétisme militant, la seconde renvoyant à une part de vie indépendante (jardinage, bricolage, *autoconstruction*, pêche, marche, etc.).

On y reconnaît un certain idéal bucolique récurrent : Aristote faisait de la jouissance de l'*Oïkos* une condition du statut d'homme libre et une limite à la dérive tyrannique. Aujourd'hui, c'est l'anthropologue Marc Augé qui, s'enfuyant d'un monstrueux *Park Center* avec sa famille, fait dire à la petite fille devant un village et ses chemins : « Ah, voilà la vraie campagne[1] ! »

Ce monde de la vie civile, relativement autonome des modes de consommation modernes persiste en silence. Il *résiste*. Il est pour cela convoité plus que toute autre valeur, tel un trésor : c'est lui qu'on veut brancher aux réseaux d'eau industrialisée, qu'on souhaite réorganiser en syndicats intercommunaux, qu'on place sous vidéosurveillance géostationnaire (pour suivre le découpage et le contenu des propriétés, etc.).

Ce mode de vie doit, pour s'affirmer, ruser avec le système global, tel ce vigneron de la Côte-d'Or, qui est aussi contrôleur du TGV. Cet emploi de survie lui permet de conserver des exigences dans son métier traditionnel : il se sent moins forcé que d'autres d'aligner sa production personnelle sur le niveau de tanin imposé par le goût américain, ou d'accepter les moûts de chaptalisation exigés par le standard européen, ou encore le clonage des cépages ou toute la biochimie du nouveau vin.

Une des richesses de la position *autonome* ou *laïque* est aujourd'hui de devoir se prêter à la rencontre avec les émanations de la *pensée centralisée*, produisant du même coup de sympathiques excitations hystériques, heureusement noyées dans la

---

1. M. Angé, *Le Monde diplomatique*, août 1997.

fête annuelle du vin, ou épuisées au cours d'interminables repas de clans. On a récemment pu constater, avec le personnage de José Bové, comment on pouvait directement aller et venir entre une activité de terroir et un militantisme mondial dont l'enjeu n'est rien moins que de décider la manière dont l'homme *doit* se nourrir.

On peut sans doute se dire que le romantisme de quelques-uns ne pèsera pas lourd face aux machines gigantesques de l'industrie agricole. Mais qui sait ? L'effet *Tychè* est précisément l'aventure d'une rencontre : celle qui survient parfois entre des résistants et le plus large public. C'est en tout cas à cette dernière position que vont mes sympathies.

Métis, Epistémé, Thémis, Tychè : quatre façons de prendre le monde, donc, et d'instituer la nature à partir de maximes très simples, qui sont autant de manières de réagir viscéralement à l'insupportable de la division subjective humaine. Les nombreux compagnons d'écriture du présent texte partagent sans doute avec l'auteur la propension à élire, dans le secret de leur intime conviction, l'un des quatre styles qui s'imposent à notre condition. Mais comment caractériser le poste d'observation des recherches sur la nature et l'environnement, où nous osons, de fait, nous situer nous-mêmes ? Une seule réponse peut être : *hors champ.*

LES AUTEURS

Dominique ALLAN MICHAUD, chercheur en sciences sociales, Centre de biogéographie-écologie (CNRS-École normale supérieure de Fontenay-Saint-Cloud).

Pascal AMPHOUX, architecte et géographe, enseignant chercheur à l'École polytechnique fédérale de Lausanne (Suisse), chercheur au Centre de recherche sur l'espace sonore et l'environnement urbain (CRESSON, Grenoble).

Tiphaine BARTHÉLEMY, ethnologue, maître de conférences à l'université Paris VIII.

Daniel BOY, directeur de recherche au CNRS, Centre d'étude de la vie politique française (CEVIPOF).

Jean BRENOT, adjoint au chef du service d'évaluation et de gestion des risques, Institut de protection et de sûreté nucléaires (IPSN).

Lionel CHARLES, philosophe, consultant, FRACTAL.

Francis CHATEAURAYNAUD, sociologue, maître de conférences à l'École des hautes études en sciences sociales (EHESS).

René-Pierre CHIBRET, docteur en sociologie politique.

Geneviève DECROP, chercheur en sciences sociales, Futur Antérieur.

Christine DOURLENS, chercheur en sciences sociales, Centre d'étude et de recherche sur les pratiques de l'espace (CERPE).

Denis DUCLOS, sociologue, directeur de recherche au CNRS (unité psychanalyse et pratiques sociales).

Jean-Marc DZIEDZICKI, doctorant au Centre d'études supérieures d'aménagement, auparavant chargé d'études au cabinet Application des sciences de l'action (AScA).

Cyria EMELIANOFF, chercheur, Centre de biogéographie-écologie (CNRS-École normale supérieure de Fontenay-Saint-Cloud).

Judith EPSTEIN, professeur à l'université de Montréal.

Jean-Louis FABIANI, sociologue, directeur d'études à l'École des hautes études en sciences sociales (EHESS).

Philippe FRITSCH, sociologue, professeur à l'université Lumière-Lyon-II, chercheur au Centre de recherche et d'études sociologiques appliquées à la Loire (CRESAL).

Olivier GODARD, économiste, directeur de recherche au CNRS, laboratoire d'économétrie de l'École polytechnique.

Marie-Hélène GUYONNET, chercheur à l'Institut d'ethnologie méditerranéenne et comparative (IDEMEC), CNRS-Université de Provence (Aix-Marseille-I).

Georges HATCHUEL, directeur général adjoint du Centre de recherche pour l'étude et l'observation des conditions de vie (CRÉDOC), directeur du département Aspirations et conditions de vie des Français.

Denise JODELET, directeur d'études à l'École des hautes études en sciences sociales (EHESS), laboratoire de psychologie sociale.

Pierre LASCOUMES, directeur de recherche au CNRS, Groupe d'analyse des politiques publiques (CNRS-École normale supérieure de Cachan).

Jean-Pierre LE BOURHIS, chercheur doctorant au Groupe d'analyse des politiques publiques (CNRS-École normale supérieure de Cachan).

Yann LAURANS, économiste, chef de projets AScA (Application des sciences de l'action).

Yves LUGINBÜHL, ingénieur agronome et géographe, directeur de recherche au CNRS, directeur du laboratoire Dynamiques sociales et recomposition des espaces (LADYSS).

Bruno MARESCA, directeur du département évaluation des politiques publiques au Centre de recherche pour l'étude et l'observation des conditions de vie (CRÉDOC).

Marie-Hélène MASSUELLE, juriste, service d'évaluation et de gestion des risques, Institut de protection et de sûreté nucléaire (ISPN).

Laurent MERMET, professeur de gestion à l'École nationale du génie rural et des eaux et des forêts (ENGREF).

André MICOUD, sociologue, directeur de recherche au CNRS, Centre de recherche et d'études sociologiques appliquées à la Loire (CRESAL).

Isabelle MONFORTE, chercheur associé au laboratoire de psychologie sociale de l'École des hautes études en sciences sociales (EHESS).

Marc MORMONT, sociologue, professeur à la Fondation universitaire luxembourgeoise, Arlon (Belgique), à la faculté des sciences agronomiques de Gembloux et à l'Université de Liège.

Robert Rochefort, directeur général du Centre de recherche pour l'étude et l'observation des conditions de vie (CRÉDOC).

Olivier Soubeyran, géographe, professeur à l'université de Pau et des pays de l'Adour, Laboratoire Société, environnement, territoire (CNRS-université de Pau).

Jean-Paul Thibaud, sociologue et urbaniste, chargé de recherche au CNRS, Centre de recherche sur l'espace sonore et l'environnement urbain (CRESSON).

Pierre A. Vidal-Naquet, chercheur en sciences sociales, Centre d'étude et de recherche sur les pratiques de l'espace (CERPE).

Jean-Luc Volatier, responsable de l'unité Observatoire des consommations alimentaires à l'Agence française de sécurité sanitaire des aliments (AFSSA), auparavant directeur de recherche au Centre de recherche pour l'étude et l'observation des conditions de vie (CRÉDOC).

Table

I
REPRÉSENTATIONS

SAVOIRS ET OPINIONS

ENVIRONNEMENT ET GROUPES SOCIAUX

L'HOMME ET LA VIE SAUVAGE

II

LES ACTEURS

III

RISQUES ET DÉVELOPPEMENT DURABLE

RISQUES

PROSPECTIVE : VERS LE DÉVELOPPEMENT DURABLE

POUR CONCLURE

Imprimé par Lightning Source France
1 avenue Gutenberg
78310 Maurepas

N° d'édition : 7381-1048-Y